Rüdiger Braun | Reinhold Meise

Analysis mit Maple

Rüdiger Braun | Reinhold Meise

Analysis mit Maple

2., vollständig überarbeitete Auflage

STUDIUM

Bibliografische Information der Deutschen Nationalbibliothek
Die Deutsche Nationalbibliothek verzeichnet diese Publikation in der
Deutschen Nationalbibliografie; detaillierte bibliografische Daten sind im Internet über
<http://dnb.d-nb.de> abrufbar.

Prof. Dr. Rüdiger Braun
Heinrich-Heine-Universität Düsseldorf
Mathematisches Institut
Universitätsstraße 1
40225 Düsseldorf

Ruediger.Braun@uni-duesseldorf.de

Prof. Dr. Reinhold Meise
Heinrich-Heine-Universität Düsseldorf
Mathematisches Institut
Universitätsstraße 1
40225 Düsseldorf

meise@math.uni-duesseldorf.de

2., vollständig überarbeitete Auflage 2012

Alle Rechte vorbehalten
© Vieweg+Teubner Verlag | Springer Fachmedien Wiesbaden GmbH 2012

Lektorat: Ulrike Schmickler-Hirzebruch | Barbara Gerlach

Vieweg+Teubner Verlag ist eine Marke von Springer Fachmedien.
Springer Fachmedien ist Teil der Fachverlagsgruppe Springer Science+Business Media.
www.viewegteubner.de

Umschlaggestaltung: KünkelLopka Medienentwicklung, Heidelberg
Druck und buchbinderische Verarbeitung: AZ Druck und Datentechnik, Berlin
Gedruckt auf säurefreiem und chlorfrei gebleichtem Papier

ISBN 978-3-8348-1573-6

Vorwort

Das vorliegende Buch wendet sich an Studierende, Schüler und Lehrende, die beim Erlernen, Unterrichten oder Anwenden der Differential- und Integralrechnung das Computeralgebra-System Maple benutzen wollen. Es entstand aus Materialien, welche wir für ein Maple-Praktikum parallel zu einer Anfängervorlesung entwickelt und mit Studierenden getestet haben. Wir danken allen, die durch ihre Kritik dazu beitrugen, die Darstellung zu verbessern.

Das Grundkonzept des Buches besteht darin, die Einführung in Maple parallel zu der üblichen Anfängervorlesung Analysis vorzunehmen. Auf diese Weise kann der Einsatz von Maple sofort am aktuell behandelten Thema der Analysis erfolgen, etwa als Lösungshilfe oder Kontrolle bei Übungsaufgaben oder zur Veranschaulichung theoretischer Konzepte an konkreten Beispielen. Um den vorausgesetzten Kenntnisstand aus der Analysis zu fixieren, haben wir die Lehrbücher Analysis I und II von O. Forster zugrunde gelegt und gehen parallel dazu vor, soweit dies sinnvoll ist. Dabei führen wir die jeweils nötigen Befehle und Konzepte aus Maple ein und erläutern sie an Hand von typischen und interessanten Beispielen. Zahlreiche Übungsaufgaben am Ende eines jeden Paragraphen bieten Gelegenheit, durch selbständige Arbeit am Rechner den behandelten Stoff zu vertiefen. Auf diese Weise spannen wir einen Bogen von der Berechnung von Grenzwerten für Folgen und Funktionen über Differentiation und Integration von Funktionen einer Variablen hin zu Kurven und Flächen im Raum und zur Behandlung gewöhnlicher Differentialgleichungen.

Insbesondere demonstrieren wir dabei, dass Maple viele fehlerträchtige Routinearbeiten übernehmen kann, sei es bei der Vereinfachung komplizierter Ausdrücke, bei der Differentiation oder der Integration und allen Fragen der linearen Algebra, die für die Analysis in mehreren Veränderlichen wichtig sind. Eine der ganz großen Stärken von Maple liegt in der Veranschaulichung von Funktionen. Gerade dort, wo Anfänger häufig Probleme haben, nämlich bei Funktionen in mehreren Veränderlichen, helfen die graphischen Werkzeuge von Maple bei der Anwendung der Theorie auf Beispiele und machen so auch die Schönheit der Objekte der Analysis sichtbar.

Dies alles erschließt sich dem Benutzer aber nur dann, wenn er mit dem System hinreichend vertraut ist. Denn oft hängt die Antwort (Ausgabe) stark von der Formulierung der Frage (Eingabe) ab. Ausreichende Kenntnisse der Theorie, eine kritische Prüfung der Ausgaben, sowie ein gewisses Verständnis der Arbeitsweise und der Struktur von Maple helfen dabei, noch vorhandene Tücken zu umgehen und die Stärken des Systems optimal zu nutzen. Diese Fähigkeiten möchten wir mit dem vorliegenden Buch vermitteln.

Düsseldorf, im Juni 1995 R. W. Braun, R. Meise

Vorwort zur zweiten Auflage

Seit Erscheinen der ersten Auflage dieses Buches gab es wenigstens zehn neue Releases von Maple. In diesen wurden Fehler korrigiert, Befehle geändert, neue Pakete und Features eingeführt und die Eingabemöglichkeiten variiert. In der zweiten Auflage haben wir den Text und die Beispiele an diese Änderungen angepasst, dabei aber das Grundkonzept des Buches beibehalten.

Dem Vieweg+Teubner Verlag danken wir dafür, dass jetzt alle Abbildungen in Farbe erfolgen.

Düsseldorf, im August 2011   R. W. Braun, R. Meise

Inhaltsverzeichnis

Leitfaden

Das vorliegende Buch eignet sich zum Selbststudium und als Text für eine Vorlesung mit Computerdemonstration oder für ein einführendes Maple-Praktikum. Da es einen detaillierten Index besitzt, kann man es aber auch als Handbuch für Maple verwenden oder lokal lesen, wenn man nur an der Erklärung gewisser Befehle oder Maple-Werkzeuge interessiert ist.

Es ist in 36 Paragraphen gegliedert, von denen die meisten mehrere Abschnitte haben. Die einzelnen Abschnitte sind folgendermaßen aufgebaut: Die benötigten Fakten aus der Analysis werden kurz angesprochen. Danach werden die relevanten Befehle von Maple eingeführt und ihre Verwendung an Beispielen demonstriert und kommentiert. Der Kern von Maple ist mittlerweile recht stabil, daher laufen fast alle Beispiele auch auf etwas älteren Versionen, und umgekehrt sind schwerwiegende Änderungen in der näheren Zukunft nicht zu erwarten.

Um den Text übersichtlich zu gestalten, sind die Befehle von Maple in Schreibmaschinenschrift gesetzt, z. B. sum für den Befehl zur Berechnung von Summen und Reihen. Ist es nötig, die Syntax eines Befehls genauer zu erläutern, so steht der Befehl linksbündig in einer eigenen Zeile,

```
> sum(A, k = n..m)
```

Diese Zeile ist wie folgt zu verstehen: Das Zeichen „ > “ ist der Prompt. Je nach eingestellter Eingabeform ist er zu sehen oder nicht; er wird jedenfalls nicht abgetippt. Die in Schreibmaschinenschrift gesetzten Buchstaben und Zeichen sind wörtlich einzugeben, und die kursiv gesetzten Buchstaben oder Worte sind durch geeignete Eingaben zu ersetzen, deren Form und Bedeutung im Anschluss an die Befehlssyntax erklärt wird.

Nach der Erklärung eines Befehls folgen Beispiele in Form von Maple Ein- und Ausgaben, die in aller Regel unverändert abgedruckt sind. Die Eingaben sind kursiv und eingerückt, die Ausgaben sind blau und mittig gesetzt.

$$sum(k, k = 1..100)$$

$$5050$$

Jeder Paragraph beginnt als frische Maple-Sitzung. Die zu einem Paragraphen gehörenden Eingaben bauen teilweise aufeinander auf.

Im Selbststudium liest man sinnvollerweise zunächst den Text eines Abschnitts, bearbeitet dann die angegebenen Beispiele oder Varianten davon am Rechner und löst schließlich die Übungsaufgaben, die am Ende eines jeden Paragraphen angegeben sind.

In einem Anhang ab Seite 251 findet man eine Tabelle eingebauter Funktionen und der wichtigsten Datenstrukturen und ihrer Umwandlungen.

Die Maple-Eingaben zu allen Kapiteln sind unter `www.viewegteubner.de` als Zusatzmaterialien zu diesem Buch erhältlich.

1 Rationale Zahlen

In diesem Abschnitt erläutern wir den Umgang mit rationalen Zahlen, Summen, Produkten und Binomialkoeffizienten.

Wir geben zuerst einige generelle Hinweise. Lesen Sie zunächst weiter, bis Sie auf das erste Beispiel stoßen. Rufen Sie dann Maple am Rechner auf. Sie erhalten ein leeres Dokument. In dem hier verwendeten Document-Modus gibt es keinen Prompt für die Eingabe.

Nun ist es möglich, Maple-Befehle einzugeben, etwa die Beispiele aus diesem Buch. Das Ende eines Befehls kann mit einem Semikolon ”;” abgeschlossen werden. Im Dokumenten-Modus ist das aber nicht erforderlich. Man kann das Befehlsende auch durch einen Doppelpunkt „:“ mitteilen; dann wird das Ergebnis nicht ausgegeben. Dies kann z. B. bei sehr umfangreichen Zwischenergebnissen sinnvoll sein.

Möchte man ein Dokument aus einer Datei laden, so geschieht dies dadurch, dass man in der Menüleiste den Punkt „File“ und den Unterpunkt „Open“ anwählt. Dann erhält man eine Dateiauswahlbox. Nach dem Laden des Dokuments sind die zugehörigen Befehle auf dem Bildschirm lesbar; aber erst durch Betätigung der Eingabetaste werden sie ausgeführt, und zwar jeweils die Zeile, in der sich der Cursor gerade befindet. Daher empfiehlt es sich, vor dem Abspeichern die Ausgaben von Maple zu entfernen. Man erreicht dies durch Auswahl des Unterpunkts "Remove output from worksheet" aus dem Punkt "Edit". Mit "Save" speichert man das Arbeitsblatt dann wieder ab.

1.1 Elementare Rechenoperationen in $\mathbb{Q}$

Maple „kennt“ die ganzen Zahlen $\mathbb{Z}$ und die rationalen Zahlen $\mathbb{Q}$. Ganze Zahlen werden dabei nicht wie auf dem Taschenrechner auf beispielsweise 10 gültige Stellen gerundet, sondern es wird mit allen Stellen gerechnet. Gleiches gilt für Zähler und Nenner von Brüchen. Eine Grenze für die darstellbaren Zahlen gibt es natürlich doch: Die größte darstellbare Zahl liegt deutlich jenseits von $10^{268\,000\,000}$.

Zur Eingabe der elementaren Rechenoperationen benötigt man zusätzlich zu den Tasten +, -, * und / noch die Pfeiltaste $\boxed{\rightarrow}$, mit welcher der Nenner oder der Exponent verlassen wird.

$x+y$	$x-y$	$x \cdot y$	$\dfrac{x}{y}$	x^y
x+y	x-y	x*y	x/y $\boxed{\rightarrow}$	x^y $\boxed{\rightarrow}$

Maple versteht die übliche Operatorenhierarchie, also „Punktrechnung geht vor Strichrechnung“. Im Zweifelsfall setzt man lieber ein Klammerpaar zuviel. Zur besseren Übersichtlichkeit dürfen Leerzeichen verwendet werden.

Maple prüft Eingaben auf formale Korrektheit. Ist diese nicht gegeben, so wird der erste gefundene Fehler gemeldet. Häufige Fehlerquellen sind unzulängliche Klammersetzung und Tippfehler. Wir betrachten nun einige Beispiele zu den bisher kennengelernten Befehlen.

$$100 - 20$$

$$80$$

$$100 - \frac{14}{3} + \frac{3}{5}$$

$$\frac{1439}{15}$$

$$\frac{16 \cdot 5 + 591}{22}$$

$$\frac{61}{2}$$

$$\frac{(-17)^3}{5^2 + 1}$$

$$\frac{-4913}{26}$$

$$2^{2^{10}}$$

$$17976931348623159077293051907890247336179769789423065727343008115773267580550096313270847732240753602112011387987139335765878976881441662249284743063947412437776789342486548527630221960124609411945308295208500576883815068234246288147391311054082723716335051068458629823994724593847971630483535632962422413721 6$$

Der Befehl `ifactor` zerlegt eine ganze Zahl (integer) in ihre Primfaktoren. Wir benutzen ihn hier, um die Richtigkeit der obigen Berechnung zu prüfen. Der dito-Operator „%" steht für die letzte Ausgabe.

ifactor(%)

$$((2))^{1024}$$

Hier noch einige Fehler, die häufiger vorkommen:

$(24 - 8^3)5$

```
Error, missing operation
```

$$\boxed{(24 - 8^3)5}$$

$-7 \cdot (16 + 85$

```
Error, unable to match delimiters
```

$$\boxed{(-7 \cdot (16 + 85}$$

ifaktor(27)

$$ifaktor\,(27)$$

Im ersten Beispiel fehlt das Produktzeichen „*", im zweiten eine Klammer und im dritten wurde der Befehl `ifactor` falsch geschrieben und daher von Maple nicht erkannt.

1.2 Namen und Zuweisungen

Meistens möchte man das Ergebnis einer Rechnung weiterverwenden. Zu diesem Zweck gibt es die dito-Operatoren „%“, „%%“ und „%%%“, welche das letzte, das vorletzte und das vorvorletzte Ergebnis wieder aufrufen. Die Zählung bezieht sich dabei auf die tatsächliche Berechnung, Fehlermeldungen zählen nicht mit. Da man die Reihenfolge der Berechnung nicht aus dem Arbeitsblatt erkennen kann, sind die dito-Operatoren eine mögliche Fehlerquelle. Glücklicherweise kann man Objekte auch benennen. Legale Namen bestehen aus einem Buchstaben, dem beliebig viele Buchstaben und Ziffern folgen dürfen. Im klassischen Eingabemodus können Namen auch Unterstriche „_“ enthalten. Im standardmäßig voreingestellten 2D-Eingabemodus leitet der Unterstrich dagegen einen Index ein. Wir kommen in 1.5 darauf zurück.

Durch einen Namen bezeichnete Objekte nennt man meist „Variable“. Was augenblicklich einem Namen zugewiesen ist, erfährt man, wenn man ihn eingibt. Erhält man nur den Namen zurück, so ist er nicht benutzt, also undefiniert.

Die Bedeutung von Namen, die man selbst vergeben hat, darf man jederzeit ändern. Namen, die Maple selbst benutzt, sind geschützt und können nicht verwendet werden. Tut man dies dennoch, erhält man eine Fehlermeldung.

Die Zuweisung zu einer Variablen geschieht durch das Zuweisungszeichen „:=“. Die Variable behält diesen Wert solange, bis ihr ein neuer Wert zugewiesen wird. Man kann die Zuweisung auch zurücknehmen und die Variable freigeben, indem man ihr den eigenen Namen, eingeschlossen in Apostrophe „'“, zuweist. Der Apostroph liegt auf der deutschen Tastatur über dem Doppelkreuz „#“. Man kann alle Variablen gleichzeitig zurücksetzen, indem man den Befehl `restart` eingibt. Mehrere Zuweisungen — oder überhaupt mehrere Befehle — in derselben Zeile müssen durch Semikolons getrennt werden.

$b := 5; c := 17; d := b$

$$5$$

$$17$$

$$5$$

$b + c$

$$22$$

$b := 100$

$$100$$

d

$$5$$

$a5 := b - \%$

$$95$$

$d :=' d'$

$$d$$

$$d, a4, a5$$

$$d, a4, 95$$

1.3 Endliche Summen und Produkte

Sei a ein von der Unbestimmten k abhängiger Ausdruck. Gibt man den Befehl

> `sum(`a`, `k` = `n`..`m`)`

bzw.

> `product(`a`, `k` = `n`..`m`)`

ein, so berechnet Maple die Summe $\sum_{k=n}^{m} a_k$ bzw. das Produkt $\prod_{k=n}^{m} a_k$, wobei wir mit dem Index k an a_k in der mathematischen Formel ausdrücken wollen, dass a von k abhängt. Dabei kann a eine Variable sein, der ein Ausdruck in k zugewiesen worden ist, oder a ist selbst ein Ausdruck in k. Die Laufvariable k muss eine Unbestimmte sein, d. h. ihr darf kein Wert zugewiesen worden sein. Ist dies doch der Fall, oder ist man sich nicht sicher, so gibt man k vorher frei. Wir verwenden außerdem noch den Befehl Sum, die träge (inert) Form von sum. Sie tut nichts, sondern stellt lediglich die Formel auf dem Arbeitsblatt dar. Die träge Form von `product` heißt `Product`. Den Vergleichsoperator "=" stellen wir in § 3 vor. Wir verwenden die trägen Operatoren im weiteren sehr häufig, um gut lesbare Ausgaben zu erhalten.

In Zusammenhang mit dem Befehl `value` erlauben träge Operatoren auch die Kontrolle der Eingabe. Durch `value` werden träge Operatoren aktiviert. Ist also S eine träge Summe, so wird durch $S = $ `value`(S) dieselbe Summe einmal unausgewertet und einmal ausgewertet gezeigt.

Um die Ausgabe von Maple in eine gängige Form zu bringen, ist ferner manchmal einer der Befehle expand oder `factor` notwendig. Dabei veranlasst expand bei Polynomen das Ausmultiplizieren, während `factor` sie über $\mathbb{Q}$ faktorisiert (s. § 5).

$S1 := Sum(k, k = 1..100) :$
$S1 = value(S1)$

$$\sum_{k=1}^{100} k = 5050$$

$S2 := Sum(k, k = 1..n) :$
$S2 = factor(value(S2))$

$$\sum_{k=1}^{n} k = \frac{1}{2}n(n+1)$$

$S3 := Sum(k, k = 1..n) :$
$S3 = expand(value(S3))$

$$\sum_{k=1}^{n} k^2 = \frac{1}{3}n^3 + \frac{1}{2}n^2 + \frac{1}{6}n$$

$a := k^3$

$$k^3$$

$$S4 := Sum(a, k = 1..n) :$$
$$S4 = factor(value(S4))$$

$$\sum_{k=1}^{n} k^3 = \frac{1}{4}\, n^2 \, (n+1)^2$$

Der Befehl `normal` bringt einen Ausdruck auf Normalform. Für Polynome ist die expandierte Form die normale. Man kann daher hier `expand` und `normal` synonym verwenden.

$$S5 := Sum(2 \cdot k - 1, k = 1..n) :$$
$$S5 = normal(value(S5))$$

$$\sum_{k=1}^{n} 2k - 1 = n^2$$

$$S6 := Sum(x^k, k = 0..n) :$$
$$S6 = normal(value(S6))$$

$$\sum_{k=0}^{n} x^k = \frac{x^{n+1} - 1}{x - 1}$$

Für den Befehl `product` gilt sinngemäß das gleiche wie für `sum`.

$$P1 := Product(k^2, k = 1..10) :$$
$$P1 = value(P1)$$

$$\prod_{k=1}^{10} k^2 = 13168189440000$$

$$P2 := Product\left(1 - \frac{1}{k^2}\right), k = 2..10) :$$
$$P2 = value(P2)$$

$$\prod_{k=2}^{10} \left(1 - \frac{1}{k^2}\right) = \frac{11}{20}$$

$$P3 := Product\left(\frac{(k^2 - 4)}{k^2}, k = 3..n\right) :$$
$$P3 = normal(expand(value(P3)))$$

$$\prod_{k=3}^{n} \frac{k^2 - 4}{k^2} = \frac{1}{6} \frac{n^2 + 3n + 2}{(n-1)\, n}$$

1.4 Fakultäten und Binomialkoeffizienten

Bekanntlich definiert man für $n \in \mathbb{N}$ die Zahl $n!$ (genannt n Fakultät) als

$$0! := 1, \quad n! := \prod_{k=1}^{n} k \quad \text{für } n \geq 1,$$

sowie für $0 \leq k \leq n$ den Binomialkoeffizienten $\binom{n}{k}$ als

$$\binom{n}{k} := \prod_{j=1}^{k} \frac{n - j + 1}{j} = \frac{n!}{k!(n-k)!}.$$

Maple kennt beide Definitionen. Dabei wird die Fakultät $n!$ als n! eingegeben, während $\binom{n}{k}$ als
binomial(n,k) aufgerufen wird.

$3!, 4!, 5!, 6!, 7!, 8!, 9!, 10!$

$$6, 24, 120, 720, 5040, 40320, 362880, 3628800$$

$70!$

$$11978571669969891796072783721689098736458938142546425857555536286\backslash$$
$$4628009582789845319680000000000000000$$

$binomial(49, 6)$

$$13983816$$

1.5 Folgen von Ausdrücken

Mehrere gleichartige Ausdrücke fasst man gerne zu einer Folge von Ausdrücken (expression
sequence) zusammen. Dazu gibt man die Ausdrücke durch Kommata getrennt ein. Das Ganze
kann man dann noch einer Variablen zuweisen.

$a := 2, 4, 8$

$$2, 4, 8$$

$a[3]$

$$8$$

Man erhält also ein einzelnes Folgenglied, indem man an den Namen der Folge den in eckige
Klammern eingeschlossenen Index anhängt. Die Zählung beginnt dabei stets mit dem Index 1.
Verwendet man die standardmäßig voreingestellte 2D-Eingabe, so existiert noch ein alternativer
Zugriff auf einzelne Folgenglieder. Gibt man in der 2D-Eingabe nämlich einen Unterstrich „_"
ein, so wird dieser nicht angezeigt, sondern alle weiteren Zeichen werden in den Index gesetzt,
bis man durch die Pfeiltaste $\boxed{\rightarrow}$ auf die Grundlinie zurückkehrt. Dies ist der Grund, warum bei
der klassischen Eingabemethode Unterstriche als Teile von Variablennamen erlaubt sind, bei der
2D-Eingabe hingegen nicht.

a_3

$$8$$

Nun möchte man aber nicht so viel selbst eintippen. Dazu gibt es den Befehl seq. Ist a ein
Ausdruck in k, so erzeugt die Eingabe
> seq(a, k = $n..m$)
die endliche Folge $a_n, a_{n+1}, \ldots, a_m$, wobei wir mit a_n den Wert bezeichnen, den a annimmt,
wenn man für k den Wert n einsetzt. Sollen die Folgenglieder untereinander statt nebeneinander
ausgegeben werden, so gibt man seq(print(a), k = $n..m$) ein. Einige Beispiele machen
den Sachverhalt klar:

$seq(2^k, k = 1..13)$

$$2, 4, 8, 16, 32, 64, 128, 256, 512, 1024, 2048, 4096, 8192$$

$$seq(print(ifactor(k)), k = 5039..5041)$$

$$(5039)$$

$$(2)^4 (3)^2 (5)(7)$$

$$(71)^2$$

$$a := seq(\mathrm{binomial}(10, k), k = 0..10)$$

$$1, 10, 45, 120, 210, 252, 210, 120, 45, 10, 1$$

Man kann jetzt beispielsweise über alle Elemente von a summieren

$$sum(a_k, k = 1..11)$$

$$1024$$

Will man nun die Folge $\binom{10}{k}^2$, $k = 0, \ldots, 10$, erzeugen, so liefert die Eingabe

$$seq(a_k^2, k = 0..10)$$

```
Error, improper op or subscript selector
```

eine Fehlermeldung, weil $a[0]$ nicht definiert ist. Richtig ist hier der Laufbereich $k = 1..11$. Die gleiche Fehlermeldung erhält man allgemein, wenn der Bereich der Laufvariablen keine Teilmenge des Definitionsbereichs der Folge ist, denn alle Folgen beginnen beim Index 1.

Der Befehl `seq` ist nützlich, um sich Beispielserien zu verschaffen, mit denen man eine Vermutung zu bekommen oder zu widerlegen hofft.

$$seq(sum(\mathrm{binomial}(n, k), k = 0..n), n = 1..13)$$

$$2, 4, 8, 16, 32, 64, 128, 256, 512, 1024, 2048, 4096, 8192$$

Wir vermuten also, dass die Summe über alle Binomialkoeffizienten zu einem festen n gleich 2^n ist. Dies lässt sich mit dem Binomialsatz leicht beweisen. Maple kennt die vermutete Beziehung auch:

$$S := Sum(\mathrm{binomial}(n, k), k = 0..n):$$
$$S = value(S)$$

$$\sum_{k=0}^{n} \mathrm{binomial}(n, k) = 2^n$$

Aufgaben

1. Welche der Zahlen 2^{22}, 22^2 und 2^{2^2} ist am größten? Wie lautet die Antwort, wenn man die Ziffer 2 durch die Ziffern 3 oder 4 ersetzt?

2. Berechnen Sie die Zahlen $111!$, $222!$ und $333!$ sowie ihre Zerlegung in Primfaktoren.

3. Verwenden Sie die Befehle `seq` und `binomial`, um das Pascalsche Dreieck bis zur 15-ten Zeile ausgeben zu lassen.

4. Bestimmen Sie, welche der Zahlen $2^k + 1$ für $k = 1, \ldots, 16$ bzw. $2^k - 1$ für $k = 2, \ldots, 23$ Primzahlen sind.

5. Für welche der Zahlen $k \in \{1, \ldots, 9\}$ gelten die folgenden Ungleichungen?

$$2^k k! \leq k^k \quad , \quad 3^k k! \geq k^k \quad , \quad \binom{2k}{k} \geq 3^k.$$

6. Berechnen Sie $\sum_{k=1}^{8} a_k$ und $\prod_{k=1}^{8} a_k$, wobei a_k die k-te Primzahl ist. Sie können sich entweder über `?ithprime` informieren oder aber die Primzahlen von Hand eingeben.

7. Berechnen Sie $\prod_{k=2}^{n}\left(1-\frac{1}{k}\right)$ und $\prod_{k=2}^{n}\left(1-\frac{1}{k^2}\right)$, indem Sie die Ausgabe von Maple jeweils noch mit `expand(%)` bearbeiten lassen.

2 Reelle Zahlen

Die Darstellung der reellen Zahlen ist naturgemäß nicht so einfach wie die Darstellung der rationalen Zahlen. Es gibt drei Möglichkeiten: Man kann reelle Zahlen in Fließkommadarstellung angeben, d. h. durch endliche Dezimalbruchentwicklungen approximieren, man kann ihnen Namen wie z. B. π geben, oder man beschreibt sie durch Gleichungen, die sie lösen, wie z. B. $\sqrt{2}$ als positive Lösung der Gleichung $x^2 - 2 = 0$.

Die Dezimalbruchentwicklung von $a \in \mathbb{R}$ erhält man durch `evalf(a)`. Dabei darf man ein zweites Argument anbringen, welches dann die Anzahl der benutzten Stellen angibt.

$$evalf\left(\frac{2^{20}}{3^8}\right)$$

$$159.8195397$$

$$evalf\left(\frac{2^{20}}{3^8}, 40\right)$$

$$159.8195397043133668648071940253010211858$$

Die Standardeinstellung für die Zahl der verwendeten Stellen ist 10. Man kann diese Einstellung durch den Befehl

```
> Digits := n
```

verändern. Dabei muss n eine ganze Zahl zwischen 1 und 268 435 448 sein. Wenn `Digits` $= D$, so ist der Rechenfehler in der Größenordnung des 10^{-D}-fachen des größten auftretenden Zwischenergebnisses. In ungünstigen Fällen braucht vom Ergebnis schließlich keine Stelle mehr richtig zu sein, wie das folgende Beispiel zeigt. Es ist daher sinnvoll, vor komplizierteren numerischen Rechnungen den Wert von `Digits` heraufzusetzen. Bis zu `Digits` $= 15$ werden die elementaren arithmetischen Operationen direkt vom Prozessor ausgeführt, für größere Werte verwendet Maple Unterprogramme, welche um Größenordnungen langsamer sind.

$$a := evalf\left(\frac{1}{1 - 2^{-31}}\right)$$

$$1.000000000$$

$$b := evalf\left(\frac{1}{1 + 2^{-31}}\right)$$

$$0.9999999995$$

$$a - b$$

$$.5\,10^{-9}$$

$$evalf\left(\frac{1}{1 - 2^{-31}} - \frac{1}{1 + 2^{-31}}\right)$$

$$9.313225746\,10^{-10}$$

Obwohl Maple gewöhnlich symbolisch, d. h. exakt rechnet, wird in bestimmten Situationen der Befehl `evalf` automatisch benutzt. Wenn man z. B. eine Zahl mit einem Dezimalpunkt „." versehen hat, so werden sämtliche Brüche im zugehörigen Ausdruck in Fließkommadarstellung angezeigt

$$\frac{3 \cdot 1}{3}; \frac{3. \cdot 1}{3}$$

$$1$$

$$1.000000000$$

Maple kennt wenigstens zwei reelle Zahlen namentlich, nämlich die Eulersche Zahl e, eingegeben als `exp(1)`, und π, eingegeben als `Pi`.

$$e = evalf(\exp(1), 35)$$

$$e = 2.7182818284590452353602874713526625$$

$$Pi = evalf(Pi, 100)$$

$$\pi = 3.14159265358979323846264338327950288419716939937\backslash$$

$$51058209749445923078164062862089986280348825342117068$$

Man muss acht geben, dass man die Kreiszahl π, eingegeben als `Pi`, nicht mit der Variablen mit dem griechischen Namen π, eingegeben als `pi`, verwechselt. In der Ausgabe sehen beide nämlich gleich aus. Der Befehl `lprint` kann hier helfen, da er sein Argument ohne Verwendung von Sonderzeichen darstellt, wie das folgende Beispiel zeigt.

$$a := Pi$$

$$\pi$$

$$b := pi$$

$$\pi$$

$$\cos(a), \cos(b)$$

$$-1, \cos(\pi)$$

$$lprint(a), lprint(b)$$

```
Pi
```

```
pi
```

Einen ähnlichen Effekt wie bei den trägen Operatoren kann man erreichen, wenn man einen Befehl in Apostrophe „'" einschließt. Den Apostroph findet man auf der deutschen Tastatur auf derselben Taste wie das Doppelkreuz „#". Schließt man nämlich einen Befehl in Apostrophe ein, so wird er zunächst nicht ausgeführt. Seine Auswertung bleibt der Prozedur überlassen, welcher er übergeben wird.

Um genauer zu verstehen, was der Apostroph bewirkt, geben wir eine Zusammenfassung davon, was Maple mit der Eingabe macht. Wird ein Variablenname eingegeben, so versucht Maple zuerst, ihn auszuwerten, also durch das zu ersetzen, wofür er steht: wenn der Name für eine Zahl steht, wird diese eingesetzt, steht er für eine Prozedur, so wird sie aufgerufen. Oben hatten wir $a = \pi$ definiert. Also geschieht beim Aufruf von

$$\cos(a)$$

$$-1$$

folgendes: zuerst wird a durch π ersetzt, dann wird cos mit dem Argument π aufgerufen und schließlich das Ergebnis -1 ausgegeben. Schließt man einen Variablennamen dagegen in Apostrophe ein, so unterbleibt die Auswertung im ersten Durchgang. Wird er einer Prozedur übergeben, so kann diese die Auswertung veranlassen, andernfalls wird der Variablenname gedruckt. Da auch vordefinierte Befehle nach diesen Regeln behandelt werden, kann man so deren Namen in das Arbeitsblatt schreiben lassen. Dies wird genutzt, um die relevanten Teile der Eingabe in der Ausgabe von Maple wiederholen zu lassen. Dadurch wird die Lesbarkeit des Arbeitsblattes verbessert. Im Beispiel cos(a) kann man sowohl die Ausführung von cos als auch die Auswertung von a verhindern. Im zweiten Fall kann der Cosinus dann ebenfalls nicht berechnet werden.

$$\text{'}\cos\text{'}(a)$$

$$\cos(\pi)$$

$$\cos(\text{'}a\text{'})$$

$$\cos(a)$$

Maple kann mit e und π exakt rechnen, z. B. wenn man geeignete Vielfache von π in die Sinusfunktion einsetzt. Wir verwenden in den folgenden Beispielen Apostrophe wie oben beschrieben, um die Lesbarkeit der Ausgabe zu erhöhen.

$$\text{'}\cos\text{'}\left(\frac{\text{Pi}}{4}\right) = \cos\left(\frac{\text{Pi}}{4}\right)$$

$$\cos\left(\frac{1}{4}\pi\right) = \frac{1}{2}\sqrt{2}$$

In der Ausgabe erkennen wir eine weitere Klasse von reellen Zahlen, nämlich Quadratwurzeln, geschrieben sqrt (square root).

$$a := \mathrm{sqrt}(6)$$

$$\sqrt{6}$$

$$a \cdot \mathrm{sqrt}(12)$$

$$2\sqrt{6}\sqrt{3}$$

$$simplify(\%)$$

$$6\sqrt{2}$$

Die Vereinfachung reeller Zahlen ist nicht so trivial wie die von rationalen. Hier, wie in vielen anderen Fällen, hilft der Befehl simplify. Maple erkennt an dem angebenen Ausdruck, welche Vereinfachungsregeln anzuwenden sind. Wegen der Vielfalt der Möglichkeiten braucht simplify bei komplizierten Ausdrücken auch schon einmal etwas länger. Daher wird es nicht automatisch ausgeführt. Außerdem ist es nicht immer so, dass die Vorstellung von Maple, was einfach ist, mit der des Benutzers übereinstimmt. Dann ist gelegentlich normal hilfreich. Falls man einen Nenner rational machen will, kann man normal mit der Option expanded (s. 5.3) verwenden.

$$\frac{1}{1+\mathrm{sqrt}(5)} - \frac{1}{1-\mathrm{sqrt}(5)}$$

$$\frac{1}{\sqrt{5}+1} - \frac{1}{1-\sqrt{5}}$$

normal(%, *expanded*)

$$\frac{1}{2}\sqrt{5}$$

Welcher der Befehle `simplify`, `expand`, `normal` oder `normal(%, expanded)` die gewünschte Vereinfachung eines Ausdrucks bewirkt, muss man im Zweifelsfall ausprobieren.

Aufgaben

1. Berechnen Sie die ersten 100 bzw. 1000 Stellen der Zahlen e, π und e/π. Was passiert, wenn Sie Genauigkeit 10000 verlangen?

2. Berechnen Sie $(\sin(\pi/4))^2$, indem Sie den Befehl `evalf` an verschiedenen Stellen einsetzen.

3. Berechnen Sie

$$\texttt{evalf}\left(110\cdot120\cdot530.0 - \sqrt{110\cdot120.0}\cdot\sqrt{120\cdot530.0}\cdot\sqrt{530\cdot110.0}, k\right)$$

   für $k = 3, 4, \ldots, 20$.

4. Untersuchen Sie, ob die Folge $\left(1+\dfrac{1}{n}\right)^n$ für $1 \le n \le 19$ monoton wächst.

5. Welcher der Befehle `normal`, `simplify`, `expand` und `normal(%, expanded)` führt dazu, dass Maple den Ausdruck

$$\frac{\sin(\pi/4)}{(1+\sqrt{2})(1-\sqrt{2})\sqrt{3}}$$

   wesentlich vereinfacht?

3 Anordnung

Die Anordnung der reellen Zahlen führt einerseits zu den Ungleichheitsrelationen und andererseits zu Funktionen wie Maximum und Absolutbetrag.

Maximum bzw. Minimum endlich vieler Werte werden mit max bzw. min bezeichnet. Der Absolutbetrag wird als abs eingegeben.

$\max(\mathrm{sqrt}(8), 3, 4)$

$$4$$

$\min(\mathrm{sqrt}(8), 3, 4)$

$$2\sqrt{2}$$

$a := \pi^2, 10$

$$\pi^2, 10$$

$\max(a)$

$$10$$

$\max(\exp(1), \mathrm{Pi})$

$$\pi$$

$\mathrm{abs}(\mathrm{sqrt}(2))$

$$\sqrt{2}$$

Die üblichen Relationen werden in Maple wie folgt geschrieben:

$<$	$\leq$	$=$	$\geq$	$>$	$\neq$
<	<=	=	>=	>	!=

Eine Relation wie $a < b$ oder $a = b$ ist zunächst nur ein Ausdruck. Man kann ihren Wahrheitsgehalt mit dem Befehl is testen. Dieser Befehl führt die Boolesche Auswertung der eingegebenen Relation durch.

$is(4 < 3)$

$$false$$

$is(\exp(1) \neq \mathrm{Pi})$

$$true$$

$is(\exp(1) < \mathrm{Pi})$

$$true$$

Das einfache Gleichheitszeichen = bezeichnet die Gleichheitsrelation. Die Variable links vom Gleichheitszeichen ändert ihren Wert nicht. Dazu benötigt man den Zuweisungsoperator := .

$a := 5; b := 7$

$$5$$
$$7$$

$a = b;$

$$5 = 7$$

$a, is(\%)$

$$5, false$$

$a := b$

$$7$$

$a, is(a = b)$

$$7, true$$

Hat man aus anderweitigen Überlegungen Zusatzinformationen über eine Variable, etwa dass sie positiv ist, so kann man dies durch den Zusatz assuming vereinbaren. Eine solche Annahme ermöglicht manchmal überhaupt erst die Bearbeitung eines Problems. Der Zusatz assuming trennt den Befehl von einer oder mehreren Annahmen, die über die beteiligten Variablen getroffen werden. Eine solche Annahme kann beispielsweise ein Ungleichung sein.

$sqrt(x^2)$

$$\sqrt{x^2}$$

$sqrt(x^2) \; assuming \, x < 0$

$$-x$$

Eine solche Annahme gilt nur für den augenblicklichen Befehl.

Maple behandelt alle Variablen als komplexe Zahlen. Wir werden in § 13 näher auf die damit verbundenen Konsequenzen eingehen. Hier sei aber bereits erwähnt, wie man mit assuming vereinbaren kann, dass eine Variable reell ist.

$sqrt(x^4) \; assuming \, x :: real$

$$x^2$$

Abbildung 3.1 zeigt einige weitere Eigenschaften, die mit assuming vereinbart werden können.

$x :: real$	$x \in \mathbb{R}$
$x :: integer$	$x \in \mathbb{Z}$
$x :: even$	$x \in 2\mathbb{Z}$
$x :: odd$	$x \in 2\mathbb{Z} + 1$

Abbildung 3.1: Eigenschaften, die mittels assuming vereinbart werden können

Schließlich sei noch auf die Möglichkeit hingewiesen, einfache Ungleichungen lösen zu lassen. Wir werden in § 6 sehen, dass derselbe Befehl solve auch zum Lösen von Gleichungen verwendet wird. Kann `solve` die gestellte Aufgabe nicht lösen, so wird nur eine Leerzeile ausgegeben.

$$solve(x^4 - 5 \cdot x^3 - 6 \cdot x^2 + 32 \cdot x + 35 > 3)$$

$$RealRange(-\infty, Open(-2)), RealRange(Open(-1), Open(4)), RealRange(Open(4), \infty)$$

Dabei wird das abgeschlossene Intervall $[a,b]$ als $RealRange(a,b)$ ausgegeben. Soll angezeigt werden, dass a nicht zum Intervall gehört, dass es an dieser Seite also offen ist, so schreibt Maple $Open(a)$ anstelle von a. Es gilt also

$$\{x \in \mathbb{R} \mid x^4 - 5x^3 - 6x^2 + 32x + 35 > 3\} = \,]-\infty, -2[\, \cup \,]-1, \infty[\, \backslash \, \{4\}.$$

Im allgemeinen werden die Nullstellen eines Polynoms keine rationalen Zahlen sein. Dann gibt Maple die Intervallgrenzen in `RootOf` Darstellung. Wir gehen in § 6 genauer auf die Darstellung algebraischer Zahlen ein. Will man sich von der Richtigkeit des Ergebnisses überzeugen, so kann man sich einen Plot anzeigen lassen (s. 10.3).

Aufgaben

1. Bestimmen Sie das Maximum und das Minimum der Zahlen $\sin\left(k + \dfrac{1}{k}\right) - \sin(k)$, $k = 1, \ldots, 6$.

2. Benutzen Sie den Befehl `is`, um herauszufinden, für welche der Zahlen $k = 1, \ldots, 6$ die Ungleichung $\dbinom{2k}{k} < 3^k$ richtig ist.

3. Welche der Ungleichungen $4173937 < 2785^2$, $\sqrt{4173937} < 2785^2$, $\sqrt{4173937.} < 2785^2$ gilt?

4. Testen Sie, was Maple ausgibt, wenn Sie den Befehl `solve` auf die folgenden Ungleichungen anwenden:
$$x^2 + 2x - e < 0, \quad -x^6 - 9x^5 + 4x^4 + 184x^3 + 240x^2 - 592x \geq 960,$$
$$x^3 + x^2 - 2x < 0, \quad x^2 + 1 > 0, \quad x^2 + 1 < 0.$$

4 Folgen und Grenzwerte

4.1 Bestimmung von Grenzwerten

Sei $(a_k)_{k\in\mathbb{N}}$ eine Folge (reeller) Zahlen, deren Konvergenzverhalten man untersuchen will. Werden die Folgenglieder a_k durch einen von k abhängigen Ausdruck a gegeben, so kann man Maple mit dem Befehl `limit` beauftragen, nach dem Grenzwert zu suchen. Dazu gibt man

```
> limit(a, k = infinity)
```

ein. Wie bei `sum` (s. 1.3) ist a entweder ein Ausdruck in k oder der Name eines solchen. Man erhält eine der folgenden Ausgaben:

1. l, wenn $(a_k)_{k\in\mathbb{N}}$ gegen $l \in \mathbb{R}$ konvergiert,

2. $\pm\infty$, wenn $(a_k)_{k\in\mathbb{N}}$ bestimmt gegen $+\infty$ oder $-\infty$ divergiert,

3. *undefined*, wenn $(a_k)_{k\in\mathbb{N}}$ unbeschränkt ist, aber nicht bestimmt divergiert,

4. *a..b*, wenn Maple keinen Grenzwert findet, aber feststellen kann, dass alle Häufungspunkte im Intervall $[a,b]$ liegen,

5. $\lim\limits_{k\to\infty} a_k$, wenn Maple nichts herausfindet.

Zur Veranschaulichung betrachten wir die folgenden Beispiele. Dabei verwenden wir den zu `limit` gehörenden trägen Operator `Limit`.

$$L1 := Limit\left(\frac{k}{k+1}, k = \mathit{infinity}\right):$$
$$L1 = value(L1)$$

$$\lim_{k\to\infty}\frac{k}{k+1} = 1$$

$$L2 := Limit\left(\frac{k^2}{2^k}, k = \mathit{infinity}\right):$$
$$L2 = value(L2)$$

$$\lim_{k\to\infty}\frac{k^2}{2^k} = 0$$

$$e := \exp(1):$$
$$L3 := Limit\left(\frac{k! \cdot e^k}{k^k \cdot \mathrm{sqrt}(k)}, k = \mathit{infinity}\right):$$
$$L3 = value(L3)$$

$$\lim_{k\to\infty}\frac{k!(e)^k}{k^k\sqrt{k}} = \sqrt{2}\sqrt{\pi}$$

$$L4 := Limit\left(\frac{5^k}{k^5}, k = infinity\right) :$$
$$L4 = value(L4)$$

$$\lim_{k\to\infty} \frac{5^k}{k^5} = \infty$$

$$L5 := Limit\left(\left((-1)^k + 1\right) \cdot k, k = infinity\right) :$$
$$L5 = value(L5)$$

$$\lim_{k\to\infty} \left((-1)^k + 1\right) k = undefined$$

$$L6 := Limit\left(3 \cdot \left((-1)^k + \frac{10}{10^k}\right), k = infinity\right) :$$
$$L6 = value(L6)$$

$$\lim_{k\to\infty} \left(3(-1)^k + \frac{30}{10^k}\right) = -3..3$$

$$L7 := Limit(\sin(k \cdot Pi), k = infinity) :$$
$$L7 = value(L7)$$

$$\lim_{k\to\infty} \sin(k\pi) = -1..1$$

Obwohl für $k \in \mathbb{N}$ gilt $\sin(k\pi) = 0$, gibt Maple den Grenzwert nicht als Null an. Das liegt daran, dass der Befehl `limit` grundsätzlich davon ausgeht, dass die Variable die reellen Zahlen durchläuft. Man könnte meinen, dass eine entsprechende Vereinbarung mittels `assuming` hier hilft. Das ist auch so, aber nur dann, wenn die Folgenglieder bereits vor der Ausführung von `limit` vereinfacht werden.

$$L7 = value(L7) \text{ assuming } k :: integer$$

$$\lim_{k\to\infty} \sin(k\pi) = -1..1$$

$$a := \sin(k \cdot Pi)$$

$$\sin(k\pi)$$

$$a \text{ assuming } k :: integer$$

$$0$$

$$Limit(a, k = infinity) = limit(\%, k = infinity)$$

$$\lim_{k\to\infty} \sin(k\pi) = 0$$

$$L8 := Limit\left(Product\left(1 - \frac{1}{(n+1)^2}, n = 1..k\right), k = infinity\right) :$$
$$L8 = value(L8)$$

$$\lim_{k\to\infty} \prod_{n=1}^{k} \left(1 - \frac{1}{(n+1)^2}\right) = \frac{1}{2}$$

$$L9 := Limit\left(Product\left(\frac{(n^3-1)}{n^3+1}, n = 2..k\right), k = infinity\right):$$
$$L9 = value(L9)$$

$$\lim_{k\to\infty}\prod_{n=2}^{k}\left(\frac{n^3-1}{n^3+1}\right) = \frac{2}{3}$$

Auch wenn man eine Ausgabe der Form (4) oder (5) bekommt, heißt dies nicht unbedingt, dass man mit Maple das Konvergenzverhalten der Folge nicht klären kann. Wie das folgende Beispiel zeigt, gelingt die Lösung möglicherweise, wenn man eine geeignete Zerlegung in Teilaufgaben vornimmt.

$$a := (-1)^k - \left(-1 + \frac{1}{k^2}\right)^k$$

$$(-1)^k - \left(-1 + \frac{1}{k^2}\right)^k$$

$$L10 := Limit(a, k = infinity)$$
$$L10 = value(L10)$$

$$\lim_{k\to\infty}\left((-1)^k - \left(-1 + \frac{1}{k^2}\right)^k\right) = -2..2$$

Wir verschaffen uns zuerst einen Überblick über das Verhalten eines Anfangsstücks der Folge. Dazu verwenden wir den Befehl seq, den wir in 1.5 behandelt haben. Da man reelle Zahlen in Dezimaldarstellung leichter miteinander vergleichen kann, ist es oft besser, evalf (a_k) statt a_k ausgeben zu lassen.

$$seq(a, k = 1..7)$$

$$-1, \frac{7}{16}, \frac{-217}{729}, \frac{14911}{65536}, \frac{-1803001}{9765625}, \frac{338516711}{2176782336}, \frac{-91154730577}{678223072849}$$

$$seq(evalf(a, 2), k = 1..12)$$

$$-1., 0.44, -0.30, 0.23, -0.18, 0.16, -0.13, 0.12, -0.11, 0.096, -0.087, 0.080$$

Die Folgenglieder könnten also von der Form $a_k = (-1)^k c_k$ sein, wobei c_k eine positive Nullfolge ist. Wir schreiben die Folgenglieder jetzt so um, dass diese Struktur auch für Maple sichtbar wird.

$$b := (-1)^k$$

$$(-1)^k$$

$$c := simplify\left(\frac{a}{b}\right) \text{ assuming } k :: integer$$

$$1 - (k^2 - 1)^k k^{-2k}$$

$$L10 = limit(b \cdot c, k = infinity)$$

$$\lim_{k\to\infty}\left((-1)^k - \left(-1 + \frac{1}{k^2}\right)^k\right) = 0$$

Diese Ausgabe bestätigt unsere Vermutung und zeigt zugleich, dass man den Grenzwert der betrachteten Folge interaktiv mit Maple berechnen kann.

4.2 Rekursiv definierte Folgen

Bei den bisherigen Betrachtungen sind wir davon ausgegangen, dass die Folgenglieder a_k durch
einen Ausdruck gegeben sind. Behandelt man rekursiv definierte Folgen, so ist dies nicht der
Fall. Gelingt es nicht, die Rekursion aufzulösen und die Folge durch einen Ausdruck zu beschreiben, so kann man `limit` nicht anwenden. Die Umwandlung der Rekursionsformel in
einen geschlossenen Ausdruck kann Maple manchmal durchführen (s. `?rsolve`). Um andernfalls wenigstens Anfangsstücke der Folge betrachten zu können, kann man eine `for`-Schleife
verwenden. Ihr Aufbau ist folgender

```
> for n from a to b by k do
    Anweisung 1 ;
    Anweisung 2 ;
        ⋮
    letzte Anweisung ;
  end do
```

Hierbei sind a, b und k konkrete ganze Zahlen, und n ist eine Variable. Für jeden Wert der Form
$n = a + m \cdot k$ mit $m \in \mathbb{N}_0$ und $n \le b$ werden sämtliche Anweisungen ausgeführt. Die Anweisungen
sind dabei durch Semikolons getrennt. Es ist übersichtlicher, die einzelnen Anweisungen jeweils
in eine eigene Zeile zu schreiben. Um das zu erreichen, drückt man am Zeilenende die Eingabetaste zusammen mit der Umschalttaste. Betätigt man nämlich nur die Eingabetaste, so versucht
Maple, die unvollständige `for`-Schleife auszuführen und beschwert sich entsprechend. Für jeden Wert von n und jede Anweisung wird das Ergebnis ausgegeben. Will man das nicht, so fügt
man dem abschließenden `end do` einen Doppelpunkt hinzu. Dann wird überhaupt nichts ausgegeben. Wenn das wiederum zu wenig ist, kann man mit dem Befehl `print(A)` die Ausgabe
eines Ausdrucks A explizit verlangen. Als mögliche Fehlerquelle ist noch zu beachten, dass die
Laufvariable n nach Ausführung der Schleife den ersten Wert der Progression $a, a+k, a+2k, \dots$
angenommen hat, der größer als b ist.

Als Beispiel untersuchen wir mittels einer `for`-Schleife die Folge $(a_k)_{k \in \mathbb{N}}$, welche rekursiv
definiert ist durch

$$a_1 := 4 \quad \text{und} \quad a_k := \frac{1}{2}\left(a_{k-1} + \frac{2}{a_{k-1}}\right).$$

Die folgende Zeile wird, wie in Abschnitt 1.5 besprochen, eingegeben als `a_1 → :=4`

$$a_1 := 4$$

$$4$$

```
for j from 2 by 1 to 8 do
    a_j := (a_{j-1} + 2/a_{j-1}) / 2 ;
end do
```

$$\cfrac{9}{4}$$

$$\cfrac{113}{72}$$

$$\cfrac{23137}{16272}$$

$$\cfrac{1064876737}{752970528}$$

$$\cfrac{22678916970769964737}{16036415978276142272}$$

$$\cfrac{1028666549823684269578428125117765 9137}{727377092960096699721312337556385 2928}$$

$$\cfrac{21163097414523246235560233242632688 794368859605852843396217927179178793 1137}{14964569692720878726630585768780625406 70250713634921745374581078551668 06272}$$

Da die Folgenglieder exakt ausgerechnet werden, ergeben sich schnell Brüche mit riesigen Zählern und Nennern. Will man die damit verbundenen Probleme vermeiden, so lässt man besser alles in Fließkommazahlen rechnen. Man kann dies dadurch erreichen, dass man den Startwert als „4." statt als „4" eingibt. Da wir nur wenige Folgenglieder berechnen lassen, stört uns die Rechenzeitverschwendung nicht, die dadurch entsteht, dass wir erst exakt rechnen lassen und dann doch nur das gerundete Ergebnis anschauen.

```
for j from 2 by 1 to 8 do
    evalf(a_j, 20);
end do
```

$$2.2500000000000000000$$

$$1.5694444444444444444$$

$$1.4218903638151425762$$

$$1.4142342859400733411$$

$$1.4142135625249320650$$

$$1.4142135623730950488$$

$$1.4142135623730950488$$

$$evalf(\mathrm{sqrt}(2), 20)$$

$$1.4142135623730950488$$

Dies legt die Vermutung nahe, dass die Folge $(a_k)_{k \in \mathbb{N}}$ gegen die Wurzel aus 2 konvergiert. Wir werden diese Vermutung am Ende dieses Abschnitts beweisen.

Auch die Folge der Fibonacci-Zahlen (vgl. Forster I (4.6)) kann man entsprechend erzeugen. Um die berechneten Fibonacci-Zahlen in eine Zeile zu drucken, unterdrücken wir in der `for`-Schleife die Ausgabe durch den Doppelpunkt am Ende und geben die berechneten Ergebnisse im Anschluss mittels `seq` aus.

```
f_1 := 1 :
f_2 := 1 :
for n from 3 by 1 to 15 do
    f_n := f_{n-2} + f_{n-1};
end do:
```

$$seq(f_n, n = 1..15)$$

$$1, 1, 2, 3, 5, 8, 13, 21, 34, 55, 89, 144, 233, 377, 610$$

Eine Frage, die noch geklärt werden muss, ist die nach dem Datentyp der zuletzt definierten Variablen a und f. Es handelt sich um dabei um „Tabellen" (englisch „table"). Eine Tabelle ist eine Zuordnung zwischen einer endlichen Menge beliebiger Schlüssel und irgendwelchen Maple-Objekten. Die Schlüssel werden auch als Indices bezeichnet und können in Index-Notation geschrieben werden. Tabellen können beliebig erweitert werden. Das haben wir uns in den `for`-Schleifen zunutze gemacht. Als Indices sind beliebige Maple-Objekten zugelassen. So kann man beispielsweise für den unausgewerteten Index j das Element a_{j-1} definieren und damit die Rekursionsformel darstellen.

$$j := {'j'} :$$
$$a_{j-1} := x$$

$$x$$

$$a_j := \frac{\left(a_{j-1} + \frac{2}{a_{j-1}}\right)}{2}$$

$$\frac{1}{2}x + \frac{1}{x}$$

Nun kann Maple auch Fragen hinsichtlich der Rekursion beantworten.

$$is(a_j > \mathrm{sqrt}(2)) \, \mathrm{assuming} \, a_{j-1} > \mathrm{sqrt}(2)$$

$$true$$

$$is(a_j < a_{j-1}) \, \mathrm{assuming} \, a_{j-1} > \mathrm{sqrt}(2)$$

$$true$$

Da $a_1 = 4 > \sqrt{2}$, folgt aus der ersten Antwort mittels vollständiger Induktion, dass $a_j > \sqrt{2}$ für alle j. Mittels der zweiten Antwort erhält man nun, dass die Folge monoton fällt. Da aus der Theorie bekannt ist, dass monotone, beschränkte Folgen konvergieren, haben wir die Konvergenz der Folge $(a_n)_{n \in \mathbb{N}}$ "gezeigt". Die Anführungszeichen kommen daher, dass wir uns darauf verlassen müssen, dass der Befehl `is` fehlerfrei implementiert ist.

Wenn die Konvergenz einer rekursiv definierten Folge einmal bekannt ist, kann der Grenzwert durch Lösung der Rekursionsgleichung bestimmt werden.

$$solve(a_j = a_{j-1})$$

$$-\sqrt{2}, \sqrt{2}$$

Da alle Folgenglieder größer oder gleich $\sqrt{2}$ sind, muss das auch für den Grenzwert gelten. Es gilt also für die rekursiv definierte Folge $(a_j)_{j \in \mathbb{N}}$

$$\lim_{j \to \infty} a_j = \sqrt{2}.$$

Die Bedeutung der Antworten „true" und „false" bei den Anfragen wie $is(a_j > \sqrt{2})$ muss noch diskutiert werden: die Antwort „true" bedeutet, dass die Aussage unter der verwendeten Annahme richtig ist. Dagegen bedeutet „false" lediglich, dass der Schluss unter der angegebenen Annahme nicht möglich ist. Es kann aber Werte geben, für welche die Ungleichung trotzdem richtig ist.

Aufgaben

1. Untersuchen Sie, welche der Folgen $(a_k)_{k\in\mathbb{N}}$ konvergent sind, und bestimmen Sie gegebenenfalls den Grenzwert

$$a_k = \frac{1}{\frac{1}{k} + 2^k}, \quad a_k = \frac{2k^3 + k^2}{(1-k)^3 + k^3}, \quad a_k = \sum_{n=1}^{k} \frac{1}{n},$$

$$a_k = \left(1 + \frac{1}{k}\right)^k, \quad a_k = \left(k + \frac{1}{k}\right)^2 - k^2$$

2. Untersuchen Sie, welche der Folgen $(a_k)_{k\in\mathbb{N}}$ konvergent sind, und bestimmen Sie gegebenenfalls den Grenzwert

$$a_k = \sqrt{k+1} - \sqrt{k}, \quad a_k = \sin\left(\frac{1}{k}\right), \quad a_k = \left(k + \left(\sin\left(\frac{1}{k}\right)\right)^2\right)^3 - k^3$$

$$a_k = \left(1 + \sin\left(\frac{1}{k}\right)\right)^k$$

3. Betrachten Sie die durch $a_1 := 1$ und $a_{k+1} := \frac{1}{6}(a_k^2 + 9)$ rekursiv definierte Folge. Lassen Sie sich die ersten 10 Glieder als rationale Zahlen ausgeben. Zähler und Nenner werden schnell groß. Der Zähler von $a(17)$ hat z. B. 31269 Stellen. Daher ist es sinnvoll, zur Ausgabe `evalf` zu benutzen. Dies geschieht am einfachsten, indem man den Startwert mit Dezimalpunkt festlegt. Stellen Sie nun Vermutungen über Monotonie und Konvergenzverhalten an.

4. Betrachten Sie die rekursiv definierte Folge $(b_k)_{k\in\mathbb{N}}$, welche durch $b_1 := 1$ und $b_{k+1} := \dfrac{3}{4(1+b_k)}$ gegeben wird. Lassen Sie sich die ersten 25 Glieder der Folge mit Standardgenauigkeit als Fließkommazahlen anzeigen. Die Berechnungen können exakt durchgeführt werden. Stellen Sie Vermutungen über das Konvergenzverhalten an.

5. Berechnen Sie für $a = 3$ und $p = 3$ die ersten 10 Glieder der Folge $(x_k)_{k\in\mathbb{N}}$, welche rekursiv so definiert ist

$$x_1 := 1, \quad x_{k+1} := \frac{1}{p}\left((p-1)x_k + \frac{a}{x_k^{p-1}}\right),$$

und lassen Sie sich für diese k die Zahlen x_k^p mit hoher Genauigkeit ausgeben.

6. Untersuchen Sie, welche der Folgen $(a_k)_{k\in\mathbb{N}}$

$$a_k := \sqrt{k+1000} - \sqrt{k}, \quad a_k := \sqrt{k + \sqrt{k}} - \sqrt{k}, \quad a_k := \sqrt{k + k/1000} - \sqrt{k}$$

konvergieren, und bestimmen Sie gegebenenfalls den Grenzwert.

7. Informieren Sie sich über den Befehl `rsolve` und verwenden Sie diesen, um einen expliziten Ausdruck für die Fibonacci-Folge zu erhalten. Versuchen Sie, Maple dazu zu bringen, die ersten 9 Glieder in der bekannten Gestalt auszugeben. Verwenden Sie dazu den Befehl `normal(%, expanded)`.

5 Polynome und rationale Ausdrücke

Die Manipulation von Polynomen gehört zu den häufig wiederkehrenden Standardaufgaben, bei welchen einem Maple fehleranfällige Routinetätigkeiten abnehmen kann.

5.1 Elementare Operationen mit Polynomen

Polynome werden eingegeben, wie man sie schreibt, allerdings muss man zwischen Koeffizient und Variable das Produktzeichen $*$ eingeben, welches im 2D-Modus als Punkt $\cdot$ angezeigt wird. Die üblichen arithmetischen Operationen sind zulässig.

$p := 2 \cdot x + x^3 + 1$

$$2x + x^3 + 1$$

$q := a \cdot x^2 + b \cdot x + 1$

$$ax^2 + bx + 1$$

$p^2 \cdot q - x$

$$\left(2x + x^3 + 1\right)^2 \left(ax^2 + bx + 1\right) - x$$

Hier hat Maple nicht ausmultipliziert. Die ausmultiplizierte Form erhält man mit dem Befehl expand, den wir bereits verwendet haben.

$expand(\%)$

$$4x^4 a + 4x^3 b + 4x^2 + 4x^6 a + 4x^5 b + 4x^4 + 4ax^3 + 4bx^2 + 3x$$
$$+ x^8 a + x^7 b + x^6 + 2x^5 a + 2x^4 b + 2x^3 + ax^2 + bx + 1$$

Allerdings stehen die Summanden nun in bunter Reihe. Will man alle Koeffizienten zusammenfassen, die zu demselben Exponenten gehören, so wendet man den Befehl collect$(P, \; x)$ an. Dabei ist P ein Polynom in der Unbestimmten x, dessen Summanden zusammengefasst werden sollen. Anschließend sortieren wir die Koeffizienten mit dem Befehl sort nach absteigenden Potenzen von a. Die Eingabe von sort erfolgt wie die von collect. In § 15 erläutern wir, wie man nach mehreren Variablen zusammenfasst und sortiert.

$collect(\%, x)$

$$x^8 a + x^7 b + (1 + 4a)x^6 + (2a + 4b)x^5 + (4 + 4a + 2b)x^4$$
$$+ (4b + 4a + 2)x^3 + (4 + 4b + a)x^2 + (b + 3)x + 1$$

$r := sort(\%, x)$

$$ax^8 + bx^7 + (1 + 4a)x^6 + (2a + 4b)x^5 + (4 + 4a + 2b)x^4$$
$$+ (4b + 4a + 2)x^3 + (4 + 4b + a)x^2 + (b + 3)x + 1$$

Will man ein gegebenes Polynom s faktorisieren, also als Produkt von Polynomen darstellen, so kann man dazu den Befehl factor verwenden, den wir in 1.3 bereits eingesetzt haben. Er zerlegt das Polynom in Faktoren, die gebildet werden aus den Unbestimmten und den Elementen des kleinsten Körpers, der alle Koeffizienten von s enthält. Falls s rationale Koeffizienten hat, so findet `factor` folglich nur Faktoren mit rationalen Koeffizienten. Man kann `factor` aber nach dem zu faktorisierenden Polynom als zweites Argument algebraische Zahlen mitteilen (s. `?factor`). Dann werden die Faktoren über dem Körper gesucht, welcher von den angegebenen Zahlen und $\mathbb{Q}$ erzeugt wird. Zur Verdeutlichung betrachten wir mehrere Beispiele.

$s := x^4 - x^2 + 3 \cdot x^3 - 3 \cdot x : s = factor(s)$

$$x^4 - x^2 + 3x^3 - 3x = x(x-1)(x+3)(x+1)$$

$$t := x^4 - \left(\pi^2 + \frac{1}{4}\right) \cdot x^2 + \frac{\pi^2}{4} : t = factor(t)$$

$$x^4 - \left(\pi^2 + \frac{1}{4}\right) x^2 + \frac{1}{4}\pi^2 = \frac{1}{4}(2x-1)(2x+1)(x-\pi)(x+\pi)$$

$s := x^3 - 11 \cdot x^2 + 23 \cdot x - 13 : s = factor(s)$

$$x^3 - 11x^2 + 23x - 13 = (x^2 - 10x + 13)(x-1)$$

$s = factor(s, \mathrm{sqrt}(3))$

$$x^3 - 11x^2 + 23x - 13 = \left(x - 5 + 2\sqrt{3}\right)\left(x - 5 - 2\sqrt{3}\right)(x-1)$$

Den Grad eines Polynoms p bestimmt man mit `degree`, seinen n-ten Koeffizienten bezüglich x mit `coeff(p, x, n)` und alle Koeffizienten mit `coeffs`, wie die folgenden Beispiele zeigen.

$degree(s)$

$$3$$

$coeff(s, x, 0)$

$$-13$$

$coeffs(s)$

$$-13, 23, 1, -11$$

Diese letzte Ausgabe ist nur von begrenztem praktischen Nutzen, weil nicht mehr zu erkennen ist, zu welchem Monom der jeweilige Koeffizient denn nun gehört. Das leistet eine andere Version von `coeffs`. In der Form `coeffs(p, x, 't')` gibt sie genau wie oben die von Null verschiedenen Koeffizienten aus, speichert aber zusätzlich in der Variablen t die zugehörigen Monome. Wie im Abschnitt 1.2 beschrieben, verhindern die Apostrophe die Auswertung von t für den Fall, dass die Variable von früher her schon belegt ist.

$coeffs(s, x, 't')$

$$-13, 23, 1, -11$$

t

$$1, x, x^3, x^2$$

5.2 Substitutionen

Die Ersetzung (Substitution) eines Teils eines Ausdrucks durch einen anderen ist ein wichtiges Konzept in Computeralgebra-Systemen. In Maple lautet dieser Befehl subs. Er hat beliebig viele, mindestens aber zwei Argumente. Als letztes kommt stets der Ausdruck, dessen Teilausdrücke einer Ersetzung unterworfen werden sollen. Die anderen Argumente sind Gleichheitsrelationen (s. §3), die angeben, welcher Teilausdruck durch welchen anderen Ausdruck ersetzt werden soll. Der Befehl subs ist nicht auf Polynome beschränkt, und wir haben seine Syntax hier auch nicht vollständig beschrieben (s. ?subs).

Eine typische Anwendung ist die Berechnung des Funktionswertes eines Polynoms an einer Stelle. Eine Alternative zur Ersetzung bietet die Umwandlung des betreffenden Polynoms in eine Funktion (s. 9.3). Hier berechnen wir den Wert von r an der Stelle -1.

$$subs(x = -1, r)$$

$$4a - 4b + 5$$

Das Polynom selbst wird durch die Substitution nicht verändert.

$$r$$

$$ax^8 + bx^7 + (1 + 4a)x^6 + (2a + 4b)x^5 + (4 + 4a + 2b)x^4$$
$$+ (4b + 4a + 2)x^3 + (4 + 4b + a)x^2 + (b + 3)x + 1$$

$$subs(a = 2, b = -4, x = 1, r)$$

$$-17$$

Wir bestimmen den geraden Anteil von r

$$g := \frac{(r + subs(x = -x, r))}{2}$$

$$ax^8 + (1 + 4a)x^6 + (4 + 4a + 2b)x^4 + (4 + 4b + a)x^2 + 1$$

In g kommen nur gerade Potenzen von x vor. Daher kann man x^2 durch y ersetzen. Wir versuchen, die Ersetzung durch den Befehl subs zu erreichen.

$$subs(x^2 = y, g)$$

$$ax^8 + (1 + 4a)x^6 + (4 + 4a + 2b)x^4 + (4 + 4b + a)y + 1$$

Maple hat sich wörtlich an unsere Anweisung gehalten und den Term x^2 nur dort ersetzt, wo er wirklich steht, so ähnlich wie ein Textverarbeitungssystem das auch machen würde. Von einem Computeralgebra-System kann man aber mehr erwarten, z. B. dass es die Identität $x^4 = (x^2)^2$ beim Ersetzen berücksichtigt. Das ist dann aber keine simple Ersetzung mehr, sondern eine Vereinfachung unter der Nebenbedingung $x^2 = y$. Entsprechend ist der mächtigste Befehl für derartige Aufgaben die folgende Variante von simplify

```
> simplify(A, {g_1,...,g_n})
```

wobei A der Ausdruck ist, in dem die Ersetzungen vorzunehmen sind, und in der Klammer Gleichungen $g_1, \ldots, g_n$ aufgeführt werden, die bei der Vereinfachung berücksichtigt werden sollen. Auch wenn nur eine Gleichung angegeben wird, darf das Klammerpaar nicht weggelassen werden. Damit gelingt nun die Ersetzung von x^2 durch y. In einem zweiten Schritt ordnen wir die Ausgabe.

$$simplify(g, \{x^2 = y\})$$

$$1 + (4 + 4b + a)y + (4 + 4a + 2b)y^2 + ay^4 + (1 + 4a)y^3$$

$$sort(collect(\%, y), y)$$

$$ay^4 + (1 + 4a)y^3 + (4 + 4a + 2b)y^2 + (4 + 4b + a)y + 1$$

Eine etwas komplizierteres Beispiel ist

$$p := x^4 - y^4 - x^2$$

$$x^4 - y^4 - x^2$$

$$g := x^2 + y^2 = 1$$

$$x^2 + y^2 = 1$$

$$simplify(p, \{g\})$$

$$-1 + x^2$$

Maple hat die Gleichung g benutzt, um y^2 durch x^2 auszudrücken. Wir hätten auch x^2 durch y^2 ausdrücken lassen können. Dazu verwendet man ein drittes Argument von `simplify`. Man kann nämlich, in eckige Klammern gesetzt und durch Kommata getrennt, eine Reihenfolge der Variablen definieren. Maple versucht dann, die links stehenden Variablen durch die weiter rechts stehenden auszudrücken.

$$simplify(p, \{g\}, [x, y])$$

$$-y^2$$

Die Ersetzung einer Variablen durch die anderen ist nicht immer möglich. In diesem Fall verringert Maple den Grad der zu ersetzenden Variablen so weit wie möglich.

$$simplify(y^5, \{g\})$$

$$-2x^2y + x^4y + y$$

Leider ist subs zu erstaunlichen Fehlleistungen fähig, wie das folgende Beispiel zeigt:

$$f := \frac{x}{\sin(\mathrm{Pi} \cdot x)}$$

$$\frac{x}{\sin(\pi x)}$$

$$subs(x = 0, f)$$

$$0$$

Das ist nicht richtig, denn $\frac{0}{0}$ ist undefiniert. Der Befehl `simplify` ist vorsichtiger:

$$simplify(f, \{x = 0\})$$

```
Error, (in simplify/siderels:-Recurse) indeterminate expression of the
form 0/0
```

Sinn macht die Ersetzung nur als Grenzwert:

$$L := Limit(f, x = 0) :$$
$$L = value(L)$$

$$\lim_{x \to 0} \frac{x}{\sin(\pi x)} = \frac{1}{\pi}$$

5.3 Rationale Ausdrücke

Ein rationaler Ausdruck ist ein Quotient aus zwei Polynomen. Man kann ihn mit den oben für Polynome beschriebenen Befehlen manipulieren. Hinzu kommt noch der Befehl `normal`, der rationale Ausdrücke auf ihre Normalform bringt. Dazu werden sie auf den Hauptnenner gebracht und gekürzt. Produkte von Polynomen werden nur so weit ausmultipliziert, wie das nötig ist, um festzustellen, ob der gesamte Ausdruck gleich Null ist. Die vollständige Ausmultiplikation eines Ausdrucks A erreicht man durch `normal(A, expanded)`.

$$r1 := \frac{p}{q}$$

$$\frac{2x + x^3 + 1}{ax^2 + bx + 1}$$

$$r2 := \frac{(q-1)}{p-1}$$

$$\frac{ax^2 + bx}{2x + x^3}$$

$normal(r2)$

$$\frac{ax + b}{2 + x^2}$$

$b := 0$

$$0$$

$$r1 - \frac{r2 \cdot (2 \cdot x + x^3 + 1) \cdot (2 + x^2)}{x \cdot (a \cdot x^2 + 1) \cdot a}$$

$$\frac{2x + x^3 + 1}{ax^2 + 1} - \frac{x(2x + x^3 + 1)(2 + x^2)}{(2x + x^3)(ax^2 + 1)}$$

$normal(\%)$

$$0$$

$b :=' b'$

$$b$$

$normal(r1 \cdot r2)$

$$\frac{(2x + x^3 + 1)(ax + b)}{(ax^2 + bx + 1)(2 + x^2)}$$

$sort(normal(\%, expanded))$

$$\frac{ax^4 + bx^3 + 2ax^2 + ax + 2bx + b}{ax^4 + bx^3 + 2ax^2 + 2bx + x^2 + 2}$$

Zähler (numerator) bzw. Nenner (denominator) eines Bruchs bekommt man mittels numer bzw. denom.

$numer(\%); denom(\%\%)$

$$ax^4 + bx^3 + 2ax^2 + ax + 2bx + b$$

$$ax^4 + bx^3 + 2ax^2 + 2bx + x^2 + 2$$

Aufgaben

1. Gegeben seien die Polynome $p = (x-1)^4 + x - 3(x-a)^2 + 15$ und $q = 27x + 3b(x-1)^2 + 8x^3$. Berechnen Sie $p + q$ und pq, nach absteigenden Potenzen von x geordnet. Welchen Wert hat $p + q$ für $a = 0$, $b = -1$ und $x = 2$? Welchen Wert hat pq für $a = 0 = b$ und $x = 1$?

2. Untersuchen Sie, welche Ausgaben factor bei Anwendung auf die folgenden Polynome liefert.
$$x^4 - 2x^2 + 1, \quad x^2 - 2, \quad x^3 - x^2 - x + 1, \quad x^k - 1, \, k = 2, \ldots, 15,$$
$$x^4 - 10x^3 + 35x^2 - 50x + k, \, k = 0, \ldots, 25.$$

3. Gegeben seien die Polynome $p = (x+a)^2(x+1)^3$ und $q = \sum_{k=1}^{6} x^k$. Berechnen Sie $p + q$ sowie pq und wenden Sie hierauf den Befehl factor an, nachdem Sie $a = -1$ gesetzt haben.

4. Auf dem Intervall $]-1,1[$ wird durch

$$a \odot b := \frac{a+b}{1+ab}$$

   eine Verknüpfung definiert. Zeigen Sie, dass diese Verknüpfung assoziativ ist, das heißt, dass gilt $(a \odot b) \odot c = a \odot (b \odot c)$ für alle $a,b,c \in \,]-1,1[$.

5. Gegeben seien die Polynome $p = x^4 - 10x^3 + 35x^2 - 50x + 24$ und $q = x^5 - 9x^4 + 26x^3 - 18x^2 - 27x + 27$. Geben Sie $t := p/q$ in gekürzter Darstellung an. Welchen Ausdruck erhält man, wenn man in t zunächst 8 durch 3 und dann x^2 durch 3 ersetzt?

6. Ersetzen Sie im Polynom $\sum_{k=1}^{5} k(x+2)^k$ zunächst $x+1$ durch y und dann $y+1$ durch z^2. Was geschieht, wenn Sie die letzte Substitution mit dem Befehl `subs` vornehmen?

7. Sei $p = x^4 - y^4$. Es sei q dasjenige Polynom, welches aus p durch den Koordinatenwechsel $a = x + 2y$, $b = x - y$ entsteht. Faktorisieren Sie q. Machen Sie anschließend den Koordinatenwechsel wieder rückgängig, ohne das Gleichungssystem

$$a = x + 2y$$
$$b = x - y$$

   aufzulösen.

8. Gegeben ist das Polynom $p = x^{10} - x^9 + 28x - 13$. Bei dem Ergebnis von `coeffs(p, x, 't')` und beim Inhalt von t handelt es sich jeweils um eine Folge von Ausdrücken. Verwenden Sie `sum`, um aus beiden das Ausgangspolynom zurückzugewinnen.

6 Lösen von Gleichungen, Wurzeln

Maple stellt mit `solve` einen Befehl zur Verfügung, der in vielen Fällen eine gegebene Gleichung automatisch löst. Man ruft ihn folgendermaßen auf:

```
> solve(Glg, Var)
```

Dabei ist *Glg* eine Gleichung und *Var* diejenige Variable, nach der gelöst werden soll. Gibt es nur eine Unbestimmte in der Gleichung, so kann man das zweite Argument weglassen. Statt einer Gleichung darf man auch einen arithmetischen Ausdruck angegeben. Dann sucht Maple nach den Nullstellen des Ausdrucks. Wenn keine rechte Seite angegeben wird, so ergänzt Maple also „= 0“. Wir befassen uns zunächst mit der Lösung von Polynomgleichungen. Wie man `solve` bei Gleichungssystemen verwendet, erläutern wir in 26.1.

$$solve(x^5 - 2 \cdot x^4 - 17 \cdot x^3 + 40 \cdot x^2 + 30 \cdot x - 72 = 0)$$

$$-4, \sqrt{2}, -\sqrt{2}, 3, 3$$

Die 3 tritt zweimal auf. Das bedeutet, dass das Polynom durch $(x-3)^2$ teilbar ist.

$$p := a \cdot x^2 + b \cdot x + c$$

$$ax^2 + bx + c$$

$$solve(p, x)$$

$$\frac{1}{2}\frac{-b + \sqrt{b^2 - 4ac}}{a}, -\frac{1}{2}\frac{b + \sqrt{b^2 - 4ac}}{a}$$

Wir prüfen die Richtigkeit der Lösung durch Einsetzen:

$$subs(x = \%[1], p)$$

$$\frac{1}{4}\frac{\left(-b + \sqrt{b^2 - 4ac}\right)^2}{a} + \frac{1}{2}\frac{b\left(-b + \sqrt{b^2 - 4ac}\right)}{a} + c$$

$$normal(\%)$$

$$0$$

Bei Gleichungen dritten Grades wird es schon etwas komplizierter:

$$s := solve(4 \cdot x^3 - 24 \cdot x + 19 = 0)$$

$$\frac{1}{2}\left(-19+I\sqrt{151}\right)^{1/3}+\frac{4}{\left(-19+I\sqrt{151}\right)^{1/3}},$$

$$-\frac{1}{4}\left(-19+I\sqrt{151}\right)^{1/3}-\frac{2}{\left(-19+I\sqrt{151}\right)^{1/3}}$$

$$+\frac{1}{2}I\sqrt{3}\left(\frac{1}{2}\left(-19+I\sqrt{151}\right)^{1/3}-\frac{4}{\left(-19+I\sqrt{151}\right)^{1/3}}\right),$$

$$-\frac{1}{4}\left(-19+I\sqrt{151}\right)^{1/3}-\frac{2}{\left(-19+I\sqrt{151}\right)^{1/3}}$$

$$-\frac{1}{2}I\sqrt{3}\left(\frac{1}{2}\left(-19+I\sqrt{151}\right)^{1/3}-\frac{4}{\left(-19+I\sqrt{151}\right)^{1/3}}\right),$$

Hier ist I wieder die imaginäre Einheit. Auch Lösungen, die ein I enthalten, können reell sein. Um das herauszufinden, bearbeitet man die ausgegebenen Lösungen am besten noch weiter mit `evalf`, `evalc` oder `simplify`. Dabei ist zu beachten, dass nur `evalf` mehrere Argumente akzeptiert. In unserem Beispiel zeigt sich, dass man mit `evalf` nicht sicher entscheiden kann, ob eine Zahl reell ist. Das gelingt eher mit `evalc`.

evalf(s)

$$1.854281936-1.10^{-9}I, \quad -2.776797390-1.464101616\,10^{-10}I$$

$$0.9225154538+5.464101616\,10^{-10}I$$

for k **from** 1 **by** 1 **to** 3 **do**
   $'s'_k = simplify(evalc(s_k))$
end do

$$s_1 = 2\sqrt{2}\sin\left(\frac{1}{3}\arctan\left(\frac{1}{19}\sqrt{151}\right)+\frac{1}{6}\pi\right)$$

$$s_2 = -\sqrt{2}\left(\sin\left(\frac{1}{3}\arctan\left(\frac{1}{19}\sqrt{151}\right)+\frac{1}{6}\pi\right)+\sqrt{3}\sin\left(-\frac{1}{3}\arctan\left(\frac{1}{19}\sqrt{151}\right)+\frac{1}{3}\pi\right)\right)$$

$$s_3 = -\sqrt{2}\left(\sin\left(\frac{1}{3}\arctan\left(\frac{1}{19}\sqrt{151}\right)+\frac{1}{6}\pi\right)-\sqrt{3}\sin\left(-\frac{1}{3}\arctan\left(\frac{1}{19}\sqrt{151}\right)+\frac{1}{3}\pi\right)\right)$$

Man beachte wie in 1.2 die Verwendung der Apostrophe in der Eingabe, um die Auswertung von s_k auf der linken Seite zu verhindern. Diese Werte sind jedenfalls alle reell, und ihre numerische Auswertung enthält kein I. Man beachte übrigens, dass bei zehnstelliger Rechnung die beiden numerischen Auswertungen von s_3 nur auf acht Stellen übereinstimmen.

seq(evalf(simplify(evalc(s_k))),k = 1..3)

$$1.854281936, -2.776797389, .9225154522$$

Für Gleichungen vierten Grades gibt es ebenfalls Lösungsformeln, die allerdings häufig zu sehr komplizierten Ausdrücken führen. Für Gleichungen fünften oder höheren Grades gibt es so etwas nach einem Ergebnis von Galois (s. Bosch, 6.1) dagegen nicht mehr. Maple behilft sich in beiden Fällen wie folgt:

$$r := solve(x^7 - 3 \cdot x^6 + 2 \cdot x^5 + x^3 + 4 \cdot x^2 - 19 \cdot x + 14 = 0)$$

$$2, 1, RootOf(\_Z^5 + \_Z + 7, index = 1) RootOf(\_Z^5 + \_Z + 7, index = 2),$$

$$RootOf(\_Z^5 + \_Z + 7, index = 3), RootOf(\_Z^5 + \_Z + 7, index = 4),$$

$$RootOf(\_Z^5 + \_Z + 7, index = 5)$$

Diese Ausgabe bedeutet, dass das Polynom sieben — möglicherweise komplexe — Nullstellen besitzt, nämlich 2, 1 und die fünf Nullstellen des Polynoms $p(Z) = Z^5 + Z + 7$. In der Algebra wird gezeigt, dass die Nullstellen von p alle verschieden sind. Dort wird aber auch gezeigt, dass es kein algebraisches Unterscheidungsmerkmal zwischen ihnen gibt. Daher werden sie künstlich durch eine Numerierung getrennt, die Maple als index hinzufügt. Alle sieben Nullstellen können mit evalf numerisch angegeben werden.

$$evalf(r)$$

$$2., \quad 1., \quad 1.21387633450281 + 0.9241881109220052I$$

$$-0.508469408973023 + 1.368616488329901I, \quad -1.41081385105958$$

$$-0.508469408973023 - 1.368616488329901I, \quad 1.21387633450281 - 0.9241881109220052I$$

Es gibt für die Nullstellen von p keine geschlossen Schreibweise mit Wurzelzeichen. Die Darstellung mittels RootOf ist daher in diesem Fall angemessen. Insbesondere bei der Lösung von Gleichungssystemen kommt es vor, dass Maple auch Quadratwurzeln in RootOf-Notation schreibt. Mit der Option Explicit schaltet man auf Wurzeldarstellung um. Ein Beispiel geben wir in Abschnitt 30.2 auf Seite 190.

Muss man mit einer Zahl arbeiten, die in RootOf-Notation geschrieben ist, so werden die Ausgaben schnell unübersichtlich. Dann hilft der Befehl alias

```
> alias(a = Ausdruck)
```

Er führt für den angegebenen Ausdruck die Abkürzung a ein. Der Unterschied zur Zuweisung besteht darin, dass Maple versucht, den Ausdruck in allen Ausgaben zu finden und durch a zu ersetzen.

$$alias(alpha = r_3)$$

$$\alpha$$

$$simplify(\alpha^6)$$

$$-\alpha(7 + \alpha)$$

Die letzte Ausgabe bedeutet folgendes: Da α eine Nullstelle von $x^5 + x + 7$ ist, so gilt offenbar $\alpha^6 = -\alpha^2 - 7\alpha$. Diese Darstellung ist einfacher als α^6, weil sie aus niedrigeren Potenzen besteht. Daher zieht Maple sie vor. Das ist dasselbe Vorgehen, welches wir im letzten Abschnitt als simplify unter Nebenbedingungen kennen gelernt hatten.

$$factor(simplify(x^6, \{x^5 + x + 7 = 0\}))$$

$$-x(7 + x)$$

Der Befehl solve ist nicht auf Polynome beschränkt:

$$solve(\sin(x) = \cos(x))$$

$$\frac{1}{4}\pi$$

Findet solve keine Lösung, so wird nur eine Leerzeile ausgegeben. Man kann daraus aber nicht schließen, dass es keine Lösung gibt. Stattdessen kann man Maple durch den Befehl fsolve damit beauftragen, numerische Lösungsverfahren einzusetzen. Hierauf gehen wir in 17.1 näher ein. Bei transzendenten Gleichungen wie der hier untersuchten ist Maple mit einer einzigen

Lösung zufrieden. Bei periodischen Funktionen ist es aber nicht schwierig, eine Formel für alle Lösungen anzugeben. Dazu fügt man dem Befehl `solve` als letzten Parameter das Wort `allsolutions` hinzu.

$$solve(\sin(x) = \cos(x), allsolutions)$$

$$\frac{1}{4}\pi + \pi\_Z1\text{~}$$

Hierbei bedeutet die Tilde an $Z1\text{~}$, dass die Variable mit einer Annahme versehen ist. Annahmen oder Vereinbarungen hatten wir in §3 in Zusammenhang mit der Option `assuming` kennen gelernt. Der Befehl `about` gibt Auskunft über die hinsichtlich einer Variablen getroffenen Annahmen. Ein zusätzliches Problem besteht darin, dass wir im 2D-Modus den Unterstrich nicht eingeben können. Wir isolieren daher mit `indets` die Unbestimmten und greifen dann auf deren einziges Element zu.

$$indets(\%)$$

$$\{\_Z1\text{~}\}$$

$$about(\%[1])$$

Originally _Z1, renamed _Z1~:

is assumed to be: integer

Die Lösungen der Gleichung $\sin(x) = \cos(x)$ sind also in $\frac{\pi}{4} + \pi\mathbb{Z}$.

Aufgaben

1. Bestimmen Sie die Nullstellen der folgenden Polynome:

$$p := x^2 - 8x - 7, \quad q := 3x^3 + 8x^2 - 5,$$

$$r := 2x^7 - 6x^6 - 7x^5 + 21x^4 - 8x^3 + 24x^2 + 28x - 84.$$

2. Bestimmen Sie die Nullstellen der Polynome $6x^3 + 4x^2 - 2x - 1$ und $6x^3 - 7x + 2$.

3. Bestimmen Sie die Lösungen der Gleichung $x^4 - x^3 + x^2 - 1 = 0$ und die reellen Lösungen der Gleichung $x^4 - x^3 + x^2 + 3x - 3 = 0$.

4. Bestimmen Sie mit dem Befehl `solve` Lösungen der Gleichungen $2^x - 2\sqrt{x} = 0$ und $2^x = x^2$.

5. Bestimmen Sie die Nullstellen des Polynoms

$$x^{10} + 4x^8 - 21x^6 + x^5 - 7x^4 + 4x^3 - 28x^2 - 21x + 147,$$

gegebenenfalls auch numerisch.

6. Drücken Sie $\sin(\pi/5)$ in Wurzelschreibweise aus.

   Hinweis: Verwenden Sie `convert(A, radical)`

7. Drücken Sie die Nullstellen des Polynoms $x^4 - 7x^3 + 2x^2 - 1$ in Wurzelschreibweise aus.

7 Reihen und unendliche Produkte

7.1 Reihen

Sei $(a_k)_{k\in\mathbb{N}}$ eine Folge von Zahlen. Wie in Forster I, §4 dargelegt, bezeichnet man mit $\sum_{k=0}^{\infty} a_k$ die zugehörige Reihe und im Falle ihrer Konvergenz auch ihren Wert, also den Grenzwert $\lim_{n\to\infty}\sum_{k=0}^{n} a_k$. Werden die Glieder a_k der Reihe durch einen Ausdruck a in k gegeben, so kann man Maple damit beauftragen, die Konvergenz der Reihe zu untersuchen. Dazu gibt man in natürlicher Verallgemeinerung der Summation aus 1.3 folgendes ein:

```
> sum(a, k = 0..infinity)
```

Darauf reagiert Maple mit verschiedenen Ausgaben, die wir bereits beim Befehl `limit` kennengelernt haben. Allerdings treten die in 4.1 unter (3) und (4) angegebenen Ausgaben jetzt nicht auf.

$$R1 := Sum\left(\frac{1}{k\cdot(k+1)}, k = 1..\textit{infinity}\right) :$$

$$R1 = value(R1)$$

$$\sum_{k=1}^{\infty} \frac{1}{k(k+1)} = 1$$

$$R2 := Sum\left(\frac{1}{k^2}, k = 1..\textit{infinity}\right) :$$

$$R2 = value(R2)$$

$$\sum_{k=1}^{\infty} \frac{1}{k^2} = \frac{1}{6}\pi^2$$

$$R3 := Sum\left(\frac{1}{k^3}, k = 1..\textit{infinity}\right) :$$

$$R3 = value(R3)$$

$$\sum_{k=1}^{\infty} \frac{1}{k^3} = \zeta(3)$$

$$evalf(rhs(\%))$$

$$1.202056903$$

Die drei letzten Ausgaben erklären sich daraus, dass Maple für $p > 1$ die Beziehung $\sum_{k=1}^{\infty} k^{-p} = \zeta(p)$ kennt, wobei ζ die Riemannsche Zetafunktion (s. `?Zeta`) bezeichnet. Wenn p eine gerade natürliche Zahl ist, also $p = 2m$, dann existiert eine geschlossene Formel für $\zeta(p)$

$$\zeta(2m) = (-1)^{m+1}\frac{(2\pi)^{2m}}{2(2m)!}b_{2m},$$

wobei b_{2m} die $2m$-te Bernoulli-Zahl bezeichnet. Die Bernoulli-Zahlen sind rekursiv wie folgt definiert:

$$b_0 := 1, \quad b_k := -\frac{1}{k+1}\sum_{j=2}^{k+1}\binom{k+1}{j}b_{k+1-j}.$$

Insbesondere gelten $b_0 = 1$, $b_1 = -\frac{1}{2}$, $b_2 = \frac{1}{6}$, $b_3 = 0$, $b_4 = -\frac{1}{30}$. Für $\zeta(2m+1)$ sind ähnliche Formeln nicht bekannt. Maple kann die Zeta-Funktion aber überall numerisch auswerten, selbst dort, wo die Reihe nicht konvergiert, indem es eine Funktionalgleichung aus der analytischen Zahlentheorie verwendet.

Nicht jeder Reihenwert lässt sich geschlossen darstellen. Dann gibt Maple die Eingabe wieder aus. Zum Unterschied vom trägen Operator, der in grauer Farbe ausgegeben wird, ist der erfolglos ausgeführte Operator blau.

$R4 := Sum\left(\dfrac{k!}{k^k}, k = 1 .. \mathit{infinity}\right) :$

$R4 = value(R4)$

$$\sum_{k=1}^{\infty} \frac{k!}{k^k} = \sum_{k=1}^{\infty} \frac{k!}{k^k}$$

Aus dem Quotientenkriterium folgt die Konvergenz der Reihe. Der Grenzwert hat nur keinen Namen. Maple kann ihn aber numerisch bestimmen

$evalf(rhs(\%))$

$$1.879853862$$

Es kommt ebenfalls häufig vor, dass der Reihenwert nur durch spezielle Funktionen beschrieben werden kann.

$R5 := Sum\left(\dfrac{1}{2 \cdot k^2 - k + 3}, k = 1 .. \mathit{infinity}\right) :$

$R5 = value(R5)$

$$\sum_{k=1}^{\infty} \frac{1}{2k^2 - k + 3} = -\frac{1}{23} I \sqrt{23} \left(-\Psi\left(\frac{3}{4} - \frac{1}{4} I \sqrt{23}\right) + \Psi\left(\frac{3}{4} + \frac{1}{4} I \sqrt{23}\right)\right)$$

Hierbei ist Ψ die Digammafunktion `Psi`. Informationen findet man unter `?Psi`. Gelegentlich kann man ein solches Ergebnis vereinfachen, ansonsten betrachtet man es als anderen Namen für die eingegebene Reihe und hofft, dass Maple weitere Anfragen zu dem Objekt beantworten kann, z. B. die nach dem numerischen Wert.

$evalf(rhs(\%))$

$$0.5631330857 - 0. I$$

Da alle Reihenglieder reell sind, ist der Reihenwert reell. Maple hat bei der Auswertung komplexe Methoden eingesetzt und behandelt ihn daher als komplexe Zahl.

Wie bereits bei der Berechnung von Grenzwerten, muss man Maple auch bei der Berechnung von Reihenwerten gelegentlich etwas unterstützen. Falls Maple kein Ergebnis findet, so ist der erste Schritt die Vereinfachung der Summanden. Welche der vier Möglichkeiten `simplify`, `normal`, `expand` oder `normal(%, expanded)` schließlich nützlich ist, kann man ausprobieren.

$a := (-1)^k \cdot k^2 - (-1)^k \cdot \left(k - \dfrac{1}{k^3}\right)^2$

$$(-1)^k k^2 - (-1)^k \left(k - \frac{1}{k^3}\right)^2$$

$R6 := Sum(a, k = 1 .. \mathit{infinity})$

$$\sum_{k=1}^{\infty} \left((-1)^k k^2 - (-1)^k \left(k - \frac{1}{k^3}\right)^2\right)$$

Den Befehl *value*(*R6*) sollte man jetzt nicht ausführen. Unter Maple14 kommt er auf einer handelsüblichen Maschine nicht zum Ende. Dieses Verhalten muss nicht unbedingt auf einen Fehler hindeuten. Der von Maple eingeschlagene Rechenweg führt möglicherweise im Prinzip zum Ziel, benötigt aber mehr Zeit oder Speicherplatz, als zur Verfügung steht.

Wir vereinfachen die Summanden mit expand, weil die dadurch entstehenden Summen einzeln konvergieren.

expand(*a*)

$$\frac{2(-1)^k}{k^2} - \frac{(-1)^k}{k^6}$$

$R6 = sum(expand(a), k = 1..infinity)$

$$R6 = -\frac{1}{6}\pi^2 + \frac{31}{3024}\pi^6$$

Maple kann häufig auch Reihen berechnen, deren Glieder eine Unbestimmte enthalten, macht dann aber keine Aussagen darüber, für welche Werte der Unbestimmten die Reihe tatsächlich konvergiert. Beispielsweise konvergieren die folgenden beiden Reihen nur für x mit $|x| < 1$.

$R7 := Sum\left(x^k, k = 0..infinity\right) :$

$R7 = value(R7)$

$$\sum_{k=0}^{\infty} x^k = -\frac{1}{x-1}$$

$R8 := Sum\left(k \cdot x^k, k = 0..infinity\right) :$

$R8 = value(R8)$

$$\sum_{k=0}^{\infty} kx^k = \frac{x}{(x-1)^2}$$

7.2 Unendliche Produkte

Ist a ein Ausdruck in k, so kann man Maple auch damit beauftragen, die Konvergenz des unendlichen Produkts

$$\prod_{k=0}^{\infty} a_k = \lim_{n\to\infty} \prod_{k=0}^{n} a_k$$

zu untersuchen. Dazu gibt man ein

```
> product(a, k = 0..infinity)
```

und erhält eine der fünf möglichen Ausgaben, die wir für den Befehl limit aus 4.1 kennen. Die folgenden Beispiele zeigen, dass Maple durchaus einige unendliche Produkte berechnen kann.

$P1 := Product\left(1 - \frac{1}{k^2}, k = 2..infinity\right) :$

$P1 = value(P1)$

$$\prod_{k=2}^{\infty}\left(1 - \frac{1}{k^2}\right) = \frac{1}{2}$$

$$P2 := Product\left(\frac{4 \cdot k^2}{4 \cdot k^2 - 1}, k = 1 .. \, infinity\right):$$
$$P2 = value(P2)$$

$$\prod_{k=1}^{\infty}\left(\frac{4 \cdot k^2}{4 \cdot k^2 - 1}\right) = \frac{1}{2}\pi$$

Dies ist das Wallissche Produkt (s. Forster §19).

Aufgaben

1. Untersuchen Sie, ob die folgenden Reihen konvergieren, und bestimmen Sie im Fall der Konvergenz ihren Wert (evtl. numerisch)

$$\sum_{k=1}^{\infty} \frac{1}{k^p}, \ p = \frac{1}{2}, \sqrt{2}, 4, 6, 48, 50, 60.$$

2. Untersuchen Sie, für welche der Folgen (a_k) die zugehörige Reihe $\sum_{k=1}^{\infty} a_k$ konvergiert, falls a_k gegeben wird durch

$$\frac{1}{4k^2 - 1}, \ \frac{1}{k^2 + 4k + 2}, \ \frac{1}{k^4 + 3k^2}, \ \frac{1}{k^3 + 2k^2}, \ (-1)^k(1 - (-1)^k)k,$$
$$\frac{2k^4 + 1}{k^6}, \ \frac{(k!)^2}{(2k)!}, \ \frac{(-1)^{k-1}}{k}, \ \frac{(-1)^{k-1}}{2k - 1}.$$

3. Zeigen Sie, dass für $p = 2, 3, 4$ und 5 die Reihe $\sum_{k=1}^{\infty} \frac{k^p}{p^k}$ konvergiert, und berechnen Sie ihren Wert.

4. Für welche der Folgen (a_k) konvergiert das unendliche Produkt $\prod_{k=2}^{\infty} a_k$, wenn a_k gegeben wird durch

$$\frac{(2k+1)^2}{(2k+1)^2 - 1}, \ (-1)^k\left(1 - \frac{1}{k}\right), \ (-1)^k\frac{k}{k-1}, \ (-1)^k.$$

8 Die Exponentialfunktion

Die Exponentialfunktion wird als exp eingegeben. Die Eulersche Zahl e wird als e ausgegeben, kann aber nur als exp(1) eingegeben werden.

Die wichtige Funktionalgleichung der Exponentialfunktion ist einprogrammiert, ebenso verschiedene Darstellungen für e^x, wie die folgenden Beispiele zeigen.

$\exp(x+y) = expand(\exp(x+y))$

$$e^{(x+y)} = e^x e^y$$

$A := \dfrac{1}{\exp(-x) \cdot \exp(y)} :$
$A = simplify(A)$

$$\frac{1}{e^{-x} e^y} = e^{x-y}$$

$S := Sum\left(\dfrac{x^k}{k!}, k = 2..infinity\right) : S = value(S)$

$$\sum_{k=2}^{\infty} \frac{x^k}{k!} = e^x - 1 - x$$

$L := Limit\left(\left(1 + \dfrac{x}{k}\right)^k, k = infinity\right) :$
$L = value(L)$

$$\lim_{k \to \infty} \left(1 + \frac{x}{k}\right)^k = e^x$$

Will man in einem Ausdruck A Produkte von Exponentialtermen mittels der Funktionalgleichung der Exponentialfunktion zusammenfassen, so verwendet man den Befehl combine(A, exp).

$B := \exp(x)^2 \cdot exp(a-x)$
$B = combine(B)$

$$(e^x)^2 e^{a-x} = e^{x+a}$$

Aufgaben

1. Vergleichen Sie die Konvergenz der Exponentialreihe und der Folge $\left(1 + \dfrac{1}{k}\right)^k$ gegen e, indem Sie für $m = 10,\ 100$ und 1000 mit dem Befehl evalf(%, 50) die Zahlen $\sum_{k=m}^{\infty} \dfrac{1}{k!}$ und $e - \left(1 + \dfrac{1}{m}\right)^m$ berechnen.

2. Berechnen Sie evalf(exp(20)) und exp(evalf(20)) mit 20, 30 und 40 Stellen Genauigkeit.

3. Was ist der geschlossene Ausdruck, den Maple für die n-te Partialsumme der Exponentialreihe

$$\sum_{k=0}^{n} \frac{x^k}{k!}$$

findet? Informieren Sie sich über die auftretenden speziellen Funktionen.

9 Mengen, Listen und andere Datenstrukturen

Wie jede Programmiersprache enthält auch Maple Hilfsmittel, um Ordnung in die Daten zu bringen. Man nennt so etwas „Datenstruktur". Wir stellen hier Listen, Mengen und arithmetische Ausdrücke vor. Außerdem erklären wir, wie man einfache Prozeduren schreibt. All dies ist für das Verständnis des größten Teils der Beispiele in diesem Buch nicht unbedingt erforderlich. Ein Grundverständnis der in diesem Abschnitt vorgestellten Konzepte erleichtert aber die selbständige Arbeit.

9.1 Listen und Mengen

Eine Liste ist eine in eckige Klammern eingeschlossene Folge von Ausdrücken. Eine Liste ist ein einzelner Ausdruck. Bei einer Liste kommt es auf die Reihenfolge der Einträge an. Elemente dürfen mehrfach vorkommen.

Eine Menge ist eine in geschweifte Klammern eingeschlossene Folge von Ausdrücken. Dabei kommt es wie in der Mathematik auf die Reihenfolge der Elemente nicht an, und gibt man ein Element mehrfach ein, so wird es nur einmal aufgeführt. Auch eine Menge ist ein einzelner Ausdruck.

$$liste := [11, 12, 13, 14, 12]$$

$$[11, 12, 13, 14, 12]$$

$$menge := \{21, 23, 24, 22, 21\}$$

$$\{21, 22, 23, 24\}$$

Wie bei Folgen von Ausdrücken besorgt man sich das k-te Element einer Liste oder Menge, indem man an den Namen den Index k, eingeschlossen in eckige Klammern, anhängt.

$$liste[2], menge[2]$$

$$12, 22$$

Ein tiefergestellter Index ist auch möglich.

$$liste_3$$

$$13$$

Die Zahl der Einträge einer Liste oder Menge erhält man mit dem Befehl nops.

$$nops(menge)$$

$$4$$

Die Abkürzung „nops" steht für „number of operands", also für die Anzahl der Operanden.

Gelegentlich muss man eine Datenstruktur in eine andere verwandeln. Meistens hilft dabei der Befehl convert. Dieser Befehl hat als erstes Argument den umzuwandelnden Ausdruch und als zweites den Namen der Datenstruktur, in die er verwandelt werden soll. Die Verwandlung von A

in eine Liste nimmt `convert(A, list)`, die Verwandlung in eine Menge nimmt `convert(A, set)` vor.

$convert(liste, set)$

$$\{11, 12, 13, 14\}$$

$convert(menge, list)$

$$[21, 22, 23, 24]$$

Die Umwandlung in eine Folge von Ausdrücken geschieht durch den Befehl op.

$op(menge)$

$$21, 22, 23, 24$$

$op(liste)$

$$11, 12, 13, 14, 12$$

Schließlich verwandelt man eine Folge von Ausdrücken in eine Liste oder eine Menge, indem man sie in das entsprechende Klammerpaar einschließt.

$folge := 31, 33, 32, 34$

$$31, 33, 32, 34$$

$[folge]$

$$[31, 33, 32, 34]$$

$\{folge\}$

$$\{31, 32, 33, 34\}$$

Eine häufig auftretende Aufgabe besteht darin, an eine Liste ein weiteres Element anzuhängen. Das erledigt man durch Kombination der beiden zuletzt vorgestellten Methoden.

$neueListe := [op(liste), 55]$

$$[11, 12, 13, 14, 12, 55]$$

9.2 Arithmetische Ausdrücke

Wir haben im letzten Abschnitt gezeigt, wie man eine Liste mit op in ihre Bestandteile zerlegt. Der nächste Schritt ist nun die Zerlegung eines arithmetischen Ausdrucks, also eines Ausdrucks, der aus Rechenoperationen aufgebaut ist. Es kommt gelegentlich vor, dass man von einem Zwischenergebnis nur bestimmte Teile weiterverwenden will. Anstatt diese dann mühsam und fehlerträchtig abzutippen, isoliert man sie besser mit einigen op-Befehlen. Auch ist es manchmal zum Verständnis des Vorgehens von Maple hilfreich, sich mit op anzusehen, aus welchen Bestandteilen ein Ausdruck zusammengesetzt ist.

Ein typischer Vertreter für einen arithmetischen Ausdruck ist ein Polynom, also eine endliche Summe von Termen. Man kann sich vorstellen, dass für Maple eine Summe eine Liste ist, versehen mit der Zusatzinformation, dass ihre Elemente addiert werden. Produkte werden analog dargestellt. Daher liefert der Befehl op die Folge der Summanden, wenn man ihn auf eine Summe anwendet. Wendet man ihn auf ein Produkt an, erhält man analog die Folge der Faktoren, und bei Anwendung auf eine Potenz erhält man die Basis und den Exponenten.

$$s := sum\left(x^k \cdot y^{(2-k)}, k = 0..2\right)$$

$$y^2 + xy + x^2$$

$$t := op(s)$$

$$y^2, xy, x^2$$

for j **from** 1 **by** 1 **to** 3 **do**
   $op(t[j]);$
end do

$$y,2$$

$$x,y$$

$$x,2$$

Als Anwendungsbeispiel ersetzen wir in der Summe s alle Summanden durch ihren Absolutbetrag.

$$sum(\mathrm{abs}(op(s)[k]), k = 1..3)$$

$$|y|^2 + |xy| + |x|^2$$

9.3 Funktionen und Prozeduren

Eine Prozedur ist ein Programm in Maple, das gewisse Eingaben nach vorgegebenen Regeln verarbeitet. Im Spezialfall, dass Ein- und Ausgabe Zahlen oder Vektoren sind, spricht man von Funktionen. In diesem Falle wird eine mathematische Funktion nachgebildet. Wir haben schon mehrere in Maple eingebaute Funktionen kennengelernt, etwa den Sinus. Alle Befehle von Maple sind Prozeduren im oben erwähnten Sinne. Beispielsweise ist der Befehl sort eine Prozedur, die ein Polynom und eine Liste von Variablen als Eingabe akzeptiert und daraus die sortierte Form des Polynoms berechnet. In diesem Abschnitt zeigen wir, wie man Prozeduren definiert. Wir beginnen mit der Umwandlung von arithmetischen Ausdrücken in Funktionen. Danach liegt der Schwerpunkt auf der Betrachtung von Maple als Programmiersprache. Im nächsten Kapitel untersuchen wir Funktionen als mathematische Objekte mit Hilfe von Maple.

In einfachen Situationen definiert man eine Funktion mit der Pfeilnotation, welche der üblichen Definitionsschreibweise ähnelt. Sie wird so eingegeben:

```
> f := x -> A
```

Dabei steht links vom Zuweisungsoperator „:=" der Name der Funktion, rechts ihre Definition, welche wiederum aus drei Teilen besteht. Der Pfeil in der Mitte besteht aus einem Minus- und einem Größerzeichen. Links von ihm steht eine Unbestimmte, rechts ein Ausdruck in dieser Unbestimmten. Bei der Eingabe werden die beiden Tasten - und > sofort zu $\rightarrow$ zusammengezogen. Als einfaches Beispiel betrachten wir:

$$quadrat1 := x \rightarrow x^2$$

$$quadrat1 := x \rightarrow x^2$$

$$quadrat1(9), quadrat1(y)$$

$$81, y^2$$

Man kann auch aus einem Ausdruck durch den folgenden Befehl eine Funktion erzeugen:

```
>g := unapply(A, x)
```

Hierbei ist A ein Ausdruck in der Variabeln x, bzw. der Name eines solchen. Wir definieren die Quadratfunktion noch einmal:

$\quad quadrat2 := unapply(x^2, x)$

$$quadrat2 := x \to x^2$$

Der Befehl `unapply` ist besonders dann nützlich, wenn man Ergebnisse, die Maple als Ausdruck ausgegeben hat, als Funktion weiterverarbeiten möchte.

Auf den ersten Blick scheint es gleichwertig, ob ein Sachverhalt als Funktion wie beispielsweise $f: x \mapsto (1+x)^5$ oder als Ausdruck $A = (1+x)^5$ beschrieben wird. Die wichtigsten Operationen wie die Ableitung oder der Plot stehen auch für beide Eingabeformen zur Verfügung, und wir werden auch beide Methoden darstellen. Es ist trotzdem so, dass die für Maple "natürlichere" Eingabeweise diejenige als Ausdruck ist. Auch der im folgenden beschriebene Fehler ist ein Hinweis darauf, nach Möglichkeit mit Ausdrücken statt mit Funktionen zu arbeiten.

$\quad p := x \to sum(x^k, k = 0..2)$

$$x \to \sum_{k=0}^{2} x^k$$

$\quad p(x)$

$$1 + x + x^2$$

$\quad p(0)$

$$0$$

Das ist nicht gut. Auch Maple weiß, dass $0^0 = 1$.

$\quad 0^0$

$$1$$

Es handelt sich um einen Fehler in der internen Darstellung der Funktion p. Das zeigt die Funktion q, die eigentlich genau dasselbe tun müsste wie p, den Fehler aber vermeidet.

$\quad q := unapply(p(x), x)$

$$x \to 1 + x + x^2$$

$\quad p(x), q(x)$

$$1 + x + x^2, \quad 1 + x + x^2$$

$\quad p(0), q(0)$

$$0, 1$$

Mit der Pfeilnotation und mit `unapply` kann man nur sehr einfache Funktionen beschreiben. Vielseitiger ist die Verwendung des Befehls `proc`. Als Beispiel definieren wir die Funktion `quadrat` noch einmal:

$\quad quadrat3 := $ **proc** (x)
$\qquad x^2;$
end proc

$$\textbf{proc } (x) \quad x^2 \quad \textbf{end proc}$$

Hier steht der Zuweisungsoperator wieder zwischen Funktionsname und ihrer Definition. Die Definition der Funktion ist zwischen `proc` und `end proc` eingeschlossen.

Von Maple aus gesehen ist eine Funktion ein Spezialfall einer Prozedur. Funktionen sind nämlich solche Prozeduren, deren Ergebnis eine Zahl oder allgemeiner ein arithmetischer Ausdruck ist. Prozeduren sind wie folgt aufgebaut:

```
> Name := proc(Argumente)
>    Anweisung₁;
>    Anweisung₂;
   . . .
>    Anweisungₖ;
> end proc
```

Eine solche Prozedur wird durch *Name*(*Argumente*) aufgerufen. Maple führt dann die Anweisungen der Reihe nach durch, wobei es die Argumente aus der Prozedurdefinition durch die Argumente des Funktionsaufrufs ersetzt. Das Ergebnis der letzten ausgeführten Anweisung wird schließlich zurückgegeben. Will man auch noch Zwischenergebnisse sehen, so muss man den Befehl `print` verwenden. Eine Prozedur darf beliebig viele Argumente haben, möglicherweise auch gar keins, in welchem Falle sie durch *Name*() aufgerufen wird. Jeder Ausdruck darf als Argument übergeben werden; man kann Programme so einrichten, dass sie testen, ob die übergebenen Argumente sinnvoll sind (s. `?type`). Für jedes eingetippte `proc` erwartet Maple ein end. Erst danach werden Befehle wieder direkt ausgeführt. Hat man also z. B. wegen eines Tippfehlers den Befehl `proc` zweimal eingegeben, so muss man auch zweimal „end `proc`;" tippen, bevor Maple wieder reagiert.

Die folgende Prozedur erzeugt ein Pascalsches Dreieck mit $N + 1$ Zeilen.

$Pascal :=$ **proc**(N)
   local n
   for n **from** 0 **to** N **do**
     $print(seq(\mathrm{binomial}(n,k), k = 0..n));$
   end do
end proc

proc(N) **local** n; **for** n **from** 0 **to** N **do** $print(seq(\mathrm{binomial}(n,k), k = 0..n))$ **end do end proc**

$Pascal(6)$

$$1$$
$$1, 1$$
$$1, 2, 1$$
$$1, 3, 3, 1$$
$$1, 4, 6, 4, 1$$
$$1, 5, 10, 10, 5, 1$$
$$1, 6, 15, 20, 15, 6, 1$$

An diesem Beispiel erkennen wir eine weitere Besonderheit, nämlich die Klassifikation der Variablen in lokale und globale. Eine lokale Variable existiert nur während der Ausführung des Programms. Sollte auf dem Arbeitsblatt ebenfalls eine Variable dieses Namens existieren, so wird sie durch das Programm nicht verändert. Will man dagegen außerhalb der Prozedur existierende Variablen verändern, so muss man sie in der Prozedur als global kennzeichnen. Variable sind standardmäßig lokal. Maple weist aber durch eine Warnung auf diesen Umstand hin. Um diese Warnung zu unterdrücken, haben wir n explizit als lokal erklärt. Die Variable k ist durch den Befehl `seq` gebunden.

Das folgende Beispiel verdeutlicht den Unterschied zwischen lokalen und globalen Variablen.

$k := 5; l := 17$

$$5$$

$$17$$

$test := \mathbf{proc}()$
   $\mathbf{local}\ k;\ \mathbf{global}\ l;$
   $l := l + 10; k := k + 10; 'l' = l, 'k' = k;$
$\mathbf{end\ proc}$

$$\mathbf{proc}()\ \mathbf{local}\ k;\ \mathbf{global}\ l; l := l + 10; k := k + 10; 'l' = l, 'k' = k\ \mathbf{end\ proc}$$

$test()$

$$l = 27, k = k + 10$$

l, k

$$27, 5$$

Einen großen Teil seiner Brauchbarkeit gewinnt das Konzept der Prozedur durch bedingte Anweisungen. Deren allgemeine Struktur ist die folgende:

```
> if  Bedingung₁ then
>      Anweisung₁,₁ ;
    . . .
>      Anweisung₁,ₖ₁ ;
> elif  Bedingung₂ then
>      Anweisung₂,₁ ;
    . . .
>      Anweisung₂,ₖ₂ ;
> elif  Bedingung₃ then
    . . .
> else
>      Anweisung∞,₁ ;
    . . .
>      Anweisung∞,ₖ∞ ;
> end if;
```

Man hat also zuerst eine `if - then` Klausel. Falls die zugehörige Bedingung zutrifft, bewirkt sie, dass die entsprechenden Anweisungen ausgeführt werden. Danach folgen beliebig viele `elif - then` Klauseln. Die zugehörigen Bedingungen werden nur dann überprüft, wenn alle bisherigen Bedingungen nicht zutreffen. Trifft überhaupt keine Bedingung zu, so werden die Anweisungen hinter `else` ausgeführt. Die ganze Konstruktion wird durch `end if` abgeschlossen. Es treten genau ein `if` und ein `end if`, höchstens ein `else` und beliebig viele, möglicherweise keine, `elif` auf. Leerzeichen und Zeilenumbrüche darf man nach Gutdünken verteilen. Prozedurdefinitionen sind leichter lesbar, wenn man bei verschachtelten `if`-Anweisungen die Verschachtelungstiefe durch Einrückung kenntlich macht.

Prozeduren dürfen Prozeduren aufrufen, auch sich selbst. In diesem Fall heißt die Prozedur rekursiv. Ruft eine Prozedur sich selbst auf, so sollte man `options remember` verwenden. Dies bewirkt die Speicherung einmal berechneter Funktionswerte — allerdings nur für das aktuelle Arbeitsblatt. Dadurch vermeidet man den Stapelüberlauf (stack overflow) und spart Rechenzeit. Die Tabelle, in der die bereits berechneten Funktionswerte einer mit `options remember` definierten Prozedur gespeichert werden, wird bei der Neudefinition automatisch gelöscht.

Wir geben nun als Beispiel eine Folge, für die durch Beobachtung bekannt ist, dass für jeden Startwert irgendwann 1 als Folgenglied auftritt. Es handelt sich um die Anfang 2011 immer noch offene Collatz-Vermutung. Mit $n \bmod m$ wird der Rest von n bei Division durch m bezeichnet.

$a := \mathbf{proc}(start, n)$
$\mathbf{option}\ remember$
  $\mathbf{if}\ n = 1\ \mathbf{then}\ start$

  $\mathbf{elif}\ a(start, n - 1) \bmod 2 = 0\ \mathbf{then}\ \dfrac{a(start, n - 1)}{2}$

  $\mathbf{else}\ 3 \cdot a(start, n - 1) + 1$
  $\mathbf{end\ if}$
$\mathbf{end\ proc}$

$$\mathbf{proc}(start, n)$$
$$\mathbf{option}\ remember;$$
$$\mathbf{if}\ n = 1\ \mathbf{then}$$
$$start$$
$$\mathbf{elif}\ a(start, n - 1) \bmod 2 = 0\ \mathbf{then}$$
$$1/2 * a(start, n - 1)$$
$$\mathbf{else}$$
$$3 * a(start, n - 1) + 1$$
$$\mathbf{end\ if}$$
$$\mathbf{end\ proc}$$

$seq(a(15, k), k = 1..20)$

$$15, 46, 23, 70, 35, 106, 53, 160, 80, 40, 20, 10, 5, 16, 8, 4, 2, 1, 4, 2$$

Man kann Prozeduren auch ohne das Arbeitsblatt abspeichern und wieder einlesen. Dazu benutzt man `save` und `read`. Für Details verweisen wieder auf die Hilfeseiten.

Falls eine selbstdefinierte Prozedur zu unerwarteten Ergebnissen kommt, kann die Ausgabe von Zwischenergebnissen mit `printlevel := 1000` angefordert werden. Diese sind zwar auf den ersten Blick nicht immer klar, helfen aber doch bei der Suche nach etwaigen Fehlern. Mit `printlevel := 1` schaltet man Maple wieder in den Urzustand. Genauere Hinweise finden sich unter `?printlevel`.

9.4 Weitere Schleifenkonstrukte

In Ergänzung zu Abschnitt 4.2 sind noch zwei Varianten der `for`-Schleife zu erwähnen. Man kann nämlich direkt über die Elemente einer Liste oder einer Menge iterieren. Dies zeigt unser erstes Beispiel.

$Liste := [2, 3, 5, 7, 11]$

$$[2, 3, 5, 7, 11]$$

$\mathbf{for}\ j\ \mathbf{in}\ Liste\ \mathbf{do}\ j^3\ \mathbf{end\ do}$

$$8$$
$$27$$
$$125$$
$$343$$
$$1331$$

Gelegentlich tritt auch die Situation auf, dass erst während der Rechnung entschieden werden kann, ob die Rechnung fortgesetzt werden muss. In diesem Fall ist die klarste Lösung häufig die Verwendung von break zum Schleifenabbruch. Mit break wird eine Schleife verlassen und das Programm am Schleifenende fortgesetzt. Als Beispiel brechen wir die Exponentialreihe ab, sowie der letzte addierte Term kleiner als 10^{-8} ist. Das Semikolon am Ende der zweiten Zeile ist unerlässlich.

for k **from** 4 **by** 1 **to** 10 **do**
$$evalf\left(sum\left(\frac{1}{n!}, n = 0..k \right) \right);$$
if $\frac{1}{k!} < 10^{-8}$ **then break end if**
end do

$$2.708333333$$
$$2.716666667$$
$$2.718055556$$
$$2.718253968$$
$$2.718278770$$
$$2.718281526$$
$$2.718281801$$
$$2.718281826$$
$$2.718281828$$

Aufgaben

1. Sei $f\colon x \mapsto x^7 - 56x^5 + 784x^3 - 2304x$. Erstellen Sie zwei Listen: *liste1* mit den Werten $f(k)$ für $k = -5, \ldots, 2$ und *liste2* mit den Werten $f(k)$ für $k = -1, \ldots, 7$. Wandeln Sie diese in zwei Mengen A und B um, und bestimmen Sie die Anzahl der Elemente der Mengen $A \cup B$, $A \cap B$, $A \setminus B$ und $B \setminus A$. Informieren Sie sich dazu über die Darstellung von $\cup$, $\cap$ und $\setminus$ in der Hilfe durch ?union.

2. Gegeben seien zwei Folgen a und b gleicher Länge. Verwenden Sie die Befehle seq und op, um daraus die Zickzack-Folge $a_1, b_1, a_2, b_2, \ldots$ zu erzeugen. Wenden Sie den Befehl dann an auf die Folgen $a = 1, 4, \ldots, 9^2$ und $b = x, x^2, \ldots, x^9$.

3.   a) Gegeben sei das Polynom $p := 3x^8 + 7x^3 + 4x^2 - 9x$. Erzeugen Sie das Polynom q, welches aus p entsteht, wenn man die Koeffizienten von p quadriert.

     b) Erzeugen Sie das Polynom q, dessen Koeffizienten aus denen von $p := 13x^7 - 4x^5 + 7x^4 - 2x + 5$ durch Bilden der dritten Potenz hervorgehen.

4. Der Befehl elif unterscheidet sich von else if. Man überzeuge sich hiervon, indem man die Funktion a aus der Collatz-Vermutung mit else if definiert.

10 Funktionen und ihre Darstellung

In diesem Kapitel erläutern wir, wie man reelle Funktionen definiert, mit ihnen umgeht und wie man sich ihre Graphen veranschaulicht.

10.1 Definition von Funktionen

Aus früheren Abschnitten wissen wir, dass Maple die Wurzel-, die Sinus-, die Gamma-, die Zeta- und die Exponentialfunktion kennt. Dies sind nur einige der Standardfunktionen, die vorrätig sind. Eine Liste der in diesem Buch verwendeten Standardfunktionen und ihrer Namen findet man auf Seite 251, alle in Maple vorhandenen unter `?inifcns` (initially known functions). Weitere spezielle Funktionen stehen in den Zusatzpaketen. Die Namen der Standardfunktionen sind geschützt und können nicht für andere Zwecke verwendet werden. Umgekehrt darf man aber den Standardfunktionen in einem Arbeitsblatt einen zweiten Namen zuweisen.

Den Begriff der reellen Funktion, wie er in Forster I, §10, eingeführt wird, kennt Maple so nicht. Maple benutzt statt dessen zwei verschiedene Konstruktionen, nämlich Prozeduren, die reelle Zahlen zurückgegeben, oder arithmetische Ausdrücke. Wie in der Mathematik muss man unterscheiden zwischen einer Funktion f und dem Ausdruck $f(x)$, den man erhält, wenn man in die Funktion einen Wert oder eine Variable einsetzt. In 9.3 haben wir gezeigt, wie man in Maple Funktionen eingeben kann. Zur Definition von stückweise definierten Funktionen ist die Definition eines Unterprogramms mit `proc` allerdings nicht nötig. Dazu genügt der Befehl `piecewise`. Er verlangt eine gerade Anzahl von Argumenten, wobei immer ein Intervall in der Form $x < a$, $a < x < b$ oder $x > b$ einem Ausdruck vorangeht, der die Funktion in dem angegebenen Bereich beschreibt. Statt $<$ ist auch $\leq$ zulässig.

$$treppe := x \rightarrow piecewise(x < 0, 0, 0 \leq x \leq 1, 1, 1 < x, 0)$$

$$x \rightarrow piecewise(x < 0, 0, 0 \leq x \textbf{ and } x \leq 1, 1, 1 < x, 0)$$

Den Graphen zeigt Abbildung 10.6 auf Seite 54.

10.2 Operationen mit Funktionen

Sind f und g Funktionen, so kann man auf ihrem natürlichen Definitionsbereich auch Summe, Produkt, Quotient und Verknüpfung definieren. Die entsprechenden Eingaben in Maple sind in der folgenden Tabelle aufgeführt.

$f + g$	$f - g$	fg	$\dfrac{f}{g}$	$f \circ g$	$f \circ f \circ \cdots \circ f$ n mal
f + g	f - g	f*g	f/g $\boxed{\rightarrow}$	f@g	f@@n

Dabei werden Konstanten als konstante Funktionen behandelt. Wir betrachten einige Beispiele.

$$h := \sin \cdot \sin + \cos \cdot \cos; h(x) = simplify(h(x))$$

$$\sin^2 + \cos^2$$

$$\sin(x)^2 + \cos(x)^2 = 1$$

$$j := \text{sqrt} @ \exp; j(x); j(x) \text{ assuming } x :: real$$

$$\text{sqrt} @ \exp$$

$$\sqrt{e^x}$$

$$e^{\frac{1}{2}x}$$

$$l := \frac{\sin}{\cos}; l(x)$$

$$\frac{\sin}{\cos}$$

$$\frac{\sin(x)}{\cos(x)}$$

$$s := 2 - 3 \cdot \sin; s(0)$$

$$2 - 3\sin$$

$$2$$

Wir halten ausdrücklich fest, dass das Einsetzen von Funktionsnamen ineinander keine Verknüpfung definiert. Dies zeigt das folgende Beispiel.

$$t1 := \text{abs}(\sin); t2 := \text{abs} @ \sin$$

$$|\sin|$$

$$\text{abs} @ \sin$$

$$t1(0), t2(0)$$

$$|\sin|(0), 0$$

10.3 Plots

Zur Veranschaulichung von reellen Funktionen betrachtet man üblicherweise ihre Graphen bzw. Ausschnitte davon. Maple stellt mit dem Befehl `plot` hierfür ein sehr nützliches Werkzeug bereit.

Ist f eine Funktion, so erhält man den Graphen von f über dem Intervall $[a,b]$ durch den Befehl

```
> plot(f, a..b)
```

Ist A ein Ausdruck in x, der eine Funktion definiert, so erhält man deren Graphen über $[a,b]$ durch die Eingabe

```
> plot(A, x = a..b)
```

Dabei ist A entweder der Ausdruck selbst oder der Name des Ausdrucks. Vermischt man diese beiden Eingabearten, so erhält man statt des angeforderten Plots eine Warnung oder einen Fehler.

Die Ausgabe eines Plots erfolgt in das Arbeitsblatt. Ein Klick mit der rechten Maustaste in den Plot bringt ein Ausklappmenu zum Vorschein, in dem Veränderungen der Ausgabe vorgenommen werden können.

Als erstes Beispiel zeichnen wir die Funktion, für die wir in §3 untersucht hatten, wo sie größer als 3 ist. Der ausgegebene Plot ist als Bild in den Text aufgenommen. Dies kann aber nicht immer im Anschluss an den Plotbefehl geschehen. Daher geben wir hinter dem Plotbefehl die Nummer der Abbildung an. Damit Maple diese Angabe ignoriert, verwenden wir das Doppelkreuz „#", das in Maple als Kommentarzeichen dient.

$$f := x \rightarrow x^4 - 5 \cdot x^3 - 6 \cdot x^2 + 32 \cdot x + 35$$

$$x \rightarrow x^4 - 5x^3 - 6x^2 + 32x + 35$$

$plot(f, -2.7..5.1)$ # Abb. 10.1

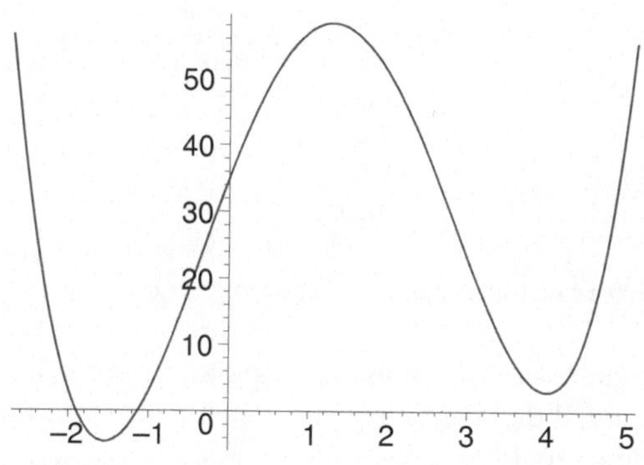

Abbildung 10.1:
Graph des Polynoms $x^4 - 5x^3 - 6x^2 + 32x + 35$

$$plot\left(\exp\left(-\frac{x^2}{3}\right) \cdot product(x-k, k = -3..3), x = -6..6\right)$$ # Abb. 10.2

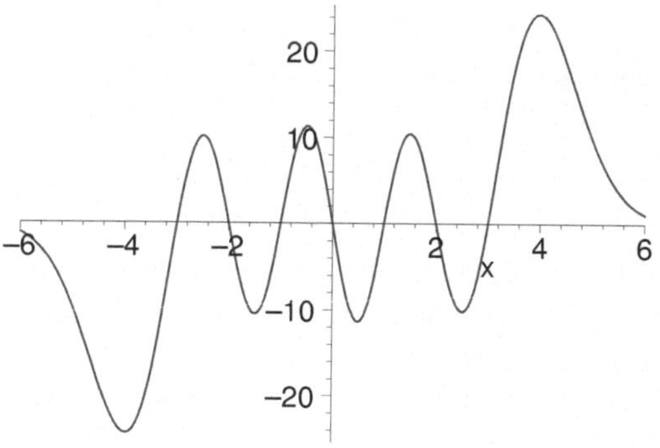

Abbildung 10.2:
Graph von $e^{-x^2/3} \prod_{k=-3}^{3}(x-k)$

Vor allem bei Funktionen mit Polstellen ist es sinnvoll, den Bereich der Funktionswerte zu beschränken. Eine solche Einschränkung des Wertebereichs kann man Maple als drittes Argument des Befehls plot übergeben. Es hat entweder die Form y = c..d oder die Form c..d. Die Angabe der Unbestimmten y dient dabei nur zur Festlegung der Achsenbeschriftung.

$$plot\left(\frac{1}{x^2 - 1}, x = -2..2, y = -10..10\right)$$ # Abb. 10.3 links

Maple zeichnet den Graphen durch, obwohl die Funktion an den Polstellen selbstverständlich unstetig ist. Für dieses Problem erlaubt plot die Option discont=true. Sie führt dazu, dass Maple die Unstetigkeitsstellen der zu zeichnenden Funktion sucht und dort gegebenenfalls Sprünge zeigt. Maple findet die Unstetigkeitsstellen durch symbolische Untersuchung der

Funktionsdefinition. Bei numerisch gegebenen Funktionen funktioniert `discont=true` daher nicht.

$$plot\left(\frac{1}{x^2-1}, x=-2..2, y=-10..10, discont=true\right) \qquad \#\,Abb.\ 10.3\ rechts$$

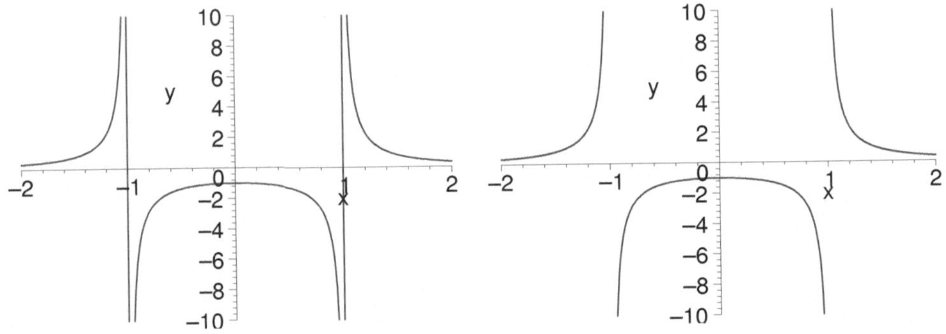

Abbildung 10.3: Graph von $1/(x^2-1)$, links ohne und rechts mit `discont=true`

Statt einer einzelnen Funktion kann man auch eine Liste von Funktionen plotten lassen. Die Regeln über die Angabe des Definitions- und eventuell des Wertebereichs gelten genau wie für eine einzelne Funktion. Ein Beispiel zeigt Abbildung 10.4.

Bei dem Befehl `plot` darf man sowohl als Definitions- wie als Wertebereich den Bereich `-infinity..infinity` angeben. Dann wird $\mathbb{R}$ mit einer dem Arcustangens ähnlichen Funktion zu einem endlichen Intervall gestaucht. So dargestellte Funktionen sehen meist sehr ungewöhnlich aus, aber einige Eigenschaften wie Grenzwert im Unendlichen und Zahl der Null- und Polstellen lassen sich mit etwas Glück ablesen.

$$plot\left(\left[seq\left(x^k, k=-2..3\right)\right], x=-infinity..infinity, y=-infinity..infinity\right) \qquad \#\,Abb.\ 10.4$$

10.4 Plot-Optionen

Die Befehle zur Erstellung von Plots, die wir bisher angegeben haben, waren recht sparsam, weil Maple eine Vielzahl von Steuerparametern (option) mit Standardeinstellungen (default) belegt. Zur Druckausgabe oder Präsentation ist es häufig notwendig, diese Parameter selber einzustellen, indem man im Befehl `plot` hinter der Angabe der Intervallgrenzen, durch Kommata getrennt, Optionen eingibt. Die Ehrlichkeit gebietet uns zu erwähnen, dass druckreife Bilder nur unter Verwendung der unten beschriebenen Option `thickness` zu erhalten sind. Diese Option haben wir daher bereits in den bisherigen Abbildungen stillschweigend verwendet.

Von den vielen möglichen Plot-Optionen behandeln wir hier diejenigen, welche von allgemeinem Interesse oder für unsere weiteren Anwendungen wichtig sind. Mehr Informationen findet man unter `?plot[options]`. Wir unterscheiden zwei Arten von Optionen, nämlich solche, die wahlweise am Ausklappmenu mit der Maus oder durch Setzen einer Option im Befehl `plot` eingestellt werden können, und solche, für die es nur die zweite Möglichkeit gibt.

Am Plot einstellbare Optionen

Die folgenden Optionen kann man aus einem Ausklappmenu auswählen. Wir schreiben die Werte so, wie sie in der Eingabe des `plot`-Befehls auftreten müssen.

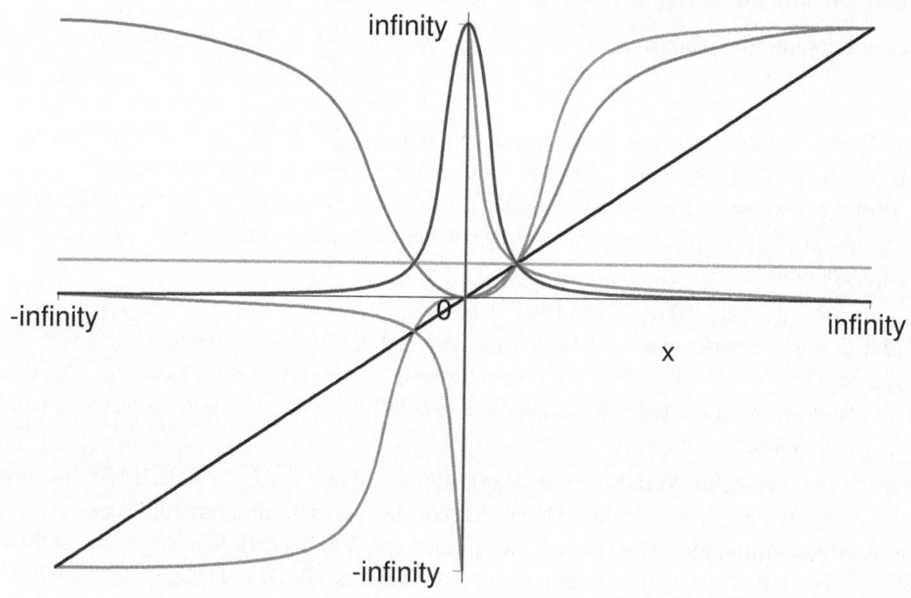

Abbildung 10.4: Graphen von x^k, $k = -2\ldots 3$, über ganz $\mathbb{R}$

```
axes = normal, frame, boxed, none
```
Diese Option steuert die Lage der Koordinatenachsen. Bei `normal` gehen die Achsen durch den Nullpunkt, bei `frame` liegen sie unten und links, bei `boxed` auf allen vier Seiten, und bei `none` gibt es keine Achsen. Die Standardeinstellung ist `normal`.

```
style = line, point
```
Bei `line` wird der Graph durchgehend gezeichnet, bei `point` dagegen nur die Punkte, die zu seiner Berechnung verwendet wurden. Die Standardeinstellung ist `line`.

```
scaling = constrained
```
Diese Option sorgt dafür, dass auf beiden Koordinatenachsen der gleiche Maßstab verwendet wird. Dadurch erscheinen Kreise tatsächlich als Kreise auf dem Bildschirm und im Ausdruck.

Alle drei Optionen werden im folgenden Beispiel eingesetzt.

$$plot\left(\sin\left(x^2\right), x = 0..5, axes = boxed, style = point, scaling = constrained\right) \qquad \# \, Abb. \, 10.5$$

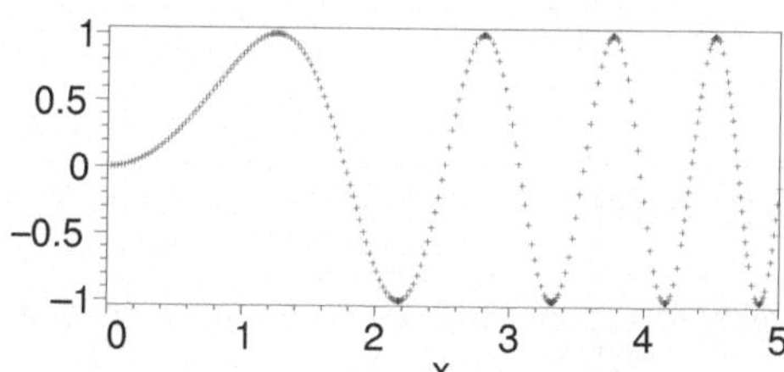

Abbildung 10.5:
Beispiel für `axes = boxed`, `style = point` und `scaling = constrained`

Optionen, die nur mit dem `plot`-Befehl eingestellt werden können

Die folgenden Optionen kann man nur bei der Eingabe des `plot`-Befehls einstellen.

`discont = true`
Diese Option veranlasst Maple dazu, die Graphen unstetiger Funktionen an den Sprungstellen nicht durchzuziehen. Sie kann aber nur dann benutzt werden, wenn ein Ausdruck oder der Name eines solchen im Plotbefehl steht. Da das Finden von Unstetigkeitsstellen keine leichte Übung ist, gelingt Maple dies nicht in jedem Fall. In Abbildung 10.3 wurde diese Option bereits verwendet.

`color = red, green, blue, yellow, black, ...`
Hierdurch wird bewirkt, dass der Graph die angegebene Farbe bekommt. Die Liste aller 25 Farbnamen erhält man unter `?plot[colornames]`. Wenn `plot` eine Liste von Ausdrücken übergeben wird, wird für jedes Element der Liste automatisch eine andere Farbe gewählt.

`numpoints = 1000`
Diese Option legt einen Wert, hier z. B. 1000, für die Anzahl der Stützstellen fest, in denen die Funktionswerte berechnet werden. Diese Stützstellen werden gleichmäßig über das Intervall verteilt. Standardmäßig verwendet Maple mindestens 200 Stützstellen, fügt aber selbständig neue ein, wenn die Kurve zu stark gekrümmt ist. Daher ist die Standardeinstellung wesentlich besser als `numpoints = 200` und eigentlich in fast allen Fällen ausreichend.

`title = "..."`
Diese Option legt eine Überschrift für den Plot fest. Der Titel muss in Anführungszeichen eingeschlossen werden. Der Titel darf Zeilenumbrüche enthalten.

Als Beispiel zeichnen wir die Treppenfunktion aus 10.1. Da sie unstetig ist, verwenden wir `discont=true`.

$$plot(treppe, -0.5..1.5, discont = true, axes = frame, title = \text{"Treppenfunktion"}, color = green,$$
$$thickness = 8) \quad \# Abb.\ 10.6$$

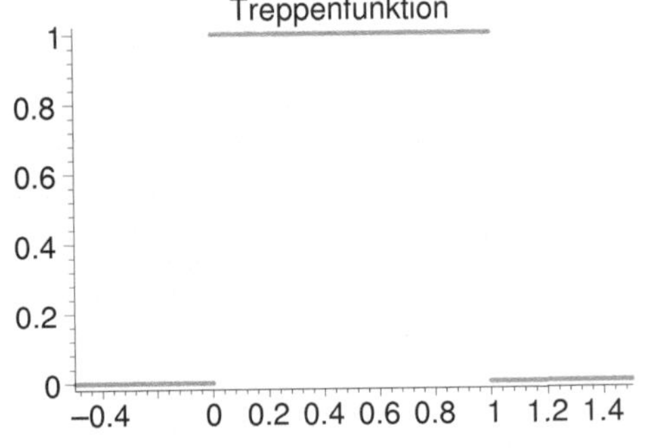

Abbildung 10.6:
Treppenfunktion aus 10.1

10.5 Mehrere Zeichnungen in einem Bild

Es gibt zwei verschiedene Wege, mehrere Zeichnungen in einem Bild zu vereinigen. In Abbildung 10.4 hatten wir schon gesehen, dass man statt eines einzelnen Audrucks oder einer einzelnen Funktion auch eine Liste von solchen an den Befehl `plot` übergeben kann. Maple zeigt dann jeden in einer anderen Farbe. Will man diese Farben beeinflussen, kann man die Option `color` verwenden, indem man ihr eine Liste von Farbnamen übergibt. Die Graphen werden dann der Reihe nach in den entsprechenden Farben eingefärbt.

Eine weitere Möglichkeit, verschiedene Graphen zu unterscheiden, bietet die Option `legend`. Eine Legende ist ein String zur Bezeichnung eines Elements eines Plots. Der String wird zusammen mit einem Strich der entsprechenden Farbe unter die eigentliche Zeichnung gedruckt. Genau wie die Farben werden die Legenden als Liste übergeben.

$$g := \exp(-x) \cdot \sin(k \cdot x)$$

$$e^{-x} \sin(kx)$$

$plot([seq(g, k\ \text{in}\ [1,3,5])], x = 0..4, color = [green,\ red,\ blue], legend = ["k = 1", "k = 3",$
$"k = 5"])\ \#\,Abb.\ 10.7$

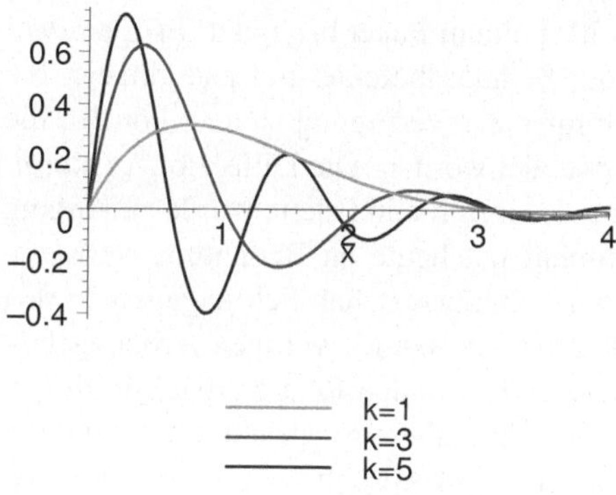

Abbildung 10.7:
Graphen von $e^{-x}\sin(kx)$ für $k = 1, 3, 5$

Sollen mehrere, getrennt angefertigte Zeichnungen zu einem Bild zusammengefügt werden, so kann man das mit dem Befehl `display` aus dem Paket `plots` erreichen. Dazu erzeugt man die Plots einzeln und gibt ihnen mit

```
> p_j := plot(f_j, Bereich):
```

einen Namen. Man lädt das Paket `plots` mit dem Befehl `with(plots)` und druckt dann alle Plots gemeinsam mit dem Befehl `display({p_1, ..., p_n})`

$with(plots):$

$pl1o := plot\left(sqrt\left(1 - x^2\right), x = -1..1, color = red\right):$

$pl1u := plot\left(-sqrt\left(1 - x^2\right), x = -1..1, color = red\right):$

$pl2o := plot\left(\dfrac{sqrt(9 - x^2)}{2}, x = -3..3, color = green\right):$

$pl2u := plot\left(-\dfrac{sqrt(9 - x^2)}{2}, x = -3..3, color = green\right):$

$pl3o := plot\left(\dfrac{sqrt(16 - x^2)}{3}, x = -4..4, color = blue\right):$

$$pl3u := plot\left(-\frac{\text{sqrt}(16-x^2)}{3}, x = -4..4, color = blue\right):$$

$$display(\{pl1o, pl1u, pl2o, pl2u, pl3o, pl3u\}, scaling = constrained) \quad \#\,Abb.\ 10.8$$

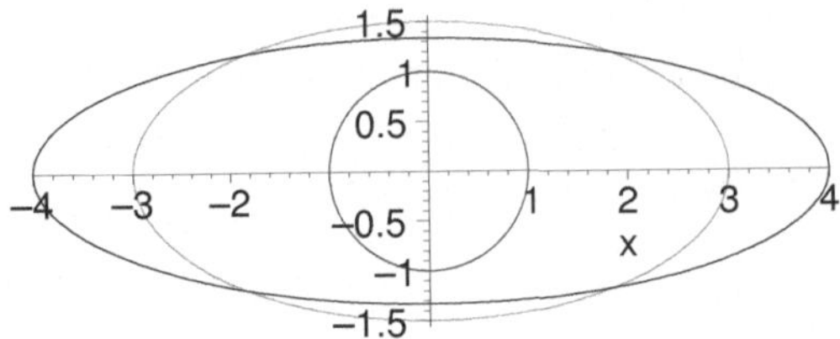

Abbildung 10.8:
Kreis mit Ellipsen

Wird die Zuweisung des Plots zu einem Namen statt mit einem Doppelpunkt mit einem Semikolon abgeschlossen, so wird anstelle eines Plots das Wort PLOTS ausgegeben: die Kurzfassung der internen Plotstruktur. Durch Aufruf des Namens, etwa durch pl3u, können die Plots einzeln angezeigt werden.

Bei dem Befehl with(plots) sind wir zum ersten Mal einem Paket begegnet. Es gibt zwei Klassen von Befehlen in Maple, nämlich einerseits die Standardbefehle und andererseits die Befehle in den Paketen. Während die erstgenannten immer zur Verfügung stehen, können die Befehle in den Paketen erst nach Laden des Pakets verwendet werden. Die Hilfe gibt Auskunft, zu welchem Paket ein Befehl gehört. Mit der Aufteilung der Befehle in Pakete wurde zu Anfang der Speicherknappheit entgegengewirkt. Dieses Argument hat heute an Bedeutung verloren, jedenfalls was die Maschine betrifft. Das Gedächtnis des Benutzers hat sich dagegen in den letzten zehn Jahren nicht vertausendfacht. Man wählt daher die zum jeweiligen Arbeitsgebiet gehörigen Befehle durch Auswahl der passenden Pakete und kann den Rest getrost ignorieren. Wenn zwei eigentlich verschiedene Befehle denselben Namen haben, so spricht man von einer Kollision im Namensraum. Eine solche Kollision begegnet uns in Abschnitt 35.3 auf Seite 237. Um den Namensraum aufzuräumen, kann es sinnvoll sein, Pakete wieder zu entfernen. Das geschieht mit unwith.

Aufgaben

1. Gegeben seien die Funktionen $f: x \mapsto 3x^3 + 8x^2 - 5$, $g: x \mapsto 6x^3 + 4x^2 - 2x - 1$ und $h: x \mapsto x^5 + 4x^2 - 3$, die bereits in § 6 aufgetreten waren. Erstellen Sie Plots für f, g, h und $k := fg/(3h)$ so, dass die Nullstellen dieser Funktionen deutlich zu sehen sind. Benutzen Sie bei k die Option discont = true.

2. Gegeben seien die Funktionen $f: x \mapsto x^3$, $g := |\sin|$ und $h := \sqrt{\cdot}$. Setzen Sie $u := f \circ g \circ h$, $v := g \circ h \circ f$, $w := h \circ f \circ g$ und plotten Sie die Graphen von u, v und w in einem Bild, so dass der Graph von u rot, der von v grün und der von w blau gezeichnet wird.

3. Plotten Sie die Funktionen $f: x \mapsto 2^x - 2\sqrt{x}$ über $[0,2]$, $g: x \mapsto 2^x - x^2$ über $[-2,5]$ und $h: x \mapsto (x^2 - 3)x - e^x + 4$ über $[-2.5, 3]$.

4. Plotten Sie die Funktion $x \mapsto \sin(x^2)$ mit der Option style = point über dem Intervall $[0,5]$, um sich davon zu überzeugen, dass Maple in der Nähe von engen Kurven mehr Stützstellen verwendet als auf weniger gekrümmten Abschnitten.

5. Plotten Sie den Graphen der folgenden Funktion f über dem Intervall $[-5,9]$.

$$f: x \mapsto \begin{cases} 2(x+2)+4, & \text{für } x < -2, \\ x^2, & \text{für } -2 \leq x \leq 2, \\ 4\cos\left(\dfrac{x-2}{4}\right), & \text{für } x > 2. \end{cases}$$

6. Gegeben seien die Polynome $p := x^5 - x^4 - 43x^3 - 97x^2 - 44x - 96$, $q := x^5 - 31x^3 + 30x^2$ und $r := x^4 + 5x^3 - 47x^2 - 69x + 270$. Bestimmen Sie die Nullstellen von p, q und r, und plotten Sie die Graphen von p/q, q/p, r/p, p/r, q/r und r/q über $[-\infty, \infty]$ mit Wertebereich $[-\infty, \infty]$.

7. Plotten Sie die Funktionen $x \mapsto (10/x)\sin(x)$, $x \mapsto x\sin(x)$ und $x \mapsto x^2\sin(x)$ über $[-\infty, \infty]$ mit Wertebereich $[-\infty, \infty]$.

8. Sei

$$h: x \mapsto \frac{x^3 - 8x^2 + 20x - 16}{x^4 - 8x^3 + 9x^2 - 16x + 14} e^{-(x-3)^2}$$

Plotten Sie den Graphen von h über dem Intervall $]1, 7[$. Überprüfen Sie, was Sie sehen, indem Sie die Nullstellen des Nenners von h bestimmen und anschließend h über $]6.9, 7[$ plotten. Verschaffen Sie sich einen Eindruck davon, wie steil die Kurve ist, indem Sie $h(7 - 10^{-k})$ für $k = 5, \ldots, 15$ berechnen lassen.

9. Überlegen Sie sich bei Abbildung 10.4 aus dem Kurvenverhalten, welche Farbe zu welchem Wert von k gehört. Überprüfen Sie dann Ihr Ergebnis, indem Sie die Farben selbst zuweisen.

11 Grenzwerte und Stetigkeit

11.1 Grenzwerte

Sei I ein Intervall in $\mathbb{R}$ und $f \colon I \to \mathbb{R}$ eine Funktion. Will man untersuchen, ob f in einem Punkt a aus dem Abschluss von I einen Grenzwert besitzt, so kann man dazu den Befehl `limit` verwenden, den wir bereits in 4.1 für Folgen benutzt haben. Die Eingabe

```
> limit(f(x), x = a)
```

führt auch in dieser Situation zu einer der fünf möglichen Ausgaben, die in 4.1 vorgestellt wurden. Statt $f(x)$ darf man einen beliebigen von x abhängigen Ausdruck eingeben. In den folgenden Beispielen verwenden wir den trägen Operator `Limit`, um die Lesbarkeit der Ergebnisse zu verbessern.

$$L1 := Limit\left(\frac{\sin(x)}{x}, x = 0\right):$$
$$L1 = value(L1)$$

$$\lim_{x \to 0} \frac{\sin(x)}{x} = 1$$

$$L2 := Limit(\sin(x), x = infinity):$$
$$L2 = value(L2)$$

$$\lim_{x \to \infty} \sin(x) = -1..1$$

$$L3 := Limit\left(\frac{\exp\left(\frac{1}{x}\right)}{x}, x = 0\right):$$
$$L3 = value(L3)$$

$$\lim_{x \to 0} \frac{e^{\frac{1}{x}}}{x} = undefined$$

Beim letzten Beispiel existieren links- und rechtsseitiger Grenzwert, unterscheiden sich aber. Maple ist hierauf vorbereitet. Zur Berechnung rechtsseitiger Grenzwerte gibt man ein

```
> limit(f(x), x = a, right)
```

Den linksseitigen Grenzwert erhält man, wenn man `left` statt `right` verwendet. Im Falle des obigen Beispiels bekommt man

$$L4 := Limit\left(\frac{\exp\left(\frac{1}{x}\right)}{x}, x = 0, left\right):$$
$$L4 = value(L4)$$

$$\lim_{x \to 0^-} \frac{e^{\frac{1}{x}}}{x} = 0$$

$$L5 := Limit\left(\frac{\exp\left(\frac{1}{x}\right)}{x}, x = 0, right\right) :$$
$$L5 = value(L5)$$

$$\lim_{x \to 0^+} \frac{e^{\frac{1}{x}}}{x} = \infty$$

11.2 Stetigkeit

Wir behandeln die Aufgabe, von einer gegebenen Funktion $f : I \to \mathbb{R}$ herauszufinden, ob sie auf dem Intervall I stetig ist. Man kann dabei Maple zur Unterstützung heranziehen, indem man an den potenziellen Unstetigkeitsstellen $\lim_{x \to a} f(x)$ und $f(a)$ berechnen lässt und prüft, ob beide Werte übereinstimmen. Ist dies der Fall, so ist f stetig in a. Bekommt Maple nichts heraus, so erstellt man einen Plot des Graphen von f, um eine anschauliche Vorstellung von f zu bekommen. Es ist auch möglich, rechts- und linksseitige Grenzwerte von f getrennt zu bestimmen. Wir betrachten das folgende Beispiel.

$$f := x \to \frac{abs(x-2) \cdot \left(x^2 + x - 6\right) \cdot (x+2)}{x^2 - 4 \cdot x + 4}$$

$$x \to \frac{|x-2|\left(x^2 + x - 6\right)(x+2)}{x^2 - 4x + 4}$$

Um herauszufinden, wo f definiert ist, berechnen wir die Nullstellen des Nenners.
$$solve(denom(f(x)) = 0)$$

$$2, 2$$

Um zu sehen, wie sich f in der Nähe der kritischen Stelle $x = 2$ verhält, zeichnen wir den Graphen von f über $[-4, 4]$.
$$plot(f, -4..4, axes = frame, discont = true) \ \# Abb. \ 11.1$$

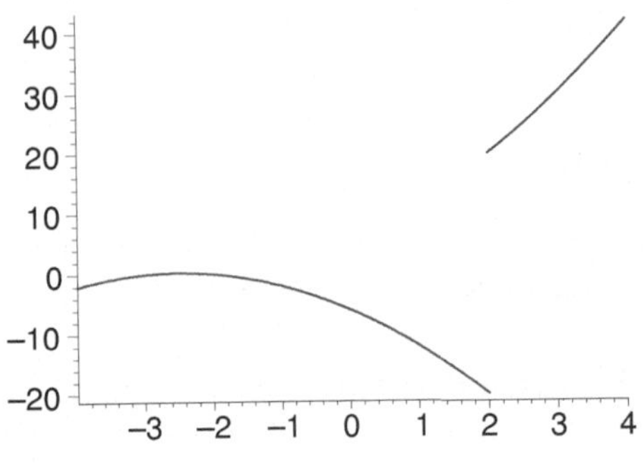

Abbildung 11.1:
Funktion mit Sprungstelle

Der Graph zeigt, dass f im Punkt 2 unstetig ist. Die Berechnung von rechts- und linksseitigem Grenzwert bestätigt diese Vermutung.
$$L6 := Limit(f(x), x = 2, right) :$$
$$L6 = value(L6)$$

$$\lim_{x \to 2^+} \frac{|x-2|\left(x^2 + x - 6\right)(x+2)}{x^2 - 4x + 4} = 20$$

$$L7 := Limit(f(x), x = 2, left):$$
$$L7 = value(L7)$$

$$\lim_{x \to 2^-} \frac{|x-2|\,(x^2+x-6)\,(x+2)}{x^2-4x+4} = -20$$

Als nächstes Beispiel betrachten wir

$$h := x \to x^2 \cdot \sin\left(\frac{1}{x}\right)$$

$$x \to x^2 \sin\left(\frac{1}{x}\right)$$

Die Funktion h ist in 0 nicht definiert, kann aber, wie sich zeigen wird, dort hinein stetig fortgesetzt werden.

$$h(0)$$

```
Error, (in h) numeric exception: division by zero
```

$$plot(h, -0.1..0.1, axes = frame) \quad \# \, Abb.\ 11.2$$

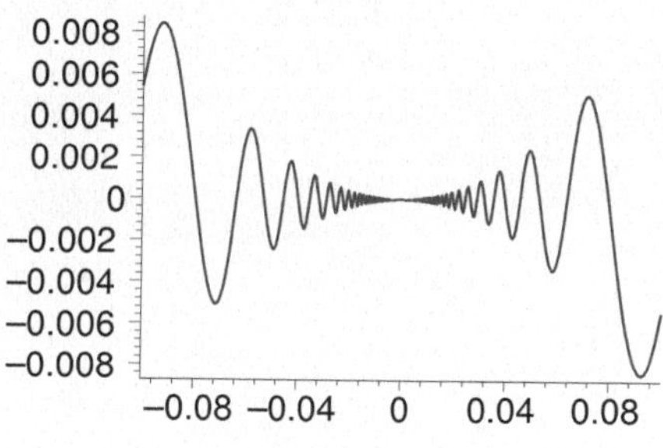

Abbildung 11.2:
Graph von $x \mapsto x^2 \sin(1/x)$

$$L8 := Limit(h(x), x = 0):$$
$$L8 = value(L8)$$

$$\lim_{x \to 0} x^2 \sin\left(\frac{1}{x}\right) = 0$$

Also ist h auf ganz $\mathbb{R}$ stetig, wenn man $h(0) = 0$ setzt.

Aufgaben

1. Untersuchen Sie, welche der folgenden Funktionen im angegebenen Punkt a einen Grenzwert besitzen:

$$\frac{\sinh(x)}{x}, a = 0; \quad \frac{e^x - 1}{x}, a = 0; \quad \frac{e^{x^2} - e^{x^3}}{x}, a = 0;$$

$$\frac{e^{x^2} - e^{x^3}}{x^2}, a = 0; \quad \left(\frac{\sin x}{x} - 1\right)^2, a = 0.$$

2. Untersuchen Sie, welche der folgenden Funktionen im angegebenen Punkt a einen Grenzwert besitzen.

$$x\sin\frac{1}{x},\, a=\infty;\quad x\sin\frac{1}{x^2},\, a=\infty;\quad x^2\sin\frac{1}{x},\, a=\infty;$$

$$x^2\left(\cos\left(\frac{1}{x}\right)-1\right),\, a=\infty;\quad \frac{\sin(x)-x}{x^k},\, a=0, k=1,2,3;$$

$$\frac{\sin(x)-x}{x},\, a=\infty;\quad \sqrt{x}\cos\left(e^{1/x}\right),\, a=0.$$

3. Untersuchen Sie, ob die Funktion $f\colon x\mapsto\sqrt{\sin(x)^2}/x=|\sin x|/x$ in Null einen Grenzwert bzw. einseitige Grenzwerte besitzt. Verwenden Sie dazu beide Funktionsvorschriften. Zur Veranschaulichung betrachten Sie einen Plot des Graphen von f über $[-\pi,\pi]$.

4. Die Funktion `floor`$\colon\mathbb{R}\to\mathbb{R}$ ist in Maple definiert durch `floor`(x) = kleinste ganze Zahl kleiner gleich x. Untersuchen Sie, an welchen Stellen die Funktion

$$f\colon[-1,4.5]\to\mathbb{R},\quad f(x):=(x^3-8x^2+20x-16)\,\texttt{floor}(x)$$

   unstetig ist.

5. Definieren Sie die Funktion f aus 11.2 unter Verwendung von `piecewise`. Verzichten Sie stattdessen auf die Verwendung von `abs`.

12 Logarithmen, Potenzen, Wurzeln

12.1 Logarithmen, allgemeine Potenzen

Maple kennt nicht nur die Exponentialfunktion exp, sondern auch deren Umkehrfunktion, den natürlichen Logarithmus ln. Statt ln darf man auch den Namen log verwenden.

$$solve(\exp(x) = a, x)$$

$$\ln(a)$$

$$\log(x)$$

$$\ln(x)$$

Die Anwendung der Funktionalgleichung für den Logarithmus veranlasst man mit dem Befehl expand, wenn man Produkte aus dem Logarithmus herausziehen möchte. Allerdings muss man dabei bedenken, dass Maple von komplexen Argumenten ausgeht und die Funktionalgleichung des Logarithmus im Komplexen nicht gilt. Daher ist es erforderlich, mit assuming die Annahme zu formulieren, dass die Argumente positiv sind.

$$\ln(x \cdot y) = expand(\ln(x \cdot y)) \, assuming \, x > 0, y > 0$$

$$\ln(xy) = \ln(x) + \ln(y)$$

Die Anwendung der Funktionalgleichung in der umgekehrten Richtung auf einen Ausdruck A erreicht man mit combine(A, ln).

$$2 \cdot \ln(z) - \ln(y) = combine(2 \cdot \ln(z) - \ln(y), \ln) \, assuming \, y > 0, z > 0$$

$$2\ln(z) - \ln(y) = \ln\left(\frac{z^2}{y}\right)$$

Die übliche Definition der Exponentialfunktion $\exp_a$ zur Basis $a > 0$ und deren Eigenschaften sind Maple ebenfalls bekannt.

$$\exp(x \cdot \ln(a)) = expand(\exp(x \cdot \ln(a)))$$

$$e^{x\ln(a)} = a^x$$

$$a^{x+y} = expand\left(a^{x+y}\right)$$

$$a^{x+y} = a^x a^y$$

$$(a^x)^y = expand\left((a^x)^y\right) \, assuming \, a > 0, x :: real, y :: real$$

$$(a^x)^y = a^{xy}$$

$$(a \cdot b)^x = expand\left((a \cdot b)^x\right) \, assuming \, a > 0, b > 0$$

$$(ab)^x = a^x b^x$$

$$\left(\frac{1}{a}\right)^x = expand\left(\left(\frac{1}{a}\right)^x\right) \text{ assuming } a > 0$$

$$\left(\frac{1}{a}\right)^x = a^{-x}$$

Die Lösung der Gleichung $a^x = b$ bezeichnet man üblicherweise als Logarithmus von b zur Basis a, in Zeichen $\log_a b$. In Maple wird diese Zahl als `log[a](b)` eingegeben, aber als $\ln(b)/\ln(a)$ ausgegeben. Zur Vereinfachung ist in vielen Fällen der Befehl `simplify` notwendig.

$\log[a](b)$

$$\frac{\ln(b)}{\ln(a)}$$

$$a^{\log[a](b)} = simplify(a^{\log[a](b)})$$

$$a^{\frac{\ln(b)}{\ln(a)}} = b$$

$\log[2](8)$

$$3$$

Wir zeichnen den binären, den natürlichen und den dekadischen Logarithmus.

$pl1 := plot(\log[2], 0..8, -3..3, color = green):$
$pl2 := plot(\log, 0..8, -3..3, color = red):$
$pl3 := plot(\log[10], 0..8, -3..3, color = blue):$
$with(plots):$
$display(\{pl1, pl2, pl3\}) \ \# Abb.\ 12.1$

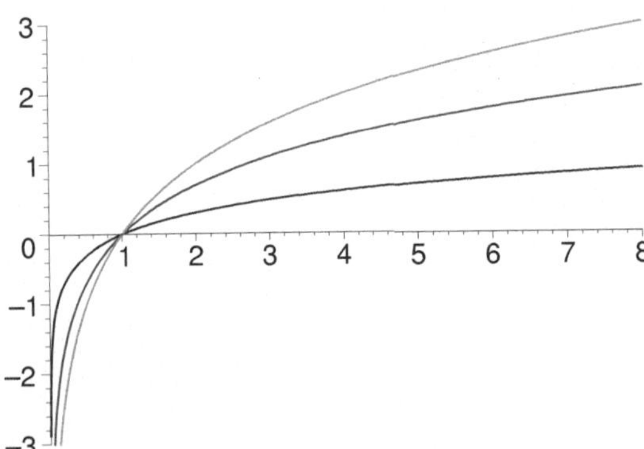

Abbildung 12.1:
Binärer (grün), natürlicher (rot) und dekadischer (blau) Logarithmus

12.2 Wurzeln

Ersetzt man in den Rechenregeln aus 12.1 die unbestimmten Exponenten durch konkrete Zahlen, so stellt man fest, dass Maple diese Regeln nicht anwendet.

$$simplify\left((x^4)^{\frac{1}{4}}\right)$$

$$(x^4)^{\frac{1}{4}}$$

Grund dafür ist, dass das Programm über die unbestimmte Basis x zu wenig Informationen hat. Teilt man diese — wie in §3 beschrieben — durch `assuming` mit, so erfolgt die weitere Berechnung wie erwartet.

$$simplify\left((x^4)^{\frac{1}{4}}\right) \text{assuming} \, x > 0$$

$$x$$

$$sqrt\left(x^4\right) \text{assuming} \, x :: real$$

$$x^2$$

Ist $n \in \mathbb{N}$ ungerade, so ist die Funktion $x \mapsto x^n$ eine Bijektion von $\mathbb{R}$ auf sich. Ihre Umkehrfunktion auf $[0,\infty[$ definiert $x \mapsto x^{1/n}$. Im Gegensatz zum Sprachgebrauch der Analysis I und II versteht Maple für negatives x unter $x^{1/n}$ immer diejenige komplexe Lösung der Gleichung $y^n = x$, die den kleinsten positiven Phasenwinkel hat. Wir gehen im nächsten Kapitel näher auf komplexe Zahlen ein.

$$w := simplify\left((-64)^{\frac{1}{3}}\right)$$

$$2 + 2I\sqrt{3}$$

$$expand(w^3)$$

$$-64$$

Für ungerades n bezeichnet Maple die Umkehrfunktion von $f \colon \mathbb{R} \to \mathbb{R}, x \mapsto x^n$, mit $surd(x,n)$. Einige Funktionsgraphen zeigt Abbildung 12.2. Der Befehl ist aber auch für gerades n und negatives x definiert. In diesem Fall wird diejenige Lösung von $y^n = x$ gewählt, die auf der positiven imaginären Achse liegt. Der Name "surd" ist übrigens eine englische Bezeichnung für das Wurzelzeichen.

$$surd(-64,3)$$

$$-4$$

$$surd(-4,2)$$

$$2I$$

$$pl3 := plot(surd(x,3), x = -1..1, color = green):$$
$$pl4 := plot(surd(x,4), x = 0..1, color = red):$$
$$pl5 := plot(surd(x,5), x = -1..1, color = blue):$$
$$display(\{pl3, pl4, pl5\}) \,\# Abb. \, 12.2$$

Will man von $surd(x, \, n)$ auf die Darstellung $x^{1/n}$ wechseln, so erreicht man dies durch die Eingabe

$$convert(surd(x,n), power)$$

$$x^{\frac{1}{n}}$$

Korrekt ist diese Umwandlung allerdings nur für positive x.

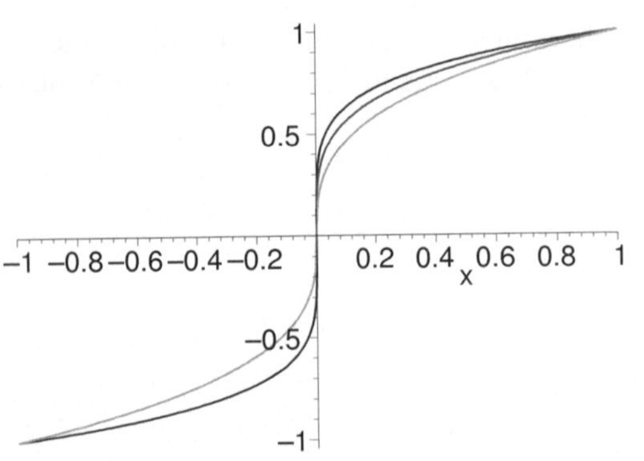

Abbildung 12.2:
n-te Wurzeln $\mathtt{surd}(x, \ n)$ für $n = 3$ (grün), $n = 4$ (rot) und $n = 5$ (blau)

12.3 Einige Grenzwerte

Nachdem uns Logarithmen und allgemeine Potenzen zur Verfügung stehen, wollen wir nun noch $\lim_{x\to 0} x\ln(x)$ und $\lim_{x\to 0} x^x$ berechnen. Der besseren Anschauung wegen lassen wir uns zunächst die zugehörigen Graphen zeichnen.

$f := x \to x \cdot \log(x)$

$$f := x \to x\log(x)$$

$plot(f, 0..2, axes = frame)$ # Abb. 12.3 links
$g := x \to x^x$

$$x \to x^x$$

$plot(g, 0..2)$ # Abb. 12.3 rechts

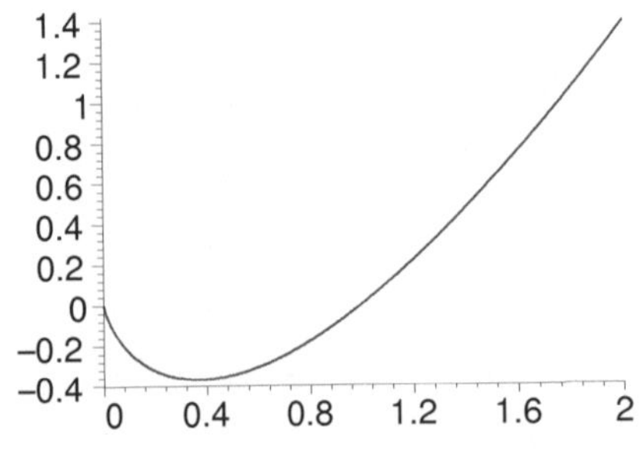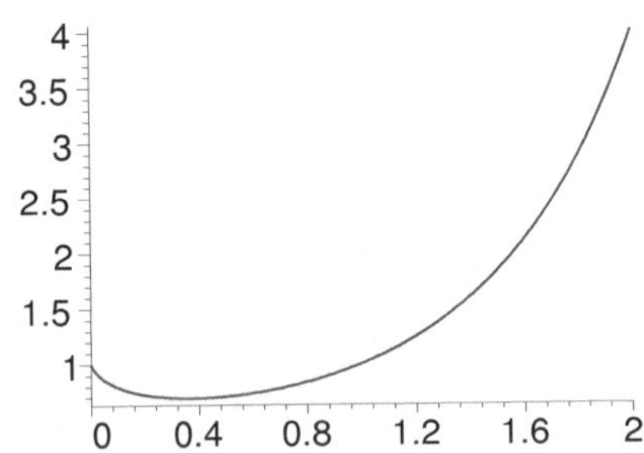

Abbildung 12.3: Graphen von $x\ln(x)$ und x^x

$G1 := Limit(f(x), x = 0):$
$G1 = value(G1)$

$$\lim_{x\to 0} x\ln(x) = 0$$

$$G2 := Limit(g(x), x = 0):$$
$$G2 = value(G2)$$

$$\lim_{x \to 0} x^x = 1$$

Da sowohl die Exponentialfunktion als auch der Logarithmus stetig sind, hätte es natürlich gereicht, nur einen der obigen Grenzwerte zu berechnen.

Aufgaben

1. Berechnen Sie $\log_2 16$, $\log_3 243$, $\log_8 35184372088832$ und $a^{17} a^4 / a^{29}$.

2. Untersuchen Sie, ob die folgenden Funktionen im Punkt x_0 einen Grenzwert besitzen

$$\frac{5^x - 1}{x}, x_0 = 0; \qquad \frac{\ln(x) - 1}{x - e}, x_0 = e; \qquad \frac{\log_a x - 1}{x - a}, x_0 = a;$$

$$\frac{x^x - 1}{x - 1}, x_0 = 1; \qquad \frac{\ln(x)}{x^{1/100}}, x_0 = \infty.$$

3. Sei f die Umkehrfunktion von $x \mapsto x^3$ auf $\mathbb{R}$. Untersuchen Sie, ob die Funktionen $x \mapsto f(x^2 \sin(x))$ und $x \mapsto f(x^2 \sin(x))/x$ in $x = 0$ einen Grenzwert besitzen. Berechnen Sie auch die zugehörigen einseitigen Grenzwerte. Überprüfen Sie die erhaltenen Ergebnisse, indem Sie beide Funktionen über $[-3\pi, 3\pi]$ plotten lassen.

4. Veranlassen Sie Maple dazu, für $x > 0$ die Wurzel aus dem Ausdruck $2 + x^2 + \dfrac{1}{x^2}$ zu ziehen.

5. Für $a \in \mathbb{R}$ sei $f : \mathbb{R} \to \,]0, \infty[$ definiert durch $f(x) := \exp((x-a)^5)$. Zeigen Sie, dass für die Funktion $g : \,]0, \infty[\, \to \mathbb{R}$, $g(x) := a + \mathtt{surd}(\ln(x), 5)$, gilt $f \circ g = \mathrm{id}_{]0,\infty[}$, $g \circ f = \mathrm{id}_{\mathbb{R}}$. Verwenden Sie dazu die Befehle $\mathtt{convert(\%, power)}$ und $\mathtt{simplify}$ und behandeln sie nötigenfalls die Fälle $x \geq a$ und $x < a$ getrennt.

6. Plotten Sie die Graphen der Funktionen $x \mapsto a^x$ für $a = 1/4$, $1/3$, 2 und e in den Farben grün, rot, blau und gelb über dem Intervall $[-2, 2]$.

13 Komplexe Zahlen und trigonometrische Funktionen

13.1 Komplexe Zahlen

In früheren Abschnitten haben wir bemerkt, dass Maple bei manchen Ausgaben komplexe Zahlen verwendet. In der Tat rechnet Maple im Körper $\mathbb{C}$ der komplexen Zahlen ebenso wie in $\mathbb{R}$. Zum Beispiel gibt man $z = 3 + 4i$ ein als

$z := 3 + 4 \cdot I$

$$3 + 4I$$

Die Befehle Re, Im, abs und conjugate liefern den Realteil, den Imaginärteil, den Betrag und die komplex Konjugierte einer komplexen Zahl. Im Beispiel ergibt sich

$\mathrm{Re}(z), \mathrm{Im}(z), \mathrm{abs}(z), conjugate(z)$

$$3, 4, 5, 3 - 4I$$

Wendet man diese Befehle auf die Unbestimmte $w = a + ib$ an, so erhält man

$w := a + b \cdot I$

$$a + Ib$$

$\mathrm{Re}(w), \mathrm{Im}(w), \mathrm{abs}(w)$

$$\mathrm{Re}(a + Ib), \mathrm{Im}(a + Ib), |a + Ib|$$

$conjugate(w) = expand(conjugate(w))$

$$\overline{a + Ib} = \bar{a} - I\bar{b}$$

Diese Ausgabe ist nicht das, was man erwartet, da man bei dieser Darstellung von w meist stillschweigend unterstellt, dass a und b reell sind. In Maple werden die Unbestimmten dagegen als komplex angesehen. Daher ist die obige Ausgabe völlig korrekt. Will man eine der üblichen Vorstellung entsprechende Ausgabe erhalten, so kann man dies mit dem Befehl `evalc` erreichen. Er unterstellt, dass alle auftretenden Variablen reell sind, und ist daher mit gewisser Vorsicht einzusetzen. Im vorliegenden Fall liefert er das gewünschte Ergebnis. Alternativ kann statt `evalc` auch `assuming` $a::\mathrm{real}$ verwendet werden.

$evalc(\mathrm{Re}(w)), evalc(\mathrm{Im}(w)), evalc(abs(w)), evalc(conjugate(w))$

$$a, b, \sqrt{a^2 + b^2}, a - Ib$$

$z \cdot w = expand(z \cdot w) \, assuming \, a :: real, b :: real$

$$(3 + 4I)(a + Ib) = 3a + 4Ia + 3Ib - 4b$$

Maple kennt auch die Rechenregeln für die Konjugation und den Betrag. Allerdings muss ihre Anwendung mit expand angefordert werden.

$conjugate(x \cdot y) = expand(conjugate(x \cdot y))$

$$\overline{xy} = \bar{x}\bar{y}$$

$\mathrm{abs}(x \cdot y) = expand(\mathrm{abs}(x \cdot y))$

$$|xy| = |x||y|$$

Die Umwandlung in die andere Richtung veranlasst man mit `combine(A)`.

$$\text{abs}(x \cdot y) \cdot \text{abs}\left(\frac{x}{y}\right) = combine\left(\text{abs}(x \cdot y) \cdot \text{abs}\left(\frac{x}{y}\right)\right)$$

$$|xy|\left|\frac{x}{y}\right| = |x|^2$$

13.2 Komplexe Funktionen, Grenzwerte und Reihen

Wie wir in 13.1 bereits bemerkt haben, ist Maple so eingerichtet, dass Unbestimmte stets komplexe Werte annehmen dürfen. Wir demonstrieren dies an einer Polynomfunktion.

$f := x \to (1+I) \cdot x^4 - 2 \cdot x^2 - I$

$$x \to (1+\text{I})x^4 - 2x^2 - \text{I}$$

$'f'(z) = evalc(f(z))$

$$f(3+4\text{I}) = -177 - 912\,\text{I}$$

$'f'(w) = evalc(f(w))$

$$f(a+\text{I}b) = a^4 - 6a^2b^2 + b^4 - 4a^3b + 4ab^3 - 2a^2 + 2b^2 +$$
$$\text{I}\left(a^4 - 6a^2b^2 + b^4 + 4a^3b - 4ab^3 - 4ab - 1\right)$$

Ist $(x_k)_{k \in \mathbb{N}}$ eine Folge komplexer Zahlen, so kann man Maple untersuchen lassen, ob die Folge bzw. die zugehörige Reihe konvergiert. Die Befehle sind dieselben wie in 4.1 und 7.1.

$L1 := Limit\left(\dfrac{(-I \cdot k^2)}{(1+I \cdot k)^2}, k = infinity\right):$

$L1 = value(L1)$

$$\lim_{k \to \infty} \frac{2 - \text{I}k^2}{(1+\text{I}k)^2} = \text{I}$$

$L2 := Limit\left(\sin\left(\dfrac{1}{k^3}\right) \cdot (I \cdot k + 3 \cdot k^2 - I \cdot k^3), k = infinity\right):$

$L2 = value(L2)$

$$\lim_{k \to \infty} \sin\left(\frac{1}{k^3}\right) \cdot (\text{I}k + 3k^2 - k^3) = -\text{I}$$

$x := \left(\dfrac{(1+I)}{4}\right)^k$

$$\left(\frac{(1+\text{I})}{4}\right)^k$$

$limit(x, k = infinity)$

$$\lim_{k \to \infty} \left(\frac{1}{4} + \frac{1}{4}\text{I}\right)^k$$

Maple gibt den Befehl unverändert wieder aus. Das bedeutet, dass es den Grenzwert nicht berechnen kann. Die Folge ist eine Nullfolge, was Maple auch sofort sieht, wenn man die zugehörige Betragsfolge untersucht.

$L3 := Limit(\mathrm{abs}(x), k = \mathit{infinity}) :$
$L3 = value(L3)$

$$\lim_{k\to\infty} \left| \left(\frac{1}{4} + \frac{1}{4}\mathrm{I} \right)^k \right| = 0$$

Auch der Befehl `evalc` hilft weiter.

$L4 := Limit(evalc(x), k = \mathit{infinity}) :$
$L4 = value(L4)$

$$\lim_{k\to\infty} \left(\mathrm{e}^{-\frac{3}{2}k\ln(2)} \cos\left(\frac{1}{4}k\pi \right) + \mathrm{I}\,\mathrm{e}^{-\frac{3}{2}k\ln(2)} \sin\left(\frac{1}{4}k\pi \right) \right) = 0$$

Den Wert der zugehörigen Reihe kann Maple ohne unsere Hilfe berechnen, indem es die für $x \in \mathbb{C}$, $|x| < 1$, geltende Formel $\sum_{k=0}^{\infty} x^k = 1/(1-x)$ für die geometrische Reihe benutzt (s. 7.1).

$S1 := Sum(x, k = 0..\mathit{infinity}) :$
$S1 = value(S1)$

$$\sum_{k=0}^{\infty} \left(\frac{1}{4} + \frac{1}{4}\mathrm{I} \right)^k = \frac{6}{5} + \frac{2}{5}\mathrm{I}$$

$x := {}'x{}' :$

Den folgenden Ausgaben entnehmen wir, dass für Maple die Exponentialfunktion exp, die Cosinusfunktion cos und die Sinusfunktion sin auf ganz $\mathbb{C}$ definiert sind und mit ihren Potenzeihen identifiziert werden.

$S2 := Sum\left(\dfrac{w^k}{k!}, k = 0..\mathit{infinity} \right) :$
$S2 = value(S2)$

$$\sum_{k=0}^{\infty} \frac{(a + \mathrm{I}b)^k}{k!} = \mathrm{e}^{a + \mathrm{I}b}$$

$S3 := Sum\left(\dfrac{(-1)^k \cdot t^{(2\cdot k)}}{(2 \cdot k)!}, k = 0..\mathit{infinity} \right) :$
$S3 = value(S3)$

$$\sum_{k=0}^{\infty} \frac{(-1)^k t^{2k}}{(2k)!} = \cos(t)$$

$S4 := Sum\left(\dfrac{(-1)^k \cdot t^{(2\cdot k+1)}}{(2 \cdot k + 1)!}, k = 0..\mathit{infinity} \right) :$
$S4 = value(S4)$

$$\sum_{k=0}^{\infty} \frac{(-1)^k t^{2k+1}}{(2k+1)!} = \sin(t)$$

Ferner kennt Maple die Eulersche Formel

$$e^{it} = \cos t + i \sin t, \quad t \in \mathbb{C},$$

und die daraus folgenden Identitäten, welche häufig zur Definition von Cosinus und Sinus verwendet werden.

$\exp(\mathrm{I} \cdot t) = evalc(\exp(\mathrm{I} \cdot t))$

$$\mathrm{e}^{\mathrm{I}t} = \cos(t) + \mathrm{I}\sin(t)$$

$$C := \frac{(\exp(I \cdot t) + \exp(-I \cdot t))}{2} :$$

$C = simplify(C)$

$$\frac{1}{2}e^{It} + \frac{1}{2}e^{-It} = \cos(t)$$

$$S := \frac{(\exp(I \cdot t) - \exp(-I \cdot t))}{2} :$$

$S = simplify(S)$

$$\frac{1}{2}e^{It} - \frac{1}{2}e^{-It} = I\sin(t)$$

Diese Identitäten benutzt Maple auch bei konkreten Rechnungen.

$evalc(\exp(w))$

$$e^a \cos(b) + I e^a \sin(b)$$

$\exp(z) = evalc(\exp(z))$

$$e^{3+4I} = e^2 \cos(4) + I e^3 \sin(4)$$

$evalf(\exp(z))$

$$-13.12878308 - 15.20078446I$$

Tangens und Cotangens werden als `tan` und `cot` eingegeben. Die inversen trigonometrischen Funktionen werden mit `arcsin`, `arccos`, `arctan` und `arccot` bezeichnet. Maple kennt auch die Hyperbelfunktionen Cosinus, Sinus, Tangens und Cotangens hyperbolicus sowie deren Umkehrfunktionen unter den Namen `cosh`, `sinh`, `tanh`, `coth`, `arccosh`, `arcsinh`, `arctanh` und `arccoth` (s. `?trig` und `?invtrig`). Als Beispiel zeichnen wir die Graphen von arcsin und arccos und von sinh und cosh jeweils über dem Intervall $[-1, 1]$.

$plot([\arcsin, \arccos], -1..1)$ *# Abb. 13.1 links*
$plot([\sinh, \cosh], -1..1)$ *# Abb. 13.1 rechts*

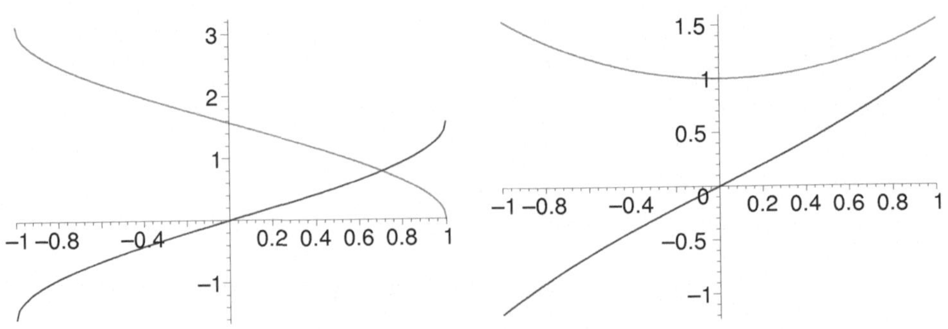

Abbildung 13.1: links: Graphen von arcsin (rot) und arccos (grün); rechts: Graphen von sinh (rot) und cosh (grün)

13.3 Manipulation trigonometrischer Funktionen

Aus der Funktionalgleichung für die Exponentialfunktion erhält man die bekannten Additionstheoreme für Cosinus und Sinus

$$\cos(x+y) = \cos(x)\cos(y) - \sin(x)\sin(y),$$
$$\sin(x+y) = \sin(x)\cos(y) + \cos(x)\sin(y),$$

während die Eulersche Formel zur trigonometrischen Form des Satzes von Pythagoras

$$\sin^2 x + \cos^2 x = 1$$

führt. Diese Identitäten kennt Maple und kann sie zur Vereinfachung trigonometrischer Ausdrücke verwenden. Dabei ist die wichtigste und schwierigste Frage die, ob ein Ausdruck gleich Null ist.

Der Befehl `simplify` ist nützlich für die Vereinfachung von trigonometrischen Ausdrücken. Gelegentlich hat man aber eigene Vorstellungen, wie ein Ausdruck umgeformt werden soll. Dann sind detailliertere Anweisungen erforderlich. Will man z. B. in einem der oben genannten Additionstheoreme den linken Ausdruck durch den rechten ersetzen, so erreicht man dies durch den Befehl `expand`. Die Umformung in umgekehrter Richtung bewirkt der Befehl `combine`$(A,$ `trig`$)$, wobei A ein trigonometrischer Ausdruck ist.

$\cos(x+y) = expand(\cos(x+y));$
$$\cos(x+y) = \cos(x)\cos(y) - \sin(x)\sin(y)$$
$\sin(x)\cdot\cos(x) = combine(\sin(x)\cdot\cos(x), trig)$
$$\sin(x)\cos(x) = \frac{1}{2}\sin(2x)$$

Zur Umformung von Summen oder Produkten von trigonometrischen Funktionen kann man sich mit dem Befehl `trigsubs` eine Liste von Vorschlägen unterbreiten lassen. In unserem Fall gibt es nur einen Vorschlag.

$trigsubs(\sin(x) + \sin(y))$
$$\left[2\sin\left(\frac{1}{2}x + \frac{1}{2}y\right)\cos\left(\frac{1}{2}x - \frac{1}{2}y\right)\right]$$
$sin(x) + sin(y) = \%[1]$
$$\sin(x) + \sin(y) = 2\sin\left(\frac{1}{2}x + \frac{1}{2}y\right)\cos\left(\frac{1}{2}x - \frac{1}{2}y\right)$$

Ausdrücke, die den Tangens enthalten, werden von `simplify` meist zu Ausdrücken in Sinus und Cosinus vereinfacht. Dies erleichtert dem Programm die Entscheidung, ob ein Ausdruck verschwindet.

$\tan(x)^2 + 1 = simplify(\tan(x)^2 + 1)$
$$\tan(x)^2 + 1 = \frac{1}{\cos(x)^2}$$

Auch kompliziertere Formeln wie die hier angegebene für den Tangens des dreifachen Wertes sind mittlerweile kein Problem mehr.

$\tan(3\cdot x) = expand(\tan(3\cdot x))$
$$\tan(3x) = \frac{3\tan(x) - \tan(x)^3}{1 - 3\tan(x)^2}$$

Aufgaben

1. Geben seien die komplexen Zahlen $a := 2 + 5i$, $b := 4 - 8i$ und $c := -3 + 9i$. Berechnen Sie ab, bc, ac und deren komplex Konjugierte. Berechnen Sie ferner a/b, b/a, a/c, c/a, b/c, c/b und deren Beträge.

2. Untersuchen Sie, welche der Folgen $(a_k)_{k \in \mathbb{N}}$ mit

$$a_k := ((4+2i)k^2 + i)\sin\left(\frac{(3+i)k}{(ki+1)^3}\right), \quad a_k := k\left(e^{(1+i)/k} - 1\right),$$

$$a_k := k^2\left(\cos\left(\pi + \frac{i}{k}\right) + 1\right), \quad a_k := i^k,$$

einen Grenzwert besitzen.

3. Untersuchen Sie die folgenden Reihen auf Konvergenz

$$\sum_{k=0}^{\infty} \frac{(1+i)^{2k}}{4^k}, \quad \sum_{k=0}^{\infty} \frac{(-(2+i))^{k+1}}{(2k)!}, \quad \sum_{k=0}^{\infty} \frac{(-i)^{2k+1}}{(2k+1)!},$$

$$\sum_{k=1}^{\infty} \frac{1}{(ik+i)^2}, \quad \sum_{k=2}^{\infty} \frac{(4+4i)^k}{(k+2)!}.$$

4. Lassen Sie die Graphen der folgenden Funktionen in einem Plot in den genannten Farben über dem Intervall $[0, 2\pi]$ ausgegeben

$$g: x \mapsto \mathrm{Re}\left(e^{e^{ix}}\right), \text{ grün}; \quad h: x \mapsto \mathrm{Im}\left(e^{e^{ix}}\right), \text{ rot}; \quad k: x \mapsto \left|e^{e^{ix}}\right|, \text{ blau}.$$

5. Leiten Sie die Identität

$$\tan(x+y) = \frac{\tan(x) + \tan(y)}{1 - \tan(x)\tan(y)}$$

aus den Additionstheoremen für Sinus und Cosinus her.

6. Leiten Sie für $\cos(4x)$ und $\sin(4x)$ diejenigen Identitäten aus der Eulerschen Formel ab, welche Maple nach Anwendung des Befehls `expand` ausgibt. Vergleichen Sie mit den Vorschlägen des Befehls `trigsubs`.

7. Leiten Sie für $x, y, z \in \mathbb{R}$ die folgenden Identitäten her

   a) $\cos(2\arctan(x)) = \dfrac{1 - x^2}{1 + x^2}$,

   b) $e^{2i\arctan(x)} = \dfrac{1 + ix}{1 - ix}$,

   c) $\sin x \sin y \sin z = \dfrac{1}{4}\Big(\sin(x+y-z) + \sin(x-y+z) + \sin(-x+y+z) - \sin(x+y+z)\Big)$.

8. Die Tschebyscheffschen Polynome T_k werden für $k \in \mathbb{N}$ definiert als

$$T_k(x) = \cos(k \arccos(x)).$$

Berechnen Sie T_k für $k = 0, \ldots, 7$, und lassen Sie deren Graphen in einem Plot über $[-1, 1]$ zeichnen. Berechnen Sie ferner die Nullstellen von $T_1, \ldots, T_6$.

9. In §12 hatten wir die Identität $(ab)^x = a^x b^x$ unter der Voraussetzung $a > 0$ und $b > 0$ gesehen. Gilt sie auch unter schwächeren Voraussetzungen? Was meint Maple zu dem Thema?

14 Polarkoordinaten, Polarplots und parametrische Plots

Ausgehend vom Begriff der Polarkoordinaten wird erklärt, wie Maple mit dem Problem der Mehrdeutigkeit komplexer Wurzeln umgeht. Es folgen Polarplots, parametrische und schließlich stückweise lineare Plots.

14.1 Polarkoordinaten

Zu jeder komplexen Zahl $w = a + ib \neq 0$ mit $a, b \in \mathbb{R}$ existiert ein eindeutig bestimmtes Paar $(r, \phi) \in \,]0, \infty[\, \times\,]-\pi, \pi]$ mit $w = r\exp(i\phi)$. Dabei ist r der Betrag und ϕ der sogenannte Phasenwinkel von w. Das Paar (r, ϕ) bezeichnet man als die Polarkoordinaten von w. In Maple werden sie mit dem Befehl `convert(w, polar)` bestimmt.

$z := 3 + 4 \cdot I$

$$3 + 4I$$

$w := a + b \cdot I$

$$a + Ib$$

$convert(z, \text{polar})$

$$\text{polar}\left(5, \arctan\left(\frac{4}{3}\right)\right)$$

$convert(w, \text{polar})$ assuming $a :: real, b :: real$

$$\text{polar}\left(\sqrt{a^2 + b^2}, \text{argument}(a + Ib)\right)$$

Den Phasenwinkel ϕ von w bestimmt man in Maple mit dem Befehl `argument(w)`. Wenn a der Realteil und b der Imaginärteil einer komplexen Zahl sind, dann ist das Argument von $a + ib$ gleich $\arctan\left(\frac{b}{a}\right) + \pi i j$ für ein $j \in \{-1, 0, 1\}$. Dies sieht man durch Vergleich der entsprechenden Graphen.

$v := \exp(I \cdot \text{phi})$

$$e^{I\phi}$$

$plot\left(\left[\text{argument}(v), \arctan\left(\frac{\text{Im}(v)}{\text{Re}(v)}\right)\right], \text{phi} = 0..2 \cdot \text{Pi}\right)$ $\quad \#\,Abb.\ 14.1$

Die Eingabe einer in Polarkoordinaten gegebenen Zahl geschieht durch

$w := \text{polar}\left(1, \frac{\text{Pi}}{6}\right)$

$$\text{polar}\left(1, \frac{1}{6}\pi\right)$$

Mit `evalc` verwandelt man sie in die Form $a + ib$.

$evalc(w)$

$$\frac{1}{2}\sqrt{3} + \frac{1}{2}I$$

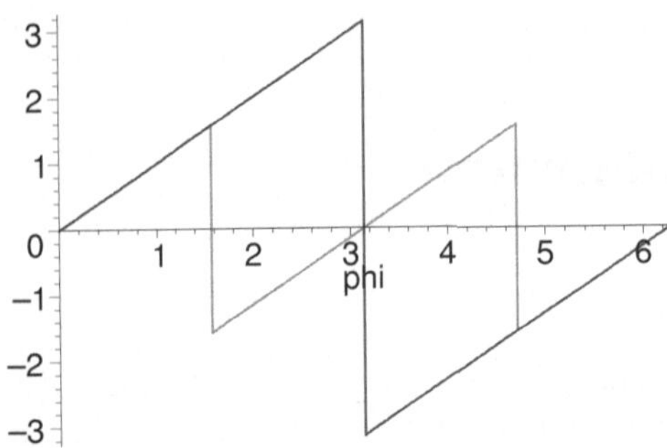

Abbildung 14.1:
argument (rot) und arctan (grün) als Funktionen des Phasenwinkels

Will man mit komplexen Zahlen in Polarkoordinatendarstellung rechnen, so muss man die Rechnung durch den Befehl `simplify` veranlassen.

$$w^4 = simplify(w^4)$$

$$\mathrm{polar}\left(1, \frac{1}{6}\pi\right)^4 = \mathrm{polar}\left(1, \frac{2}{3}\pi\right)$$

14.2 Komplexe Wurzeln

Für $n \in \mathbb{N}$ mit $n \geq 2$ und $a \in \mathbb{C} \setminus \{0\}$ hat die Gleichung $x^n = a$ genau n verschiedene Lösungen in $\mathbb{C}$, die man als die n-ten Wurzeln aus a bezeichnet. Ist nämlich $a = re^{it}$, $r > 0$, $t \in \mathbb{R}$, so zeigt man wie im Corollar zu Forster I, §14, Satz 8, dass die Zahlen

$$r^{\frac{1}{n}} e^{i\frac{t+2k\pi}{n}}, \quad k = 0, \ldots, n-1,$$

n-te Wurzeln von a sind und dass es keine weiteren gibt. Ist a reell und positiv, so ist genau eine n-te Wurzel positiv. Diese definiert man üblicherweise als *die* n-te Wurzel von a. Aus ihr erhält man alle n-ten Wurzeln von a, indem man sie mit den n-ten Einheitswurzeln

$$\zeta_k := e^{\frac{i2k\pi}{n}}, \quad k = 0, \ldots, n-1,$$

multipliziert. Dieses Verfahren kann man auch anwenden, wenn a komplex ist. Allerdings ist dann nicht klar, welche Wurzel man bevorzugen soll. Maple entscheidet in Hinblick auf die analytische Fortsetzung von Wurzelfunktionen (s. Fischer-Lieb, Kap. V) folgendermaßen: Ist $w = re^{i\phi} \in \mathbb{C}$ mit $r \geq 0$ und $-\pi < \phi \leq \pi$, so wird für $n \in \mathbb{N}$ mit $n \geq 2$ als n-te Wurzel von w die Zahl

$$w^{1/n} = r^{1/n} e^{i\phi/n}$$

ausgegeben. Maple wählt also diejenige n-te Wurzel aus, deren Phasenwinkel den kleinsten Betrag hat. Ist w reell und positiv, so erhält man die übliche positive Wurzel; ist w reell und negativ, so erhält man $w^{1/n} = r^{1/n} \exp(i\pi/n)$. Diese Zahl ist für $n \geq 2$ nie reell. Insbesondere verstehen wir nun die in 12.2 erhaltene Ausgabe $(-64)^{1/3} = 2 + 2i\sqrt{3}$. Wir betrachten einige Beispiele.

$$a := convert(-I, \text{polar})$$

$$\text{polar}\left(1, -\frac{1}{2}\pi\right)$$

$$`a^{\left(\frac{1}{2}\right)}` = simplify\left(a^{\left(\frac{1}{2}\right)}\right)$$

$$\sqrt{a} = \text{polar}\left(1, -\frac{1}{4}\pi\right)$$

$$`a^{\left(\frac{1}{2}\right)}` = evalc(rhs(\%))$$

$$\sqrt{a} = \frac{1}{2}\sqrt{2} - \frac{1}{2}I\sqrt{2}$$

$$(-I)^{\left(\frac{1}{2}\right)} = evalc\left((-I)^{\left(\frac{1}{2}\right)}\right)$$

$$\sqrt{-I} = \frac{1}{2}\sqrt{2} - \frac{1}{2}I\sqrt{2}$$

Das oben geschilderte Verfahren zur Auswahl komplexer Wurzeln bewirkt, dass für $n, m \geq 2$ und $w \in \mathbb{C}$ die Ausgaben für $(w^n)^{1/m}$ und $\left(w^{1/m}\right)^n$ verschieden sein können. Wir verdeutlichen dies am folgenden Beispiel.

$$a := I^{\left(\frac{1}{4}\right)}; b := I^3;$$

$$(-1)^{1/8}$$

$$-I$$

$$convert(a^3, \text{polar}); convert(b^{\left(\frac{1}{4}\right)}, \text{polar})$$

$$\text{polar}\left(1, \frac{3}{8}\pi\right)$$

$$\text{polar}\left(1, -\frac{1}{8}\pi\right)$$

$$a1 := evalc(a^3); b1 := evalc(b^{\left(\frac{1}{4}\right)})$$

$$\cos\left(\frac{3}{8}\pi\right) + I\sin\left(\frac{3}{8}\pi\right)$$

$$\cos\left(\frac{1}{8}\pi\right) - I\sin\left(\frac{1}{8}\pi\right)$$

$$convert(a1, \text{radical}); convert(b1, \text{radical})$$

$$\frac{1}{2}\sqrt{2 - \sqrt{2}} + \frac{1}{2}I\sqrt{2 + \sqrt{2}}$$

$$\frac{1}{2}\sqrt{2 + \sqrt{2}} - \frac{1}{2}I\sqrt{2 - \sqrt{2}}$$

Die zweite Ausgabe ist das $-i$-fache der ersten.

Ein weiteres Beispiel einer unerwarteten Ausgabe ist das folgende.

$$b := \text{sqrt}\left((\exp(x) + \exp(-x))^2\right)$$

$$\sqrt{(e^x + e^{-x})^2}$$

$$simplify(b)$$

$$\text{csgn}(e^x + e^{-x})(e^x + e^{-x})$$

Wir denken uns hier x reell. Für Maple sind Variable dagegen erst einmal komplex. Maple entscheidet daher an Hand der Funktion `csgn` (complex sign), welchen Zweig der Wurzel es wählt. Diese Funktion ist definiert als

$$\operatorname{csgn}(x) = \begin{cases} 1, & \text{falls } \operatorname{Re} x > 0 \text{ oder } (\operatorname{Re} x = 0 \text{ und } \operatorname{Im} x > 0), \\ -1, & \text{falls } \operatorname{Re} x < 0 \text{ oder } (\operatorname{Re} x = 0 \text{ und } \operatorname{Im} x < 0), \\ 0, & \text{falls } x = 0. \end{cases}$$

Folglich ist $\operatorname{csgn}(r\exp(i\phi))$ gleich 1 für $r \neq 0$ und $\phi \in \,]-\pi/2, \pi/2]$ und gleich -1 für $r \neq 0$ und $\phi \in \,]-\pi, -\pi/2] \cup \,]\pi/2, \pi]$. Für reelles x ist der Ausdruck unter dem Quadrat immer positiv, die Vereinfachung $\sqrt{x^2} = x$ in diesem Falle also berechtigt. Teilt man Maple dies mit, wird die Wurzel auch wie gewünscht gezogen.

simplify(b) *assuming* $x :: real$

$$e^x + e^{-x}$$

14.3 Polarplots und andere parametrische Plots

In 10.3 haben wir gesehen, wie man Graphen von Funktionen darstellen lassen kann. Ein verwandtes Problem besteht darin, eine in Polarkoordinaten durch $(r(t), \phi(t))$ gegebene Kurve zu zeichnen. Dazu verwendet man den Befehl `polarplot`, der im Paket `plots` steht. Wir laden das Paket

with$(plots)$:

und zeichnen mit dem folgenden Befehl ein tropfenförmiges Gebilde.

polarplot$([50 + t^4, t, t = -\text{Pi}\,..\,\text{Pi}])$ *# Abb. 14.2 links*

Die allgemeine Form des Befehls für das Zeichnen in Polarkoordinaten ist

> `polarplot(`*Liste*`, ` *Optionen*`)`

für eine einzelne Kurve und

> `polarplot([`*Liste*$_1$`, ` *Liste*$_2$`, ... , ` *Liste*$_k$`], ` *Optionen*`)`

für mehrere Kurven in einem Plot. Für die Optionen gilt das in 10.4 Gesagte. Wie beim Plot von Funktionsgraphen gibt es für die Eingabe, also hier die Liste, die Wahl zwischen der Darstellung als Ausdruck oder als Funktion. Im ersten Fall hat die Liste die Form `[`R`, ` P`, ` $t = a\,..\,b$`]`, wobei R und P Ausdrücke in t sind, von denen R den Radius und P den Winkel als Funktion von t beschreiben, und wobei a und b das Intervall begrenzen, in dem t variiert. Im zweiten Fall hat die Liste die Form `[`r`, ` p`, ` $a\,..\,b$`]`, wobei r und p Funktionen sind. Unser zweiter Beispielplot ist in der zuletzt beschriebenen Form eingegeben. Man beachte, dass die Funktion p, die den Winkel beschreibt, nicht monoton zu sein braucht.

zweiPi $:=$ *evalf*$(2 \cdot \text{Pi})$

$$6.283185308$$

polarplot$([\sin, zweiPi \cdot \cos, 0\,..\,2 \cdot \text{Pi}], numpoints = 400)$ *# Abb. 14.2 rechts*

Wenn man `2*Pi` statt `zweiPi` schreibt, so erhält man einen leeren Plot. Dies gehört zu den ungelösten Rätseln von Maple.

Der zweite Polarplot ist parametrisch, d. h. es ist nicht eine Koordinate eine Funktion der anderen, sondern beide sind Funktionen eines dritten Arguments. Genau wie man komplexe Zahlen in Polardarstellung und in der Form $a + ib$ schreiben kann, gibt es parametrische Polarplots und parametrische kartesische Plots. Letztere werden wie folgt eingegeben

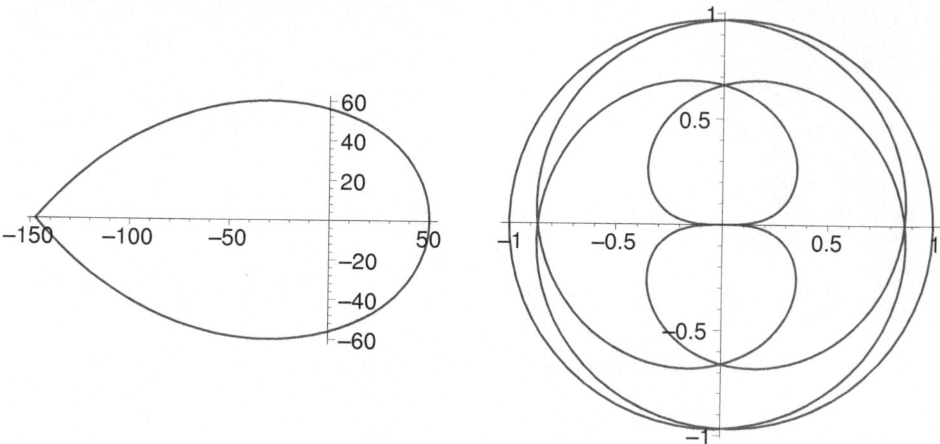

Abbildung 14.2: Zwei Polarplots

> `plot(`*Liste*`, `*Optionen*`)`
für eine einzelne Kurve und
> `plot([`*Liste*$_1$`, `*Liste*$_2$`, ... , `*Liste*$_k$`], `*Optionen*`)`
für mehrere Kurven in einem Plot. Die Optionen sind wieder dieselben wie in 10.4. Die Liste hat entweder die Form `[X, Y, `$t = a..b$`]` oder die Form `[x, y, `$a..b$`]`. Im ersten Fall werden x-Koordinate und y-Koordinate als Ausdruck in t angegeben, im zweiten als Funktion. Unser erstes Beispiel nutzt den parametrischen Plot zum Zeichnen des Graphen einer stückweise definierten Funktion, ohne dass die Funktion selbst erklärt werden muss.

$l1 := \left[x, \mathrm{sqrt}\left(1 - (x+1)^2\right), x = -2.. -1\right] :$
$l2 := \left[x, x^2, x = -1..1\right] :$
$l3 := \left[x, \mathrm{sqrt}\left(1 - (x-1)^2\right), x = 1..2\right] :$
$plot\left([l1, l2, l3], color = red\right) \ \# Abb.\ 14.3\ links$

Als zweites Beispiel zeichnen wir die Lissajous-Figuren zu den Frequenzverhältnissen $7/5$ und $3/7$.

$plot\left([[\cos(7 \cdot t), \sin(5 \cdot t), t = 0..2 \cdot \mathrm{Pi}], [\cos(3 \cdot t), \sin(7 \cdot t), t = 0..2 \cdot \mathrm{Pi}]], axes = none\right)$
$\ \# Abb.\ 14.3\ rechts$

Die allgemeine Form eines Plots ist das immer noch nicht. Die Listen dürfen nämlich auch von der Form `[[`x_1`, `y_1`], [`x_2`, `y_2`], ... , [`x_n`, `y_n`]]` sein. Dann wird der Streckenzug mit den Eckpunkten (x_j, y_j), $j = 1, \ldots, n$ gezeichnet. Wenn diese Eckpunkte nahe genug beieinander liegen, kann der Eindruck einer glatten Kurve entstehen. Wir zeichnen ein Fünfeck mit Eckpunkten in den fünften Einheitswurzeln zusammen mit seinem Umkreis. Die Option `scaling = constrained` zum Befehl `plot` sorgt dafür, dass der Kreis unabhängig von der Fensterform rund wird. Man beachte, dass parametrische Plots und Streckenzüge kombiniert werden können.

$umkreis := [\cos, \sin, 0..2 \cdot \mathrm{Pi}] :$
$w := seq\left(\left[\mathrm{Re}\left(\exp\left(\dfrac{2 \cdot k \cdot \mathrm{Pi} \cdot I}{5}\right)\right), \mathrm{Im}\left(\exp\left(\dfrac{2 \cdot k \cdot \mathrm{Pi} \cdot I}{5}\right)\right)\right], k = 0..5\right) :$
$fuenfeck := [seq(w[k], k = 1..6)] :$
$stern := seq([[0, 0], w[k]], k = 1..6) :$

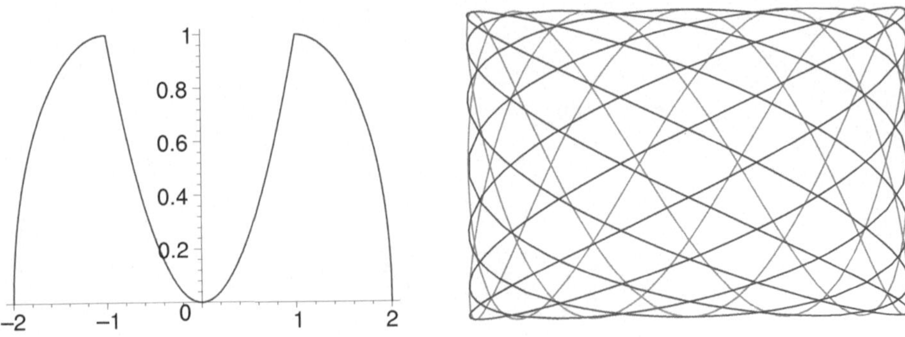

Abbildung 14.3: Zwei parametrische Plots

$$plot([umkreis, fuenfeck, stern], scaling = constrained, axes = boxed) \quad \# Abb.\ 14.4$$

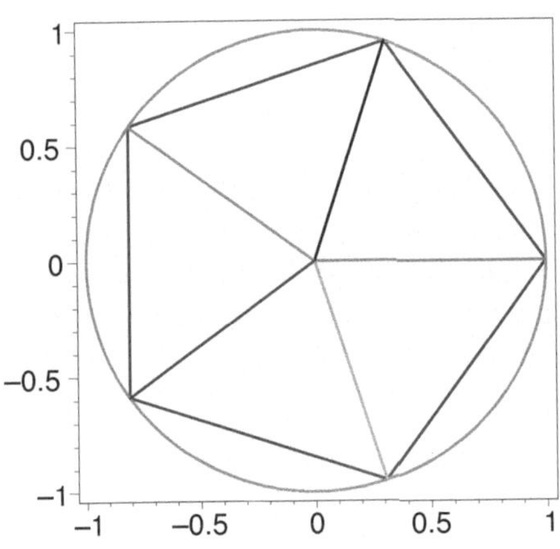

Abbildung 14.4:
Die fünften Einheitswurzeln

Mit dem zuletzt beschriebenen Verfahren ist es auch möglich, Plots zu erstellen, deren Daten aus einem Experiment oder von einem anderen Programm stammen. In diesem Fall muss man dafür sorgen, dass die Daten als Liste der beschriebenen Form in einer Datei abgelegt sind. Diese Datei liest man dann mit `read` ein, gibt der Liste z. B. mit `Daten := %` einen Namen und kann sie dann einem Plotbefehl übergeben. Über den Befehl zum Einlesen von Daten informiere man sich unter `?read`.

Aufgaben

1.   a) Berechnen Sie alle vierten Wurzeln aus $a = i$ in der Form $\alpha + i\beta$ und überprüfen Sie die Ergebnisse, indem Sie sie in die vierte Potenz erheben.

      b) Berechnen Sie für $a = 2 + 2i$ die Zahlen a^5 und $\sqrt{a^5}$. Wandeln Sie a in Polarkoordinaten um und berechnen Sie a^5 und $\sqrt{a^5}$ in Polarkoordinaten. Untersuchen Sie, ob sich die Ausgaben für $\sqrt{a^5}$ in den beiden Darstellungen unterscheiden.

2. Plotten Sie die Graphen der Funktionen $g\colon x \mapsto \mathrm{Re}(\sqrt{e^{ix}})$ und $h\colon x \mapsto \mathrm{Im}(\sqrt{e^{ix}})$ über dem Intervall $[0, 2\pi]$.

3. Verwenden Sie `polarplot`, um die Graphen der folgenden Kurven $t \mapsto r(t)\exp(i\phi(t))$ über den angegebenen Intervallen I zu plotten. Sorgen Sie dafür, dass Kreise dabei rund werden.
$r(t) = \exp(t/5)$, $\phi(t) = t$, $I = [0, 6\pi]$ (logarithmische Spirale),
$r(t) = 3t$, $\phi(t) = t$, $I = [0, 6\pi]$ (Archimedische Spirale),
$r(t) = 1/t$, $\phi(t) = t$, $I = [\pi, 10\pi]$ (Spirale ohne Namen),
$r(t) = t$, $\phi(t) = \cos t$, $I = [0, 4\pi]$; $r(t) = t$, $\phi(t) = 2\cos t$, $I = [0, 4\pi]$;
$r(t) = t\sin t$, $\phi(t) = \cos t$, $I = [2\pi, 4\pi]$; $r(t) = \sin t$, $\phi(t) = \cos 5t$, $I = [0, 2\pi]$;
$r(t) = 1 + \cos(7t)$, $\phi(t) = 9t$, $I = [0, 2\pi]$.

4. Verwenden Sie parametrische Plots, um die folgenden Aufgaben zu bearbeiten.

   a) Zeichnen Sie Bilder der folgenden Mengen:
   $$\{(x,y) \in \mathbb{R}^2 \mid x^2 + 4y^2 = 1\}, \quad \{(x,y) \in \mathbb{R}^2 \mid x = y^2, |y| \le 2\},$$
   $$\left\{(t^2, (t^2 - 4)t) \in \mathbb{R}^2 \mid -5/2 \le t \le 5/2\right\}, \quad \left\{\left(\frac{t^2-1}{t^2+1}, t\frac{t^2-1}{t^2+1}\right) \in \mathbb{R}^2 \,\middle|\, |t| \le 2\right\}.$$

   b) Ein Mond umkreist einen Planeten, welcher seinerseits um ein festes Zentrum kreist. Die Bahnen verlaufen in einer Ebene und das Verhältnis der Bahnradien von Planet und Mond ist 4:1. Zeichnen Sie die Bahn des Mondes, wenn dieser den Planeten bei einem Umlauf 11mal, 11/2-mal und $3e$-mal umkreist. Verfolgen Sie dabei wenigstens zwei Umläufe des Planeten.

   c) Der Mittelpunkt einer Kreisscheibe vom Radius 1 befindet sich zur Zeit $t = 0$ im Punkt $(0, 1) \in \mathbb{R}^2$. Die Kreisscheibe rollt auf der x-Achse in Richtung wachsender x-Werte so ab, dass sie nach der Zeit 2π gerade eine Umdrehung vollzogen hat. An der Kreisscheibe ist ein Punkt P starr befestigt. Zur Zeit $t = 0$ lauten seine Koordinaten $(0, 1 - \lambda)$, $\lambda > 0$. Zeichnen Sie die Bahnkurve, welche P durchläuft, wenn die Kreisscheibe 4 Umdrehungen macht, und zwar für $\lambda = 1$, $\lambda = 2$ und $\lambda = 1/2$.

5. Lassen Sie für $n = 5$ und $n = 10$ den Streckenzug zeichnen, den man erhält, wenn man die Punkte $(k\pi/n, \sin(k\pi/n)) \in \mathbb{R}^2$, $0 \le k \le n$, sukzessive miteinander durch Geradenstücke verbindet. Vergleichen Sie die erhaltenen Kurven in einem Plot mit dem Graphen der Sinusfunktion über $[0, \pi]$.

6. Gegeben sei eine Folge $a = a_1, \ldots, a_n$ von Messwerten. Veranschaulichen Sie diese durch ein Säulendiagramm, bei welchem über dem Intervall $[k, k+1]$ ein Rechteck der Höhe a_k errichtet wird. Zeichnen Sie dieses Diagramm für die beiden Folgen

$$a := 2, -3, 4, 6, -1, 5 \quad \text{und} \quad a := \left(\binom{12}{k}\left(\frac{4}{7}\right)^k \left(\frac{3}{7}\right)^{12-k}\right)_{k=0}^{12}.$$

7. Informieren Sie sich in der Hilfe über `plots[polygonplot]`, um zu erfahren, wie man ein Polygon mit vorgegebenen Eckpunkten zeichnet und einfärbt. Nähern Sie den Einheitskreis durch ein reguläres Polygon mit 20 bzw. 50 Ecken an (d.h. die Eckpunkte sind die entsprechenden Einheitswurzeln). Färben Sie diese Polygone in selbstgewählten Farben.

8. Benutzen Sie das in der vorigen Aufgabe Gelernte, um ein zweidimensionales Tortendiagramm zu zeichnen. Das ist ein in verschiedenfarbige Sektoren eingeteilter Kreis, bei dem die Flächen dieser Sektoren in einem vorgeschriebenen Verhältnis zueinander stehen. Als Verhältnis der Sektorflächen benutzen Sie dabei $6 : 3 : 11 : 17 : 9$. Beachten Sie, dass ein reguläres Polygon mit hinreichend großer Eckenzahl auf dem Bildschirm nicht von einem Kreis zu unterscheiden ist.

15 Differentiation

Wie die Manipulation von Polynomen ist auch die Differentiation eine fehlerträchtige Routine-
angelegenheit, bei der ein Werkzeug wie Maple dem Benutzer viel Zeit für Rechnungen und
Kontrolle ersparen kann.

Maple kann sowohl Ausdrücke als auch Funktionen differenzieren. Dazu werden zwei verschiedene Befehle benutzt. Ist A ein Ausdruck in x oder der Name eines solchen, so berechnet
man seine Ableitung nach x mit `diff(A, x)`. Ist f eine Funktion, angegeben als Funktionsname oder in Pfeilnotation, oder aus Funktionen zusammengesetzt wie in 10.2 beschrieben, so
differenziert man f durch Eingabe von `D(f)` und erhält die Ausgabe wieder als Funktion. Der
träge Operator zu `diff` ist `Diff`.

$$A1 := \mathit{Diff}\left(\frac{(x^2+1)}{x+3}, x\right):$$
$$A1 = \mathit{value}(A1)$$

$$\frac{\mathrm{d}}{\mathrm{d}x}\left(\frac{x^2+1}{x+3}\right) = \frac{2x}{x+3} - \frac{x^2+1}{(x+3)^2}$$

$$A2 := \mathit{Diff}(\ln(x + \mathit{sqrt}(x^2 - 1)), x):$$
$$A2 = \mathit{value}(A2)$$

$$\frac{\mathrm{d}}{\mathrm{d}x}\ln\left(x + \sqrt{x^2 - 1}\right) = \frac{1}{\sqrt{x^2 - 1}}$$

$$'D\,'(\mathrm{arccosh}) = D(\mathrm{arccosh})$$

$$D(\mathrm{arccosh}) = \left(z \to \frac{1}{\sqrt{z-1}\sqrt{z+1}}\right)$$

Die beiden Eingabeformen dürfen nicht vermischt werden. Man erhält entweder eine Fehlermeldung über die falsche Anzahl an Parametern oder es passiert gar nichts.

Lässt man Maple eine nicht näher spezifizierte Funktion ableiten, so ist die Antwort davon
abhängig, welche der beiden Eingabeformen gewählt wurde.

$$\mathit{diff}(g(x), x)$$

$$\frac{\mathrm{d}}{\mathrm{d}x}g(x)$$

$$D(g)$$

$$D(g)$$

Im zweiten Fall hat sich Maple an die Regel gehalten, dass unbearbeitete Ausdrücke unverändert
wieder ausgegeben werden. Im ersten Fall geschieht dies eigentlich auch, nur die Notation wird
dem in der Mathematik üblichen Gebrauch angeglichen. Die folgende Ausgabe ist ebenfalls
korrekt, weil Maple x als Funktionsnamen interpretiert, auch wenn der Benutzer möglicherweise
die Funktion $x \mapsto x^3$ differenzieren wollte.

$$D(x^3)$$

$$3\,D(x)x^2$$

Da Maple die Produkt- und die Kettenregel auch für nicht näher bestimmte Funktionen, also für Funktionsvariablen, ausführen kann, ist es möglich, Differentiationsregeln für kompliziertere Ausdrücke zu erhalten.

$A3 := \text{Diff}\left(f(x)^{g(x)}, x\right) :$

$A3 = value(A3)$

$$\frac{\mathrm{d}}{\mathrm{d}x} f(x)^{g(x)} = f(x)^{g(x)} \left(\left(\frac{\mathrm{d}}{\mathrm{d}x} g(x)\right) \ln(f(x)) + \frac{g(x)\left(\frac{\mathrm{d}}{\mathrm{d}x} f(x)\right)}{f(x)} \right)$$

$$\text{'D'}\left(\frac{f^2}{g}\right) = \mathrm{D}\left(\frac{f^2}{g}\right)$$

$$\mathrm{D}\left(\frac{f^2}{g}\right) = \frac{2\,\mathrm{D}(f)f}{g} - \frac{f^2\,\mathrm{D}(g)}{g^2}$$

Auch für höhere Ableitungen $\frac{\mathrm{d}^k}{\mathrm{d}x^k} f$ gibt es zwei Eingabeformen.

$A4 := Diff(\sin(a \cdot x), x\$3) :$

$A4 = value(A4)$

$$\frac{\partial^3}{\partial x^3} \sin(ax) = -\cos(ax)a^3$$

$$(\text{'D@@7'})(x \to x^8) = (\mathrm{D@@7})(x \to x^8)$$

$$\mathrm{D}^{(7)}(x \to x^8) = (x \to 40320x)$$

Für eine natürliche Zahl n ist $x\$n$ eine Abkürzung für $\texttt{seq}(x,\ i\ =\ 1..n)$, d. h. für die n-fache Wiederholung von x. Man erreicht eine n-fache Anwendung von $\texttt{diff}$ also dadurch, dass man auf den zu differenzierenden Ausdruck noch n-mal die Variable folgen lässt. Bei Funktionen wird dagegen durch $\texttt{D@@}n$ der Differentiationsoperator n-mal mit sich selbst verknüpft. Das Zeichen $\texttt{@@}$ war in 10.2 zuerst aufgetaucht. Bei der Ausgabe fällt auf, dass statt des an dieser Stelle eigentlich üblichen d das geschwungene ∂ verwendet wird. Dies ist die bei mehreren Veränderlichen übliche Konvention (s. §28) und liegt daran, dass Maple den Parameter a für eine zweite Variable hält.

$$f := \exp\left(-\frac{x^2}{2}\right)$$

$$\mathrm{e}^{-\frac{1}{2}x^2}$$

$$plot([seq(diff(f, [x\$n]), n = 0..3)], x = -3..3) \quad \# Abb.\ 15.1$$

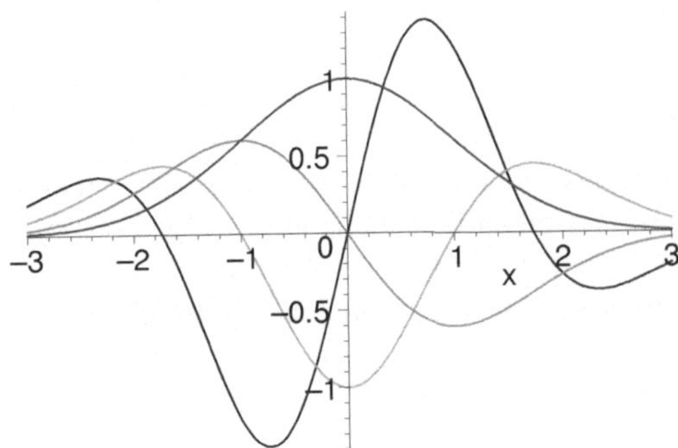

Abbildung 15.1:
Die Funktion $\exp(-x^2/2)$ und ihre ersten drei Ableitungen

Abbildung 15.1 zeigt eine Glockenkurve mit ihren ersten drei Ableitungen. Um dem Druckbefehl eine möglichst kompakte Gestalt zu geben, werden die vier benötigten Funktionen als Liste eingegeben. Dazu ist es praktisch, dass man mit `diff(`$f(x)$`, [])` die nullte Ableitung von f, also f selber, bekommen kann.

Auch die mehrfache Ableitung unbestimmter Funktionen ist möglich. Man erhält so beispielsweise die folgenden Spezialfälle der Leibnizregel für höhere Ableitungen von Produkten und der Regel des Faa di Bruno für höhere Ableitungen von Verknüpfungen.

$A5 := Diff(f(x) \cdot g(x), x\$3) :$

$A5 = value(A5)$

$$\frac{d^3}{dx^3}(f(x)g(x)) = \left(\frac{d^3}{dx^3}f(x)\right)g(x) + 3\left(\frac{d^2}{dx^2}f(x)\right)\left(\frac{d}{dx}g(x)\right)$$

$$+3\left(\frac{d}{dx}f(x)\right)\left(\frac{d^2}{dx^2}g(x)\right) + f(x)\left(\frac{d^3}{dx^3}g(x)\right)$$

$$('D@@5')(f@g) = (D@@5)(f@g)$$

$$D^{(5)}(f@g) = D^{(5)}(f)@g\,D(g)^5 + 10D^{(4)}(f)@g\,D^{(2)}(g)\,D(g)^3$$

$$+10D^{(3)}(f)@g\,D^{(3)}(g)\,D(g)^2 + 15D^{(3)}(f)@g\,D^{(2)}(g)^2\,D(g) + 5D^{(2)}(f)@g\,D^{(4)}(g)\,D(g)$$

$$+10D^{(2)}(f)@g\,D^{(3)}(g)D^{(2)}(g) + D(f)@g\,D^{(5)}(g)$$

Durch Differentiation entstehen häufig lange Ausdrücke, die zusammengefasst werden müssen. Hierzu benutzt man den Befehl `collect`, den wir schon aus 5.1 kennen. Er kann angewendet werden in der Form

`> collect(`$Ausdruck$`, [`Var_1`, ..., `Var_k`])`

Dadurch werden im übergebenen Ausdruck die durch Zusammenfassen nach der ersten Variablen entstandenen Teilausdrücke anschließend nach den anderen Variablen zusammengefasst. Die Variablen im hier gebrauchten Sinne dürfen Unbestimmte oder Funktionen von Unbestimmten sein, nicht aber Summen, Produkte oder Potenzen. Als Beispiel differenzieren wir den folgenden Ausdruck dreimal.

$a := (x^4 - 3 \cdot x^2 + 5) \cdot \exp(x^2) \cdot \sin(x)$

$$(x^4 - 3x^2 + 5)\,e^{x^2}\sin(x)$$

$b := diff(a, x\$3)$

$$24xe^{x^2}\sin(x) + 6(12x^2 - 6)xe^{x^2}\sin(x)$$

$$+3(12x^2 - 6)e^{x^2}\cos(x) + 3(4x^3 - 6x)e^{x^2}\sin(x)$$

$$+12(4x^3 - 6x)x^2e^{x^2}\sin(x) + 12(4x^3 - 6x)xe^{x^2}\cos(x)$$

$$+6(x^4 - 3x^2 + 5)xe^{x^2}\sin(x) + 5(x^4 - 3x^2 + 5)e^{x^2}\cos(x)$$

$$+8(x^4 - 3x^2 + 5)x^3e^{x^2}\sin(x) + 12(x^4 - 3x^2 + 5)x^2e^{x^2}\cos(x)$$

Lassen wir ihn nun mit `expand` ausmultiplizieren, so vereinfacht er sich bereits beträchtlich, und man sieht, dass es sich lohnt, nach $\exp(x^2)$, $\sin x$ und $\cos x$ zusammenzufassen.

$b := expand(b)$

$$34x^3e^{x^2}\sin(x) + 9e^{x^2}\cos(x)x^2 + 7e^{x^2}\cos(x) + 30x^5e^{x^2}\sin(x)$$

$$+17x^4e^{x^2}\cos(x) + 8x^7e^{x^2}\sin(x) + 12e^{x^2}\cos(x)x^6$$

$$\mathit{collect}\left(b, \left[\exp\left(x^2\right), \sin(x), \cos(x)\right]\right)$$

$$\left(\left(30x^5 + 34x^3 + 8x^7\right)\sin(x) + \left(17x^4 + 9x^2 + 7 + 12x^6\right)\cos(x)\right)\mathrm{e}^{x^2}$$

Schließlich lassen wir die Polynomfaktoren noch sortieren. Die allgemeine Form von `sort` ist genau analog zur oben angegebenen allgemeinen Form von `collect`.

$$\mathit{sort}(\%, x)$$

$$\left(\left(8x^7 + 30x^5 + 34x^3\right)\sin(x) + \left(12x^6 + 17x^4 + 9x^2 + 7\right)\cos(x)\right)\mathrm{e}^{x^2}$$

In §4 und §7 trat bei der Berechnung von Grenzwerten gelegentlich ein unbekannter Funktionsname auf. Dies bedeutet, dass der Grenzwert existiert, aber nicht durch elementare Funktionen ausgedrückt werden kann. Beim Differenzieren ist das anders. Hier können zwar auch unbekannte Funktionsnamen auftreten, da wir die Ableitungen der uns bekannten Funktionen aber im Prinzip kennen, kann dies heißen, dass die eingebene Funktion nicht differenzierbar ist. Tritt ein solcher Effekt auf, so betrachtet man am besten einen Plot und untersucht an den fraglichen Stellen, ob der Grenzwert des Differenzenquotienten existiert. Beispielsweise bezeichnet Maple die Ableitung der Betragsfunktion mit `abs(1,x)` und mit `Dirac(x)` die Ableitung der Heavisidefunktion, welche definiert ist durch

$$\mathrm{Heaviside}(x) = \begin{cases} 0, & x < 0, \\ 1, & x \geq 0. \end{cases}$$

Tatsächlich ist die Heavisidefunktion noch nicht einmal stetig. Es handelt sich dabei um verallgemeinerte Ableitungen, sogenannte Distributionen. Dieses Gebiet ist nicht Stoff der Analysis I oder II, und auch nur ganz wenige Routinen von Maple können mit Distributionsableitungen umgehen.

$$f := \mathrm{abs}(x) \cdot \mathrm{Heaviside}(1 - x^2)$$

$$|x|\,\mathrm{Heaviside}(1 - x^2)$$

$$A6 := \mathit{Diff}(f, x):$$

$$A6 = \mathit{value(A6)}$$

$$\frac{\mathrm{d}}{\mathrm{d}x}\left(|x|\,\mathrm{Heaviside}(1 - x^2)\right) = \mathrm{abs}(1, x)\,\mathrm{Heaviside}(1 - x^2) - 2|x|\,\mathrm{Dirac}(1 - x^2)x$$

Aufgaben

1. Gegeben sei die Funktion $f\colon \mathbb{R} \to \mathbb{R}$,

$$f\colon x \mapsto \arctan(x)\exp(-x^3 + 1)\ln(x^2 + 1).$$

   Berechnen Sie f' und f'' und fassen Sie anschließend Terme mit $\exp(-x^3 + 1)$, $\arctan x$ und $\ln(x^2 + 1)$ mit `collect` zusammen. Verändern Sie dabei die Reihenfolge, in welcher Sie zusammenfassen lassen. Bei f'' sollen die x-Potenzen absteigend geordnet sein. Plotten Sie f und f' über $[-0.8, 2]$.

2. Zeigen Sie, dass die Funktion $f\colon \mathbb{R} \setminus \{0\} \to \mathbb{R}$, $f(x) = x^2 \sin(1/x)$, eine auf $\mathbb{R}$ stetige Fortsetzung besitzt, und untersuchen Sie, ob die so fortgesetzte Funktion auf $\mathbb{R}$ differenzierbar ist.

3. Die Legendre-Polynome P_k, $k \in \mathbb{N}$, werden definiert als

$$P_k(x) := \frac{1}{2^k k!} \frac{d^k}{dx^k} \left((x^2 - 1)^k \right).$$

Berechnen Sie P_k für $0 \le k \le 7$ explizit und lassen Sie sich deren Graphen über $[-1, 1]$ in einem Plot zeigen. Berechnen Sie ferner die Nullstellen von $P_1, \dots, P_5$ und zeigen Sie, dass P_k für $1 \le k \le 7$ die folgende Differentialgleichung erfüllt

$$(1 - x^2)P_k''(x) - 2xP_k'(x) + k(k+1)P_k(x) = 0.$$

4. Untersuchen Sie, ob die folgenden Funktionen f in Null differenzierbar sind. Bestimmen Sie gegebenenfalls $f'(0)$ und erstellen Sie einen Plot von f und f' über dem angegebenen Intervall.

$$f : x \mapsto \cos|x|, [-4, 4], \quad f : x \mapsto \sin|x|, [-4, 4], \quad f : x \mapsto \sin\left(e^{(\cos x^2)^3}\right), [-0.7, 0.7].$$

5. Untersuchen Sie, wo die folgenden Funktionen $f : \mathbb{R} \to \mathbb{R}$ differenzierbar sind, und bestimmen Sie f', sofern existent. Plotten Sie f und f' in interessanten Bereichen zur Überprüfung der erhaltenen Ausgaben.

$$f(x) = e^{-1/x}\text{Heaviside}(x), \quad f(x) = \ln\sqrt{1 + e^x(\cos x)^2},$$

$$f(x) = 5^{\cos e^x}, \quad f(x) = (x^2)^x.$$

6. Gegeben sei die Funktion $g : \mathbb{R} \to \mathbb{R}$,

$$g(x) := (-x^4 + 4x^2 + 1)\text{Heaviside}(x) + \cos(3x)(1 - \text{Heaviside}(x)).$$

Zeigen Sie, dass g auf $\mathbb{R}$ stetig differenzierbar ist, und prüfen Sie, ob g' in Null differenzierbar oder einseitig differenzierbar ist. Zeichnen Sie die Graphen von g, g' und g'' in einem Plot.

16 Kurvendiskussion

Sei I ein Intervall in $\mathbb{R}$ und $f: I \mapsto \mathbb{R}$ eine zweimal stetig differenzierbare Funktion. Will man den Verlauf des Graphen von f aus der Funktionsvorschrift herleiten, so bestimmt man die lokalen Extremalstellen von f sowie diejenigen Teilintervalle von I, über denen f konkav bzw. konvex ist. Wie man mit den Mitteln der Differentialrechnung zeigt (vgl. Forster I, §16), erhält man alle diese Informationen, wenn man die Nullstellen von f und f' sowie die Vorzeichen von f und f' zwischen ihnen kennt. Bei den dazu nötigen Rechnungen kann einem Maple fehlerträchtige Routinearbeit abnehmen. Ist man nur an einer qualitativen Skizze interessiert, so kann man sich den Graphen von f sofort plotten lassen. In vielen Fällen wird dieser bereits das Gewünschte leisten, aber grundsätzlich ist Vorsicht geboten. Denn das Plotwerkzeug hat seine Grenzen bei der Auflösung (vgl. Aufgabe 8 zu § 10), und die exakten Werte der Extremalstellen und Wendepunkte sind dem Plot nicht zu entnehmen. Wir empfehlen daher, sowohl die klassischen Rechnungen, als auch Plots zu verwenden und beide Ausgaben kritisch miteinander zu vergleichen.

Diese Vorgehensweise wollen wir am Beispiel einer Polynomfunktion demonstrieren. Dabei sind einige Anweisungen allgemeiner gehalten als nötig, damit man mit den gleichen Befehlen auch andere Funktionen untersuchen kann. Gegeben sei die Funktion

$$f := x \to \frac{(x^5 - 6 \cdot x^4 + 11 \cdot x^3 - 2 \cdot x^2 - 12 \cdot x + 8)}{5}$$

$$x \to \frac{1}{5}x^5 - \frac{6}{5}x^4 + \frac{11}{5}x^3 - \frac{2}{5}x^2 - \frac{12}{5}x + \frac{8}{5}$$

Wir berechnen zunächst ihre erste und zweite Ableitung.

$\mathrm{D}(f)$

$$x \to x^4 - \frac{24}{5}x^3 + \frac{33}{5}x^2 - \frac{4}{5}x - \frac{12}{5}$$

$\mathrm{D}(\mathrm{D}(f))$

$$x \to 4x^3 - \frac{72}{5}x^2 + \frac{66}{5}x - \frac{4}{5}$$

Dann bestimmen wir die Nullstellen von f und f'.

$solve(f(x) = 0)$

$$1, -1, 2, 2, 2$$

$N := solve(\mathrm{D}(f)(x) = 0); evalf(N)$

$$\frac{2}{5} - \frac{1}{5}\sqrt{19}, \frac{2}{5} + \frac{1}{5}\sqrt{19}, 2, 2$$

$$-0.4717797888, 1.271779789, 2., 2.$$

Um herauszufinden, an welchen Punkten a der Nullstellenmenge von f' die Funktion f ein lokales Maximum, Minimum oder einen Sattelpunkt hat, bestimmen wir das Vorzeichen von $f''(a)$ mit dem Befehl `signum`.

for x **in** N **do**
  ' f '$(x) = expand(f(x))$, ' signum '$('$ D '$('$ D '$('f')))(x) = signum(D(D(f))(x))$
end do

$$f\left(\frac{2}{5} - \frac{1}{5}\sqrt{19}\right) = \frac{17972}{15625} + \frac{4294}{15625}\sqrt{19}, \quad signum(D(D(f)))\left(\frac{2}{5} - \frac{1}{5}\sqrt{19}\right) = -1$$

$$f\left(\frac{2}{5} + \frac{1}{5}\sqrt{19}\right) = \frac{17972}{15625} - \frac{4294}{15625}\sqrt{19}, \quad signum(D(D(f)))\left(\frac{2}{5} + \frac{1}{5}\sqrt{19}\right) = 1$$

$$f(2) = 0, \quad signum(D(D(f)))(2) = 0$$

$$f(2) = 0, \quad signum(D(D(f)))(2) = 0$$

$x := 'x' :$

Dieser Ausgabe entnehmen wir, dass f an der Stelle $(2 + \sqrt{19})/5$ ein lokales Minimum und in $(2 - \sqrt{19})/5$ ein lokales Maximum hat. An der Stelle $a = 2$ verschwindet f''. Um zu entscheiden, ob f in a eine Extremalstelle oder einen Sattelpunkt hat, bestimmen wir diejenigen Teilmengen von $\mathbb{R}$, auf denen f' positiv bzw. negativ ist. In unserem Beispiel liefert Maple eine vollständige Antwort. Wir überprüfen dies dadurch, dass wir sowohl $\{x \in \mathbb{R} \mid f'(x) \geq 0\}$ als auch $\{x \in \mathbb{R} \mid f'(x) \leq 0\}$ bestimmen lassen. So erkennen wir, ob Maple alle Nullstellen gefunden hat. Wie in §3 beschrieben, wird das Zeichen $\geq$ eingegeben als >=.

$solve(D(f)(x) \geq 0)$

$$RealRange\left(-\infty, \frac{2}{5} - \frac{1}{5}\sqrt{19}\right), RealRange\left(\frac{2}{5} + \frac{1}{5}\sqrt{19}, \infty\right)$$

$solve(D(f)(x) \leq 0)$

$$RealRange\left(\frac{2}{5} - \frac{1}{5}\sqrt{19}, \frac{2}{5} + \frac{1}{5}\sqrt{19}\right), 2$$

Also ist f im Intervall $[(2 + \sqrt{19})/5, \infty[$ monoton wachsend. Insbesondere liegt an der Stelle 2 ein Sattelpunkt vor. Um das Krümmungsverhalten von f zu bestimmen, geben wir ein

$w := solve(D(D(f))(x) = 0); evalf(w)$

$$2, \frac{4}{5} - \frac{3}{10}\sqrt{6}, \frac{4}{5} + \frac{3}{10}\sqrt{6}$$

$$2., 0.0651530771, 1.534846923$$

$solve(D(D(f))(x) \geq 0)$

$$RealRange\left(\frac{4}{5} - \frac{3}{10}\sqrt{6}, \frac{4}{5} + \frac{3}{10}\sqrt{6}\right), RealRange(2, \infty)$$

$solve(D(D(f))(x) \leq 0)$

$$RealRange\left(-\infty, \frac{4}{5} - \frac{3}{10}\sqrt{6}\right), RealRange\left(\frac{4}{5} + \frac{3}{10}\sqrt{6}, 2\right)$$

Diesen Ausgaben entnehmen wir, dass f auf den Intervallen $]-\infty, (8 - 3\sqrt{6})/10]$ und $[(8 + 3\sqrt{6})/10, 2]$ konkav und auf den Intervallen $[(8 - 3\sqrt{6})/10, (8 + 3\sqrt{6})/10]$ und $[2, \infty[$ konvex ist und dass an den Stellen in w Wendepunkte vorliegen.

Damit haben wir genügend Informationen, um den Graphen von f selbst zu skizzieren. Ein Maple-Plot zum Vergleich ist aber sicher nützlich. Wir lassen die Graphen von f, f' und f'' über einem Intervall zeichnen. Damit wir die verschiedenen Kurven richtig zuordnen können, legen wir die Farben fest. Zusätzlich versehen wir die einzelnen Kurven noch mit ihrem Namen. Dazu benutzen wir den Befehl `textplot([x, y, `*Text*`], align = {`*Höhe*`, `*Seite*`})`. Dabei sind x

und y die Koordinaten des Referenzpunktes, und *Text* ist der in Anführungszeichen eingeschlossene Text. Die Option `align` gibt die Lage des Textes zum Referenzpunkt an.

with(plots)
$p1 := plot(f, -1.5..2.5, -2.5..3, color = red) :$
$p2 := plot(\mathrm{D}(f), -1.5..2.5, -2.5..3, color = green) :$
$p3 := plot(\mathrm{D}(\mathrm{D}(f)), -1.5..2.5, -2.5..3, color = green) :$
$t1 := textplot([-0.8, f(-0.8), "f"], align = \{ABOVE, LEFT) :$
$t2 := textplot([-0.5, \mathrm{D}(f)(-0.5), "f\,'"], align = \{ABOVE, RIGHT) :$
$t3 := textplot([0.4, \mathrm{D}(\mathrm{D}(f))(0.4), "f\,'\,'"], align = \{ABOVE, LEFT) :$
$display(p1, p2, p3, t1, t2, t3) \ \# Abb.\ 16.1$

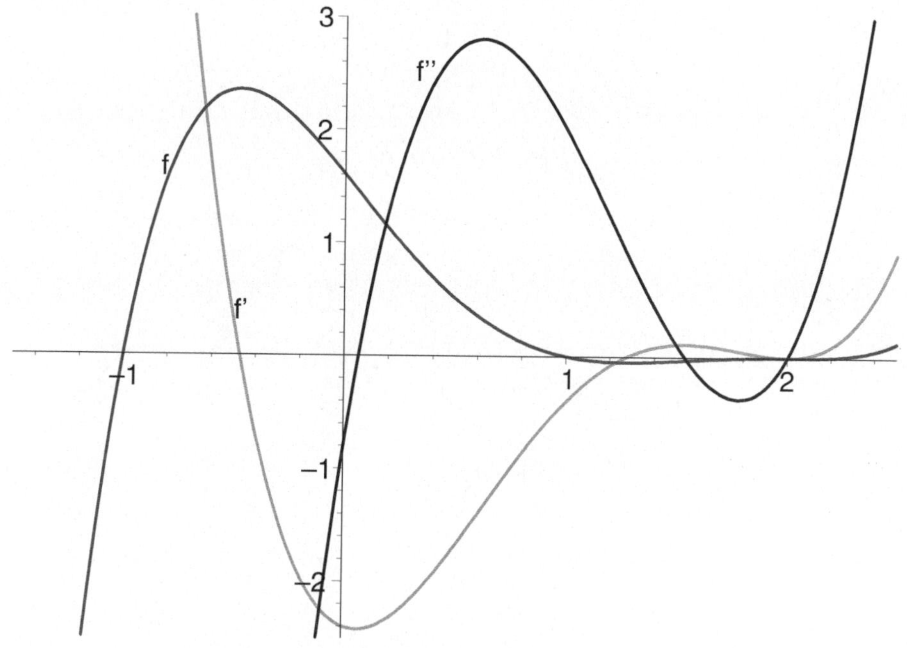

Abbildung 16.1: Graph von f und den beiden ersten Ableitungen

Aufgaben

1. Sei $f\colon \mathbb{R} \to \mathbb{R}$ definiert durch $f(x) := (-x^3 + 2x^2 + 2x)e^{-x}$. Bestimmen Sie die Nullstellen, die lokalen Maxima und Minima sowie die Wendepunkte von f. Bestimmen Sie ferner die Bereiche, über denen f konvex bzw. konkav ist, und überprüfen Sie die erhaltenen Ergebnisse, indem Sie f, f' und f'' in einem Plot verschiedenfarbig darstellen.

2. Gegeben sei die Polynomfunktion $f(x) = 3x^4 - 4x^3 - 24x^2 + 48x + 1$. Bestimmen Sie die gleichen Größen für f wie in Aufgabe 1. Lassen Sie sich nötigenfalls einige Werte mit `evalf` näherungsweise berechnen.

3. Gegeben sei die Polynomfunktion $f(x) = -x^4 + 4x^3 - 3x^2 - 4x + 4$. Bestimmen Sie für f die gleichen Größen wie in Aufgabe 1.

17 Numerische Lösung von Gleichungen

Für die numerische Lösung von Gleichungen stellt Maple dem Befehl `fsolve` zur Verfügung. Wir geben ein Beispiel zu seiner Anwendung und zeigen danach, wie man das Newtonverfahren selbst implementieren kann.

17.1 Der Befehl `fsolve`

In § 6 haben wir bereits bemerkt, dass es Aufgabenstellungen gibt, in denen der Befehl `solve` keine oder zu wenige Lösungen der gegebenen Gleichung findet. Dann ist es sinnvoll, numerische Verfahren zur Lösung einzusetzen. Maple hält dafür den Befehl `fsolve` bereit. Er wird wie folgt aufgerufen:

> `fsolve(`*Gleichung*`, `*Variable*`, `*Option*`)`

Die eingegebene Gleichung wird dann nach der Variablen gelöst. Eine Option ist nicht erforderlich, möglich sind die Angabe eines Intervalls in der Form `x = a..b`, wenn x die Variable ist, oder die Angabe von `complex`. Im ersten Fall wird die Suche auf das angegebene Intervall beschränkt, im zweiten auf ganz $\mathbb{C}$ ausgedehnt. Außer bei Polynomen findet `fsolve` höchstens eine Lösung. Sucht man noch mehr, muss man das Intervall entsprechend einschränken. Findet `fsolve` keine Lösung, so wird die Eingabe wieder ausgegeben. Dies bedeutet nicht unbedingt, dass keine existiert. Die Chancen, eine Lösung zu finden, steigen, wenn man die Suche auf ein möglichst kleines Intervall einschränkt, in dem man sie vermutet.

Man kann mit einiger Sicherheit davon ausgehen, dass dort, wo `fsolve` eine Lösung findet, auch wirklich eine ist. Dagegen ist man bei der Frage, ob alle Lösungen gefunden worden sind, auf Zusatzüberlegungen angewiesen. Meist wird man sich mit hinreichend feinen Plots begnügen. Braucht man größere Sicherheit, so kann man mit dem Mittelwertsatz Funktionswerte abschätzen. Wir demonstrieren diese Vorgehensweise an einem Beispiel.

Unsere Aufgabe soll darin bestehen, den kleinsten positiven Schnittpunkt von

$$g: x \mapsto x^2 \sin(1/x)$$

mit der Geraden $x \mapsto x/10$ zu finden.

$$g := x \to x^2 \cdot \sin\left(\frac{1}{x}\right)$$

$$x \to x^2 \sin\left(\frac{1}{x}\right)$$

$$plot\left(\left[g(x), \frac{x}{10}\right], x = 0..0.4\right) \; \# Abb. \; 17.1$$

$$solve\left(g(x) = \frac{x}{10}\right)$$

$$\frac{1}{RootOf(\_Z - 10\sin(\_Z))}$$

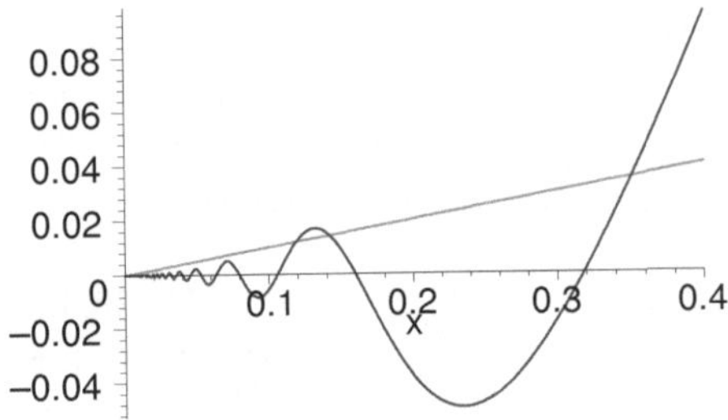

Abbildung 17.1:
$$x \mapsto x^2 \sin(1/x) \text{ und } x \mapsto x/10$$

Die von `solve` angegebene Lösung ist tautologisch. Eine Lösung, nämlich $x = 0$, lässt sich geschlossen angegeben. Da sie uns nicht interessiert, dividieren wir sie ab und suchen dann eine Nullstelle von $f\colon x \mapsto (g(x) - x/10)/x$. Dazu benutzen wir `fsolve`. Dem Graphen entnehmen wir, dass im Intervall $[0.1, 0.13]$ eine Nullstelle liegt.

$$f := unapply\left(\frac{1}{10} - normal\left(\frac{g(x)}{x}\right), x\right)$$

$$x \to \frac{1}{10} - x\sin\left(\frac{1}{x}\right)$$

$$x0 := fsolve(f(x) = 0, x, 0.1..0.13)$$

$$0.1187196710$$

Wir wollen nun zeigen, dass in $]0, x_0[$ keine weitere Nullstelle von f liegt. Dazu stellen wir zuerst fest, dass `fsolve` keine kleineren Nullstellen findet.

$$fsolve(f(x) = 0, x, 0..x0 - .0000001);$$

$$fsolve\left(\frac{1}{10} - x\sin\left(\frac{1}{x}\right) = 0, x, 0..0.1187196710\right)$$

Da Maple die Eingabe wieder ausgibt, hat es keine Lösung gefunden.

Zur Vorbereitung der Anwendung des Mittelwertsatzes berechnen wir f' und f''.

$$D(f)$$

$$x \to -\sin\left(\frac{1}{x}\right) + \frac{\cos\left(\frac{1}{x}\right)}{x}$$

$$D(D(f))$$

$$x \to \frac{\sin\left(\frac{1}{x}\right)}{x^3}$$

$$D(f)(x0)$$

$$-5.382234766$$

$$plot(f, 0..0.2) \ \# Abb. \ 17.2$$

Dann bemerken wir, dass f im Intervall $]0, 0.1[$ keine Nullstelle hat, da $\sin(x) \leq 1$ für alle $x \in \mathbb{R}$ gilt. In 0.1 hat f den Wert

$$f(0.1)$$

$$0.1544021111$$

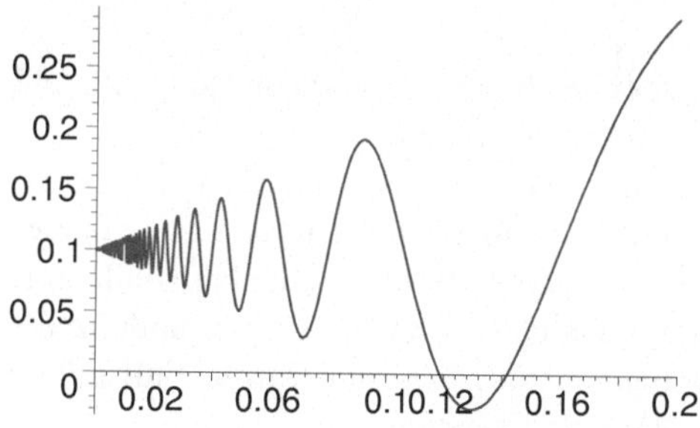

Abbildung 17.2:
$$x \mapsto 1/10 - x\sin(1/x)$$

Ist nun $y_0 > 0.1$ eine Nullstelle von f, so gibt es nach dem Mittelwertsatz ein $\xi \in \,]0.1, y_0[$, so dass

$$|f(0.1)| = |f(y_0) - f(0.1)| = |f'(\xi)|(y_0 - 0.1).$$

Beachtet man $f'(x) \le 11$ für alle $x \ge 0.1$, so folgt hieraus

$$y_0 \ge 0.1 + f(0.1)/11 =: x_1.$$

$$x1 := 0.1 + \frac{f(0.1)}{11}$$

$$0.1140365556$$

Daher liegt im Intervall $]0, x_1[$ keine Nullstelle von f. Natürlich gilt $x_1 < x_0$.

Wenn man mit diesem Verfahren fortfährt, erhält man eine Folge von unteren Abschätzungen für die kleinste positive Nullstelle von f, die sehr langsam gegen x_0 konvergiert. Wir gehen aber nicht so vor, sondern verankern statt dessen eine zweite Abschätzung in x_0. Wie wir oben gesehen haben, gilt $f'(x_0) < 0$. Daher ist f in einer Umgebung von x_0 streng monoton fallend, hat also dort keine weitere Nullstelle. Um festzustellen, wie groß diese Umgebung ist, sei y_1 die größte Nullstelle von f', welche kleiner ist als x_0. Dann gilt $f'(x_0) < 0$ für alle $x \in \,]y_1, x_0[$. Wendet man wie oben den Mittelwertsatz an, diesmal aber auf f', und beachtet dabei $|f''(x)| \le 1000$ für $x \ge 0.1$, so folgt

$$y_1 \le x_0 - |f'(x_0)|/1000 =: x_2.$$

$$x2 := x0 + \frac{\mathrm{D}(f)(x0)}{1000}$$

$$0.1133374362$$

$$is(x1 > x2)$$

$$true$$

Die beiden Intervalle, für die wir die Nullstellenfreiheit von f nachgewiesen haben, überlappen sich also. Bei weniger günstigen Umständen müssen mehr als zwei Intervalle betrachtet werden. Der Nachweis, dass eine hinreichend glatte Funktion auf einem gegebenen Intervall keine Nullstellen besitzt, ist aber im Prinzip möglich.

17.2 Das Newtonverfahren

Wir programmieren das Newtonverfahren zur Lösung der Gleichung $f(x) = 0$ von Hand, obwohl Maple sehr leistungsfähige Routinen zur Nullstellenberechnung enthält.

Das Newtonverfahren konvergiert unter gewissen Konvexitätsvoraussetzungen. Wir verwenden die Version aus Kaballo 35.5 und 35.6. Die Funktion f ist dabei von der Klasse C^2 auf einer offenen Obermenge des Intervalls $I := [a,b]$, und weder f' noch f'' besitzen eine Nullstelle in I. Dann ist das Vorzeichen von f''/f' konstant in I. Ist dies negativ, so setzt man $x_0 = a$, andernfalls $x_0 = b$. Falls die Vorzeichen von $f(a)$ und $f(b)$ verschieden sind, so besitzt f eine Nullstelle y in I, und die im folgenden rekursiv definierte Folge konvergiert gegen y

$$x_{n+1} = x_n - \frac{f(x_n)}{f'(x_n)}.$$

An Abbildung 17.2 lesen wir Werte für a und b ab.

> $a := 0.11$
>
> $\qquad\qquad\qquad\qquad 0.11$
>
> $b := 0.125$
>
> $\qquad\qquad\qquad\qquad 0.125$
>
> $plot([5000 \cdot f, 50 \cdot \mathrm{D}(f), \mathrm{D}(\mathrm{D}(f))], a..b)\ \#\,Abb.\ 17.3$

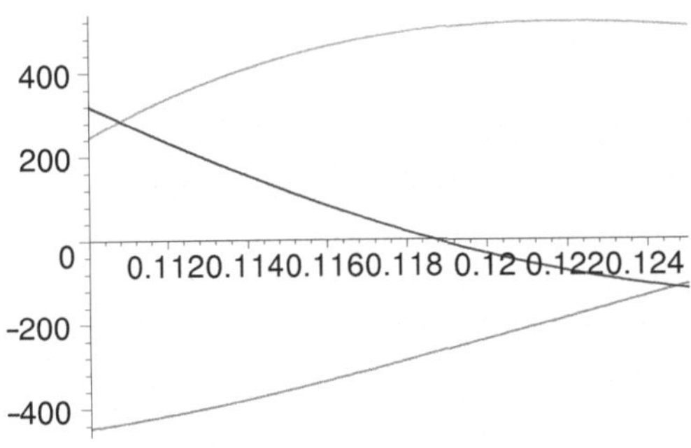

Abbildung 17.3:
Graphen von $5000f$ (rot), $50f'$ (grün) und f'' (gelb) zum Vorzeichenvergleich

Abbildung 17.3 zeigt, dass die Voraussetzungen an die Vorzeichen von f'' und f' erfüllt sind; dabei verwenden wir unterschiedliche Faktoren, um vergleichbare Ausschläge zu erhalten. Wir überprüfen die Voraussetzungen auch noch durch den Befehl is für die Boolesche Auswertung.

> $is(\mathrm{D}(f)(x) < -1)$ assuming $x :: RealRange(a,b)$
>
> $\qquad\qquad\qquad\qquad true$
>
> $is(\mathrm{D}(\mathrm{D}(f))(x) > 0)$ assuming $x :: RealRange(a,b)$
>
> $\qquad\qquad\qquad\qquad true$

Die Stärke des Newtonverfahrens besteht darin, dass es mit wenigen Schritten zu sehr genauen Ergebnissen kommt. Wir erhöhen daher die Rechengenauigkeit, bevor wir das Newtonverfahren mittels einer Schleife implementieren.

> $Digits := 40 :$
>
> $x := a$
>
> $\qquad\qquad\qquad\qquad 0.11$

for k **from** 1 **by** 1 **to** 7 **do**
$$x := x - \frac{f(x)}{\mathrm{D}(f)(x)}$$
end do

$$0.11717232446504259214813015938529530988807$$
$$0.11862410368773103827536203415044285348812$$
$$0.11871924826957024043733648654530540322301$$
$$0.11871967103726046990181717540338783122984$$
$$0.11871967104561876585745593594151043632133$$
$$0.11871967104561876586072295840457076304844$$
$$0.11871967104561876586072295840457076304899$$

$f(x)$

$$-2.10^{-40}$$

Der Funktionswert an der zuletzt berechneten Stelle x stimmt also im Rahmen der Rechengenauigkeit mit Null überein. Zum Vergleich berechnen wir die Lösung noch einmal mit `fsolve`.
$$x := 'x'$$

$$x$$

$$fsolve(f(x) = 0, x, 0.11..0.12)$$
$$0.11871967104561876586072295840457076304899$$

Aufgaben

1. Sei $f: \mathbb{R} \to \mathbb{R}$ definiert durch $f(x) := e^x + x^5 + x^2 + x - 2$. Zeigen Sie, dass f eine Bijektion ist. Definieren Sie die Umkehrfunktion von f mit Hilfe von `fsolve` und plotten Sie f, f^{-1} und id in einem Plot über $[-2, 2]$ mit Wertebereich [-2,2] und der Option `scaling = constrained`.

2. Gegeben sei die Polynomfunktion $f(x) = x^5 - x - 1/5$. Bestimmen Sie mit `Digits = 40` die Nullstellen von f mit Hilfe des Newtonverfahrens, sowie mit dem Befehl `fsolve`. Zur Bestimmung der Startwerte für das Newtonverfahren orientieren Sie sich an einem Plot von f.

3. Bestimmen Sie mit Hilfe des Newtonverfahrens je eine Nullstelle von $f: x \mapsto \tan(x) - x$ in den Intervallen $]\pi, 3\pi/2[$ und $]3\pi/2, 5\pi/2[$ bei `Digits = 40`. Zur Wahl der Startwerte orientieren Sie sich an einem Plot. Was passiert, wenn Sie nun noch einmal mit Werten starten, die um etwa 0.3 von den gefundenen Lösungen abweichen? Welche Werte liefert `fsolve`?

4. Gegeben sei die Funktion

$$f: \mathbb{R} \to \mathbb{R}, \quad f(x) = \frac{x - \sin(x)}{x} - \frac{1}{1000}.$$

Betrachten Sie einen Plot des Graphen von f über $[-20, 20]$ und suchen Sie zwei Nullstellen mit `fsolve` bei `Digits = 40`. Wenden Sie dann das Newtonverfahren an mit den Startwerten $x_0 = 0.1$, $x_0 = 4.5$ und $x_0 = 5$. Berechnen Sie wenigstens 19 Näherungen.

5. Bestimmen Sie numerisch möglichst viele Nullstellen der Gleichung

$$(x^2 - 3)x - e^x + 4 = 0.$$

6. Die Funktion $f\colon [-1,5] \to \mathbb{R}$ sei definiert durch $f(x) := x^2 \sin(3x) e^{-x}$. Versuchen Sie, für f die Nullstellen, die lokalen Maxima und Minima sowie die Wendepunkte zu bestimmen. Da der Befehl `solve` in diesem Fall nicht ausreicht, um die auftretenden Gleichungen zu lösen, ist es zweckmäßig, `fsolve` zusammen mit eigenen Überlegungen einzusetzen und die erhaltenen Ergebnisse an Hand von Plots auf Konsistenz zu prüfen.

7. Wenden Sie das Newtonverfahren an auf die Gleichung $x^2 - 2 = 0$ und den Startwert 2 (ohne Dezimalpunkt), um rationale Approximationen von $\sqrt{2}$ zu erhalten.

18 Das Riemannsche Integral

18.1 Integration mittels Riemannscher Summen

Ist $f\colon [a,b] \to \mathbb{R}$ eine Riemann-integrierbare Funktion, so kann man nach Forster I, §18, Satz 9, ihr Integral über $[a,b]$ als Grenzwert geeigneter Riemannscher Summen

$$\sum_{k=0}^{n-1} f(\xi_k)(x_{k+1} - x_k)$$

erhalten. Dabei ist $a = x_0 < x_1 < \cdots < x_n = b$ eine hinreichend feine Unterteilung des Intervalls $[a,b]$ und $\xi_k \in [x_k, x_{k+1}]$. Am Beispiel der Exponentialfunktion zeigen wir, dass man diese elementare Integrationsmethode mit Maple ausführen und veranschaulichen kann. Dazu fixieren wir $a > 0$ und unterteilen $[0,a]$ in n gleich große Intervalle, d. h. wir setzen $x_k = ak/n$, $k = 0,\ldots,n$. Ferner wählen wir $\xi_k = x_k$. Dann ergibt sich für die zugehörige Riemannsche Summe

$$S := Sum\left(\frac{a \cdot \exp\left(\frac{k \cdot a}{n}\right)}{n}, k = 0..n-1\right):$$
$$S = value(S)$$

$$\sum_{k=0}^{n-1} \frac{ae^{\frac{ka}{n}}}{n} = \frac{ae^a}{\left(e^{\frac{a}{n}} - 1\right)n} - \frac{a}{\left(e^{\frac{a}{n}} - 1\right)n}$$

Ihr Grenzwert für $n \to \infty$ berechnet sich als

$$L := Limit(S, n = infinity):$$
$$L = value(L)$$

$$\lim_{n \to \infty} \sum_{k=0}^{n-1} \frac{ae^{\frac{ka}{n}}}{n} = e^a - 1$$

Damit haben wir gezeigt

$$\int_0^a e^x dx = e^a - 1 \quad \text{für } a > 0.$$

Für $a = 1$ und $n = 20$ wollen wir uns die zugehörige Riemannsche Summe als Flächeninhalt einer Vereinigung von Rechtecken veranschaulichen. Dies kann man mit dem Befehl `RiemannSum` erreichen. Da er in dem Unterpaket `Calculus1` des Pakets `Student` steht, müssen wir dieses erst laden.

$$with(Student[Calculus1]):$$

$$RiemannSum(\exp(x), x = 0..1, output = plot, method = left, partition = 20) \quad \# Abb.\ 18.1\ links$$

Der Befehl `RiemannSum` hat also wenigstens zwei Argumente, von denen das erste ein Ausdruck und das zweite ein Intervall ist. Die Anzahl der Unterteilungspunkte wird mit der Option `partition` angegeben. Die Option `method` kann die Werte `left`, `right` oder `midpoint` annehmen, je nachdem, wo die Zwischenpunkte für die Funktionsauswertung gewählt werden sollen. Die Hilfe zeigt noch viele weitere Einstellmöglichkeiten.

Wenn man will, kann man sich die Rechtecke durch das Plotten eines Polygonzugs auf folgende Weise selbst herstellen. Als Endpunkte der Unterteilung wählen wir:

$$b := 0, \frac{1}{10}, \frac{1}{5}, \frac{1}{4}, \frac{3}{8}, \frac{1}{2}, \frac{5}{9}, \frac{2}{3}, \frac{7}{9}, \frac{5}{6}, \frac{11}{12}, 1:$$

Der Punkt, an dem wir die Funktion auswerten, soll sein Intervall im Verhältnis zwei zu eins teilen.

$$c := seq\left(\exp\left(\frac{b[k]}{3} + \frac{2 \cdot b[k+1]}{3}\right), k = 1..11\right):$$

Dann zeichnen wir eine Liste von Polygonzügen aus vier Kanten, die je eines der zu zeichnenden Rechtecke umranden.

$$liste := seq([[b[k], 0], [b[k], c[k]], [b[k+1], c[k]], [b[k+1], 0], [b[k], 0], [b[k], 0]], k = 1..11):$$

$$p1 := plot([liste]):$$

$$p2 := plot(\exp, 0..1):$$

$$with(plots) : display(\{p1, p2\}) \quad \# Abb. \; 18.1 \; rechts$$

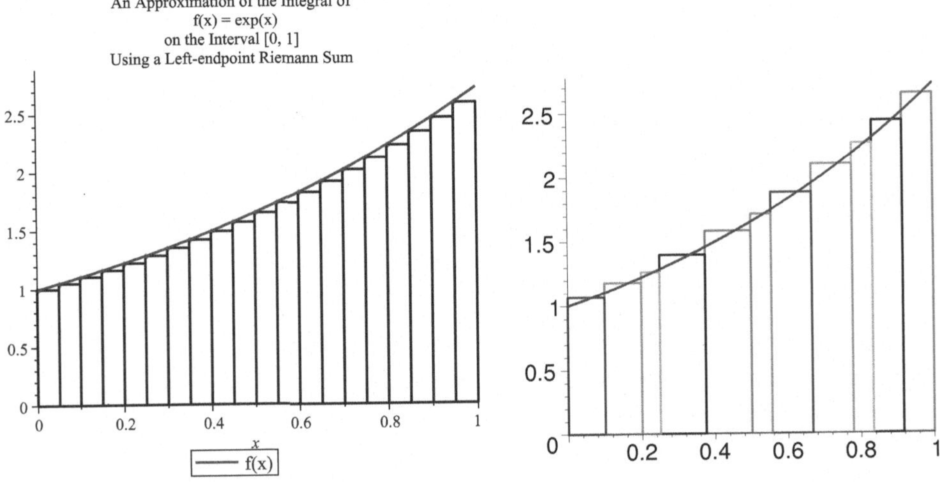

Abbildung 18.1: Zwei Riemannsche Summen zur Exponentialfunktion

18.2 Bestimmte Integrale

Nachdem wir in 18.1 Riemann-Integrale ganz elementar behandelt haben, wollen wir nun erklären, wie man bestimmte Integrale mit Maple berechnen kann. Sei dazu $f: [a, b] \to \mathbb{R}$ wiederum eine Riemann-integrierbare Funktion. Um ihr Integral über dem Intervall $[a, b]$ zu erhalten, wählt man eine der beiden folgenden Eingabemöglichkeiten:

```
> int(f(x), x = a..b)
> int(f, a..b)
```

Dabei ist $f(x)$ ein Ausdruck in x oder der Name eines solchen, und f ist ein unausgewerteter Funktionsname. Als Ausgabe erhält man den Wert des Integrals, falls Maple ihn bestimmen kann. Ansonsten wird die Eingabe zurückgegeben. In den folgenden Beispielen verwenden wir den trägen Operator Int, um die Lesbarkeit der Ausgabe zu erhöhen. Bei der zweiten Eingabeform wird dieses Ziel nicht ganz erreicht.

$I1 := Int(\exp, 0..a)$:
$I1 = value(I1)$

$$Int(\exp, 0..a) = e^a - 1$$

$I2 := Int\left(sqrt\left(1 - x^2\right), x = -1..1\right)$:
$I2 = value(I2)$

$$\int_{-1}^{1} \sqrt{1 - x^2}\,dx = \frac{1}{2}\pi$$

$I3 := Int(x^n, x = 1..a)$:
$I3 = value(I3)$

$$\int_{1}^{a} x^n\,dx = \int_{1}^{a} x^n\,dx$$

Das Integral $\int_1^a x^n dx$ wird unverändert wieder ausgegeben. Der Grund liegt im Mangel an Informationen. Maple ist auf Aufforderung bereit, diese fehlenden Informationen anzufordern. Dazu muss `infolevel[hints] := 2` gesetzt werden. Allerdings kommt einem dann der Cache-Mechanismus in die Quere. Die Hinweise werden nämlich nur ausgegeben, wenn ein Problem zum allerersten Mal angefasst wird, und auch nur, wenn der `int`-Befehl direkt benutzt wird. Wir löschen daher den kompletten Verlaufsspeicher mit `restart`.

restart

infolevel[*hints*] := 2

$$2$$

$int(x^n, x = 1..a)$

```
Warning, unable to determine if 0 is between 1 and a; try to use
assumptions or use the AllSolutions option
```

$$\int_{1}^{a} x^n\,dx$$

$I3 := Int(x^n, x = 1..a)$:
$I3 = value(I3)$ assuming $a > 0$

$$\int_{1}^{a} x^n\,dx = \frac{-1 + a^{n+1}}{n+1}$$

Mit geeigneten Annahmen gelingt die Integration also. Allerdings ist die Antwort für $n = -1$ weder richtig noch sinnvoll. Setzt man aber $n = -1$, so gibt Maple die korrekte Antwort.

$I4 := Int(x^{-1}, x = 1..a)$:
$I4 = value(I4)$ assuming $a > 0$

$$\int_{1}^{a} \frac{1}{x}\,dx = \ln(a)$$

Diese Antwort zeigt zugleich, dass die Integration gebrochen rationaler Funktionen aus dieser Funktionsklasse herausführt. Ganz allgemein muss man bei der Integration mit dem Auftreten neuer Funktionen rechnen. Maple kennt eine ganze Reihe spezieller Funktionen und kann mit ihnen auch umgehen. Erhält man eine solche Ausgabe, so kann man mit dem Befehl `evalf` die numerische Auswertung veranlassen, sich über die auftretenden Funktionen in der Hilfe informieren oder sie in einem Plot betrachten. Auch der in 22.2 vorgestellte Befehl `series` ist häufig nützlich. Die folgenden beiden Beispiele zeigen, dass man bereits bei sehr einfachen Integralen den Bereich der elementaren Funktionen verlässt.

$$I5 := Int\left(\frac{\sin(x)}{x}, x = 0..\text{Pi}\right):$$
$$I5 = value(I5)$$

$$\int_0^\pi \frac{\sin(x)}{x}\,dx = \text{Si}(\pi)$$

$$evalf(rhs(\%))$$
$$1.851937052$$

$$plot\left(\left[\frac{\sin(x)}{x}, \text{Si}(x)\right], x = -8..8\right) \quad \# Abb.\ 18.2\ links$$

Dabei ist `Si` die als Integralsinus bezeichnete Funktion. Sie ist auf $\mathbb{R}$ definiert durch

$$\text{Si}(x) := \int_0^x \frac{\sin t}{t}\,dt.$$

Unser zweites Beispiel ist das sogenannte Fehlerintegral, welches in Maple mit `erf` (error function) bezeichnet wird. Es ist definiert als

$$\text{erf}(x) := \frac{2}{\sqrt{\pi}} \int_0^x \exp(-t^2)\,dt.$$

$$I6 := Int(exp(-x^2), x = 0..1):$$
$$I6 = value(I6)$$

$$\int_0^1 e^{-x^2}\,dx = \frac{1}{2}\,\text{erf}(1)\sqrt{\pi}$$

$$evalf(rhs(\%))$$
$$0.7468241330$$

$$plot\left(\left[\exp\left(-x^2\right), \frac{\text{sqrt(Pi)} \cdot \text{erf}(x)}{2}\right], x = -2..2\right) \quad \# Abb.\ 18.2\ rechts$$

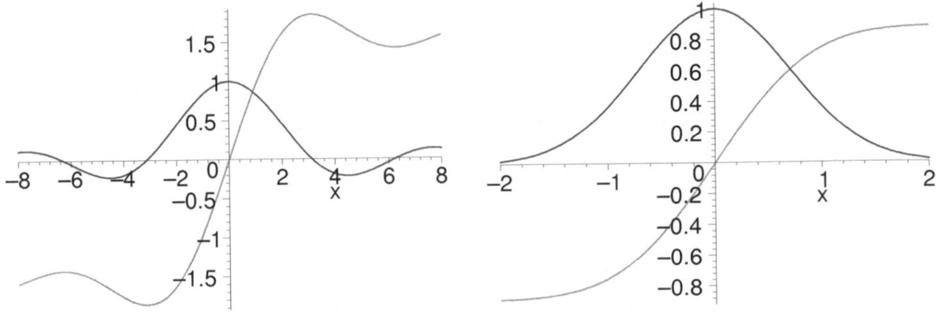

Abbildung 18.2: Integralsinus `Si` und Fehlerintegral `erf`, jeweils in grün

Gibt Maple ein Integral unausgewertet zurück, so kann man seine numerische Behandlung durch den Befehl `evalf` anfordern. Dann sollte man allerdings die träge Form `Int` verwenden, weil sonst eine möglicherweise lange Zeitspanne für die erfolglose symbolische Berechnung des Integrals verwendet wird.

$g := x \to \ln(1 + \sin(x)^2 + \exp(x))$

$$g := x \to \ln(1 + \sin(x)^2 + \exp(x))$$

$evalf(Int(g(x), x = 0..\mathrm{Pi}), 20)$

$$5.9877815289922464378$$

Funktionen, die mittels einer Fallunterscheidung beschrieben werden, definiert man am besten durch `piecewise`. Dann können sie ebenfalls integriert werden. Die Darstellung des trägen Operators ist allerdings etwas ungewöhnlich.

$h := piecewise(x < 0, 0, x \geq 0, 1 + x^2)$

$$\begin{cases} 0 & x < 0 \\ 1 + x^2 & 0 \leq x \end{cases}$$

$I7 := Int(h, x = -1..1) :$
$I7 = value(I7)$

$$\int_{-1}^{1} \begin{cases} 0 & x < 0 \\ 1 + x^2 & 0 \leq x \end{cases} dx = \frac{4}{3}$$

Aufgaben

1. Berechnen Sie $\int_0^{\pi/2} \sin x\, dx$ mit Hilfe äquidistanter Riemannscher Summen. Lassen Sie sich für 20 Teilintervalle die zugehörigen Rechtecke plotten, wobei Sie die linken Eckpunkte als Zwischenpunkte wählen.

2. Berechnen Sie für $a > 1$ das Integral $\int_1^a \frac{1}{x}\, dx$ mit Hilfe von Riemannschen Summen. Verwenden Sie dazu die Teilintervalle mit den Eckpunkten $a^{k/n}$, $0 \leq k \leq n$, $n \geq 1$. Plotten Sie für $n = 20$ und $a = 4$ die zugehörigen Rechtecke und den Graphen von f in einem Plot.

3. Berechnen Sie die folgenden Integrale

$$\int_0^4 \frac{|x - 2|(x^2 + x - 6)}{x^2 - 4x + 4}\, dx, \quad \int_0^\pi |\sin^2(x)\cos(x)|\, dx,$$

$$\int_0^4 \left| x\left(1 - \frac{x}{2}\right) \right| dx, \quad \int_0^2 \sqrt{x\left(1 - \frac{x}{2}\right)}\, dx.$$

4. Berechnen Sie (eventuell auch numerisch) die folgenden Integrale

$$\int_1^3 \frac{e^x}{x}\, dx, \quad \int_1^2 \frac{e^{-x}}{x^4}\, dx, \quad \int_{-1}^1 \frac{\sinh(x)}{x}\, dx, \quad \int_\pi^{2\pi} \frac{\cos x}{x^4}\, dx, \quad \int_0^1 x\exp(x^2)\, dx.$$

5. Berechnen Sie numerisch die folgenden Integrale

$$\int_0^1 \sin\left(1 - \exp(x^2)\right) dx, \quad \int_{-1}^1 e^{x\sin(2x-1)} dx, \quad \int_0^1 \ln\left(x^2 + 2 + \cos(x)^4\right) dx.$$

19 Integration und Differentiation

19.1 Unbestimmte Integrale

Aus dem Fundamentalsatz der Differential- und Integralrechnung ergibt sich, dass die Berechnung bestimmter Integrale einer Riemann-integrierbaren Funktion $f\colon I \to \mathbb{R}$ ganz einfach ist, wenn f eine Stammfunktion F besitzt und man diese explizit kennt. Die Bestimmung einer Stammfunktion von f ist allerdings nicht immer eine leichte Aufgabe, zumal dabei Funktionen auftreten können, die in der Problemstellung nicht vorkommen. Da Maple viele Funktionen und Rechenregeln einprogrammiert hat, ist es beim Aufsuchen von Stammfunktionen eine große Hilfe.

Ist $f\colon I \to \mathbb{R}$ integrierbar, so beauftragt man Maple mit dem Befehl

```
> int(f(x), x)
```

damit, eine Stammfunktion von f zu suchen. Statt $f(x)$ darf man einen beliebigen Ausdruck in x oder den Namen eines solchen eingeben. Als Ausgabe erhält man entweder eine Stammfunktion oder die Eingabe zurück. Letzteres heißt, dass Maple die Stammfunktion nicht bestimmen konnte. Um besser lesbare Ausgaben zu erhalten, verwenden wir den trägen Operator `Int`. Eine andere Anwendung für `Int` stellen wir in 19.2 vor. Die folgenden, einfachen Beispiele demonstrieren den Einsatz von Maple als Formelsammlung.

$I1 := Int(\mathrm{sqrt}(1+x),x) :$
$I1 = value(I1)$

$$\int \sqrt{1+x}\,\mathrm{d}x = \frac{2}{3}(1+x)^{3/2}$$

$I2 := Int\left(\dfrac{1}{1+x^2},x\right) :$
$I2 = value(I2)$

$$\int \frac{1}{1+x^2}\,\mathrm{d}x = \arctan(x)$$

$I3 := Int(\cos(x),x) :$
$I3 = value(I3)$

$$\int \cos(x)\,\mathrm{d}x = \sin(x)$$

Will man überprüfen, ob die ausgegebene Stammfunktion korrekt ist, so lässt man sie differenzieren. Besonders bei der Integration trigonometrischer Funktionen muss die Ableitung der Stammfunktion häufig erst umgeformt werden, bis sichtbar wird, dass sie mit der Ausgangsfunktion übereinstimmt.

$I4 := Int((1+x^2) \cdot \cos(x) \cdot \exp(x),x) :$
$I4 = value(I4)$

$$\int (1+x^2)\cos(x)\,\mathrm{e}^x\,\mathrm{d}x = \frac{1}{2}x^2\,\mathrm{e}^x\cos(x) - \left(-1 - \frac{1}{2}x^2 + x\right)\mathrm{e}^x\sin(x)$$

diff(rhs(%),x)

$$x\cos(x)\,\mathrm{e}^x + \frac{1}{2}x^2\,\mathrm{e}^x\cos(x) - \frac{1}{2}x^2\,\mathrm{e}^x\sin(x) - (-x+1)\,\mathrm{e}^x\sin(x)$$

$$- \left(-1 - \frac{1}{2}x^2 + x\right)\mathrm{e}^x\sin(x) - \left(-1 - \frac{1}{2}x^2 + x\right)\mathrm{e}^x\cos(x)$$

collect(expand(%), [exp(x), cos(x)])

$$\left(1 + x^2\right)\cos(x)\,\mathrm{e}^x$$

Leider bietet die Überprüfung der Ableitung des von Maple ausgegebenen unbestimmten Intergrals keine Gewähr für die Richtigkeit, wie das folgende Beispiel zeigt.

$$f := \frac{\sin(x)^2}{2 + \cos(x)}$$

$$\frac{\sin(x)^2}{2 + \cos(x)}$$

$$F := int(f,x)$$

$$-\frac{2\tan\left(\frac{1}{2}x\right)}{\tan\left(\frac{1}{2}x\right)^2 + 1} - 2\sqrt{3}\,\arctan\left(\frac{1}{3}\tan\left(\frac{1}{2}x\right)\sqrt{3}\right) + 2x$$

Wir machen die Probe durch Ableiten.

simplify(diff(F,x))

$$\frac{\sin(x)^2}{2 + \cos(x)}$$

So weit sieht alles gut aus. Einen Hinweis darauf, dass etwas nicht stimmt, gibt beispielsweise die Berechnung des bestimmten Integrals $\int_0^{2\pi} f(x)\,dx$ mittels der behaupteten Stammfunktion F.

simplify(subs(x = 2 · Pi, F) − subs(x = 0, F))

$$4\pi$$

Das kann nicht sein, denn der Integrand ist höchstens 1 und das Integrationsintervall hat die Länge 2π. Wenn man direkt nach dem bestimmten Integral fragt, vermeidet Maple diesen Fehler auch.

int(f, x = 0..2 · Pi)

$$4\pi - 2\sqrt{3}\pi$$

Der Graph von F zeigt sehr schön, dass F unstetig ist. Auf $]0, 2\pi[\setminus \{\pi\}$ ist F in der Tat eine Stammfunktion von f, aber im Punkt π ist F unstetig, also nicht differenzierbar und damit keine Stammfunktion.

plot([f, F], x = 0..2 · π, discont = true) # Abb. 19.1

Das nächste Beispiel zeigt, dass die ausgegebene Stammfunktion nicht immer die aus Formelsammlungen gewohnte Gestalt hat.

$$I5 := Int\left(\frac{1}{x}, x\right) :$$
$$I5 = value(I5)$$

$$\int \frac{1}{x}\,\mathrm{d}x = \ln(x)$$

Die üblicherweise für $x \mapsto 1/x$ verwendete Stammfunktion $x \mapsto \ln|x|$ erscheint deswegen nicht, weil Maple den Logarithmus als Funktion von komplexen Zahlen behandelt (s. Fischer-Lieb,

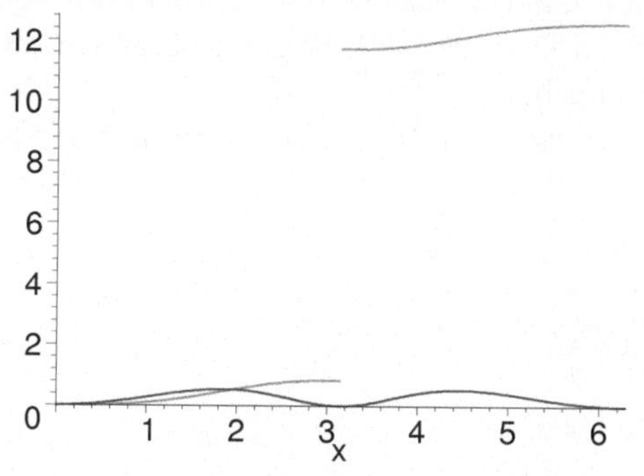

Abbildung 19.1:
Eine Funktion (rot) zusammen mit ihrer angeblichen Stammfunktion (grün)

Kap. V). Dadurch ist die angegebene Stammfunktion auf der negativen reellen Achse nicht mehr reell. Allerdings unterscheidet sie sich dort von $\ln|x|$ nur durch die additive Konstante $i\pi$, die sich bei der Berechnung bestimmter Integrale heraushebt.

$$\ln(-\exp(1)) = evalc(\ln(-\exp(1)))$$

$$\ln(-e) = 1 + I\pi$$

$$I6 := Int\left(\frac{1}{x}, x = -4.. -1\right) :$$

$$I6 = value(I6)$$

$$\int_{-4}^{-1} \frac{1}{x}\,dx = -2\ln(2)$$

Problematischer als das gerade geschilderte Beispiel ist die Ausgabe komplexer Stammfunktionen für Wurzelfunktionen. In 14.2 haben wir geschildert, wie Maple Wurzeln aus komplexen Zahlen berechnet. Hieraus folgt insbesondere, dass für $\alpha \notin \mathbb{Z}$ und $x \in\ ]-\infty, 0[$ die als x^α ausgegebene komplexe Zahl nie reell ist. Das folgende Integral $I8$ ist daher in der Tat komplex.

$$I7 := Int\left(x^{\left(\frac{3}{5}\right)}, x\right) :$$

$$I7 = value(I7)$$

$$\int x^{3/5}\,dx = \frac{5}{8}x^{8/5}$$

$$I8 := Int\left(x^{\left(\frac{3}{5}\right)}, x = -3.. -2\right) :$$

$$I8 = value(I8)$$

$$\int_{-1}^{0} x^{3/5}\,dx = (-1)^{3/5}3^{3/5}\,\text{hypergeom}\left(\left[-\frac{3}{5}, 1\right], [2], \frac{1}{3}\right)$$

$$simplify(rhs(\%))$$

$$-\frac{5}{24}(-1)^{3/5}3^{3/5}\left(2\,2^{3/5}3^{2/5} - 9\right)$$

$$convert(evalc(\%), radical)$$

$$\frac{5}{24}\left(\frac{1}{4}\sqrt{5} - \frac{1}{4}\right)3^{3/5}\left(2\,2^{3/5}3^{2/5} - 9\right) - \frac{5}{96}I\sqrt{2}\sqrt{5 + \sqrt{5}}\,3^{3/5}\left(2\,2^{3/5}3^{2/5} - 9\right)$$

Hypergeometrische Reihen sind Reihen mit gewissen Bildungsgesetzen, welche in der Form von Tupeln von Parametern angegeben werden. Ihr Auftreten an dieser Stelle ist etwas überraschend. Glücklicherweise verschwinden sie hier bei der Vereinfachung.

Will man das komplexe Ergebnis vermeiden, so benutzt man den Befehl surd, den wir in 12.2 eingeführt haben.

$I9 := Int(\mathrm{surd}(x^3,5),x)$:

$I9 = value(I9)$

$$\int \sqrt[5]{x^3}\,\mathrm{d}x = \frac{5}{8}x\,\sqrt[5]{x^3}$$

$I10 := Int(\mathrm{surd}(x^3,5),x=-3..-2)$:

$I10 = value(I10)$

$$\int_{-3}^{-2} \sqrt[5]{x^3}\,\mathrm{d}x = -\frac{15}{8}3^{3/5} + \frac{5}{4}2^{3/5}$$

Die Berechnung in Polarkoordinaten zeigt, dass $I8$ sich von diesem Ergebnis nur um einen Phasenwinkel unterscheidet. Die letzte Vereinfachung dabei leistet der Befehl evala, der für die algebraische Vereinfachung von Wurzelausdrücken zuständig ist.

$\mathrm{polar}(simplify(value(I8)))$

$$\mathrm{polar}\left(\frac{5}{24}3^{3/5}\left(-2\,2^{3/5}3^{2/5}+9\right),\frac{3}{5}\pi\right)$$

$evala(\%)$

$$\mathrm{polar}\left(-\frac{5}{4}2^{3/5}+\frac{15}{8}3^{3/5},\frac{3}{5}\pi\right)$$

In den folgenden Beispielen testen wir die Reaktion von Maple auf Funktionen, welche nicht elementar integrierbar sind. In 21.2 werden wir darauf eingehen, wie man in diesen Fällen mit Hilfe von Potenzreihenentwicklungen zu Stammfunktionen kommen kann.

$I11 := Int\left(\dfrac{\exp(-x)}{x^2},x\right)$:

$I11 = value(I11)$

$$\int \frac{\mathrm{e}^{-x}}{x^2}\,\mathrm{d}x = -\frac{\mathrm{e}^{-x}}{x} + \mathrm{Ei}(1,x)$$

$I12 := Int\left(\dfrac{2\cdot\ln(x)}{1-x^2},x\right)$:

$I12 = value(I12)$

$$\int \frac{2\cdot\ln(x)}{1-x^2}\,\mathrm{d}x = \mathrm{dilog}(x) + \mathrm{dilog}(1+x) + \ln(x)\ln(1+x)$$

$normal(diff(rhs(\%),x),expanded)$

$$-\frac{2\ln(x)}{-1+x^2}$$

Über das Exponentialintegral Ei und den Dilogarithmus dilog kann man sich in der Hilfe näher informieren. Wir geben hier nur an, wie sie definiert sind.

$$\mathrm{Ei}(n,x) = \int_1^{\infty} \frac{\exp(-xt)}{t^n}\,dt,\, x>0, \quad \mathrm{dilog}(x) = \int_1^x \frac{\ln t}{1-t}\,dt,\, x>0.$$

19.2 Integration durch Substitution

In manchen Situationen will man nicht nur eine Stammfunktion finden, sondern auch den Weg dahin dokumentieren oder, wenn es keine explizite Stammfunktion gibt, das Integral in eine besser approximierbare Form bringen. Dabei spielen Integration durch Substitution und partielle Integration eine wichtige Rolle. Wir behandeln hier die erstgenannte Methode und gehen im nächsten Abschnitt auf die zweite ein. Für die Integration durch Substitution hält Maple im Paket `IntegrationTools` den Befehl `Change` (change variables) bereit. Er benötigt zwei Argumente, und zwar als erstes das Integral, in welchem substituiert wird, und als zweites die Substitutionsgleichung. Falls das Integral außer der Integrationsvariablen auch noch Parameter enthält, muss die neue Integrationsvariable als drittes Argument angegeben werden. Die Substitutionsgleichung braucht nicht nach der neuen Integrationsvariablen aufgelöst zu sein. Wir erläutern die Anwendung von `Change` am Beispiel der Funktion $f : x \mapsto \sin(\ln(x))/x$ und der Substitution $u(x) = \ln(x)$. Wir laden zunächst das Paket `IntegrationTools` und geben dann der gesuchten Stammfunktion mit Hilfe des trägen Operators `Int` einen Namen.

$with(IntegrationTools):$

$$h := Int\left(\frac{\sin(\ln(x))}{x}, x\right)$$

$$\int \frac{\sin(\ln(x))}{x}\,dx$$

Der Befehl

$$Change(h, \ln(x) = u)$$

$$\int \sin(u)u$$

veranlasst Maple dazu, die Substitutionsregel mit der angegebenen Substitution $\ln(x) = u$ anzuwenden. Durch den Befehl `value` erreichen wir dann die Ausführung des trägen Operators `Int`. Die gesuchte Stammfunktion erhalten wir, indem wir die Substitution rückgängig machen. Zur Kontrolle differenzieren wir das Ergebnis.

$$value(\%)$$

$$-\cos(u)$$

$$h = subs(u = \ln(x), \%)$$

$$\int \frac{\sin(\ln(x))}{x}\,dx = -\cos(\ln(x))$$

$$diff(rhs(\%), x)$$

$$\frac{\sin(\ln(x))}{x}$$

Das folgende Beispiel zeigt, dass man mit dem Befehl `Change` analog auch bestimmte Integrale berechnen kann, da er die Integrationsgrenzen mittransformiert.

$$g := Int(\sin(x) \cdot \cos(x)^2, x = 0..\mathrm{Pi})$$

$$\int_0^\pi \sin(x)\cos(x)^2\,dx$$

$$Change(g, \cos(x) = u)$$

$$\int_{-1}^1 u^2\,du$$

$g = value(\%)$

$$\int_0^\pi \sin(x)\cos(x)^2 \mathrm{d}x = \frac{2}{3}$$

Wir schließen diesen Abschnitt mit einem etwas komplizierteren Beispiel.

$$h := Int\left(\frac{1}{(1-x^2)^{(\frac{3}{2})}}, x\right):$$

Bei Integralen, die $1 - x^2$ enthalten, versucht man gern eine trigonometrische Substitution. Es bieten sich an $x = \sin(u)$ oder $x = \cos(u)$. Vom Standpunkt der Mathematik aus sind beide gleichwertig. Wir entscheiden uns für die Substitution $x = \sin u$. Da die entsprechende Gleichung später noch einmal verwendet werden soll, speichern wir sie.

$glg := x = \sin(u)$

$$x = \sin(u)$$

$Change(h, glg)$

$$\int \frac{\cos(u)}{(1 - \sin(u)^2)^{3/2}} \mathrm{d}u$$

Wenn wir jetzt `simplify` anwenden, taucht `csgn(cos(u))` auf, da das Vorzeichen von $\cos(u)$ nicht bekannt ist. Wir legen es als positiv fest.

$simplify(\%)$ assuming $\cos(u) \geq 0$

$$\int \frac{1}{\cos(u)^2} \mathrm{d}u$$

Dieses Integral ist ein Grundintegral.

$value(\%)$

$$\frac{\sin(u)}{\cos(u)}$$

Nun lösen wir die Substitutionsgleichung nach x auf. Das war in den bisherigen Beispielen nicht nötig. Anschließend substituieren wir zurück, vereinfachen und differenzieren zur Probe.

$solve(glg, u)$

$$\arcsin(x)$$

$subs(u = \%, \%\%)$

$$\frac{\sin(\arcsin(x))}{\cos(\arcsin(x))}$$

$h = simplify(\%)$

$$\int \frac{1}{(1-x^2)^{3/2}} \mathrm{d}x = \frac{x}{\sqrt{1-x^2}}$$

$normal(diff(rhs(\%), x))$

$$\frac{1}{(1-x^2)^{3/2}}$$

19.3 Partielle Integration

Maple beherrscht auch die partielle Integration. Der zugehörige Befehl steht ebenfalls im Paket `IntegrationTools` und heißt `Parts` (integration by parts). Er benötigt zwei Argumente, und zwar als erstes ein bestimmtes oder unbestimmtes Integral und als zweites denjenigen Faktor des Integranden, welcher bei der partiellen Integration differenziert werden soll. Wir wollen den Befehl zuerst symbolisch anwenden, um für $x \mapsto u(x)v'(x)$ eine Stammfunktion zu finden. Dazu geben wir dieser zunächst einen Namen.

$g := Int(u(x) \cdot D(v)(x), x)$

$$\int u(x)\, D(v)(x)\mathrm{d}x$$

und fordern dann — wie oben beschrieben — die partielle Integration an. Dabei soll die Funktion u differenziert werden.

$g = Parts(g, u(x))$

$$\int u(x)\, D(v)(x)\mathrm{d}x = v(x)u(x) - \left(\int v(x) \left(\frac{\mathrm{d}}{\mathrm{d}x}u(x) \right) \mathrm{d}x \right)$$

Als nächstes wenden wir dieses Verfahren auf die Funktion $x \mapsto x\ln(x)$ an. Dabei lassen wir die Ausgabe von `Parts` noch mit `value` bearbeiten, um die Integration vollständig durchzuführen. Anschließend überprüfen wir das Ergebnis durch Differentiation.

$g := Int(x \cdot \ln(x), x)$

$$\int x\ln(x)\mathrm{d}x$$

$g = Parts(g, \ln(x))$

$$\int x\ln(x)\mathrm{d}x = \frac{1}{2}\ln(x)x^2 - \left(\int \frac{1}{2}x\,\mathrm{d}x \right)$$

$g = value(rhs(\%))$

$$\int x\ln(x)\mathrm{d}x = \frac{1}{2}\ln(x)x^2 - \frac{1}{4}x^2$$

$Diff(rhs(\%), x) = diff(rhs(\%), x)$

$$\frac{\mathrm{d}}{\mathrm{d}x}\left(\frac{1}{2}\ln(x)x^2 - \frac{1}{4}x^2 \right) = x\ln(x)$$

Mit dem Befehl `Parts` kann man analog auch bestimmte Integrale berechnen. Wir demonstrieren dies an folgendem Beispiel.

$h := Int(x \cdot \sin(x), x = 0..\mathrm{Pi})$

$$\int_0^\pi x\sin(x)\mathrm{d}x$$

$h = Parts(h, x)$

$$\int_0^\pi x\sin(x)\mathrm{d}x = \pi - \left(\int_0^\pi (-\cos(x))\mathrm{d}x \right)$$

$h = value(rhs(\%))$

$$\int_0^\pi x\sin(x)\mathrm{d}x = \pi$$

Bei der Anwendung der partiellen Integration kann es vorkommen, dass man die gesuchte Stammfunktion nicht direkt erhält, sondern erst aus einer Identität isolieren muss. Wir erläutern dieses Vorgehen an der Funktion $x \mapsto \exp(2x)\cos(x)$.

$$h := Int(\exp(2 \cdot x) \cdot \cos(x), x)$$

$$\int e^{2x} \cos(x)\,dx$$

$$h = Parts(h, \exp(2 \cdot x))$$

$$\int e^{2x} \cos(x)\,dx = \sin(x)\,e^{2x}\,2 - \left(\int 2\sin(x)\,e^{2x}\,dx \right)$$

Wir können nun `Parts` auf die rechte Seite anwenden. Summanden, die keine Integrale sind, werden dabei nicht verändert.

$$h = Parts(rhs(\%), \exp(2 \cdot x))$$

$$\int e^{2x} \cos(x)\,dx = \sin(x)\,e^{2x} + 2\,e^{2x}\cos(x) + \int \left(-4\,e^{2x}\cos(x) \right)\,dx$$

Diese Gleichung enthält die gesuchte Stammfunktion, allerdings auf beiden Seiten. Wir isolieren sie nun, indem wir auf beiden Seiten $4h$ addieren und dann durch 5 teilen. Anschließend differenzieren wir das Ergebnis noch zur Probe. Wir nutzen aus, dass man in Maple zwei Gleichungen addieren, sowie eine Gleichung mit einem Skalar multiplizieren kann.

$$simplify(\% + (4 \cdot h = 4 \cdot h))$$

$$5 \left(\int e^{2x}\cos(x)\,dx \right) = e^{2x}(\sin(x) + 2\cos(x))$$

$$\frac{\%}{5}$$

$$\int e^{2x}\cos(x)\,dx = \frac{1}{5}\,e^{2x}(\sin(x) + 2\cos(x))$$

$$Diff(rhs(\%), x) = simplify(diff(rhs(\%), x))$$

$$\frac{d}{dx}\left(\frac{1}{5}\,e^{2x}(\sin(x) + 2\cos(x)) \right) = e^{2x}\cos(x)$$

19.4 Partialbruchzerlegung

Ist r eine gebrochen rationale Funktion in x, so kann man relativ leicht eine Stammfunktion von r bestimmen, wenn man eine Partialbruchzerlegung für r kennt. Mit der Berechnung einer solchen Darstellung kann man Maple beauftragen, und zwar mit dem Befehl

```
> convert(r, parfrac, x)
```

Wir illustrieren die Anwendung dieses Befehls an der folgenden gebrochen rationalen Funktion

$$r := \frac{(2 \cdot x^4 - 6 \cdot x^3 + 3 \cdot x^2 + 6 \cdot x - 2)}{x^5 - 3 \cdot x^4 + 3 \cdot x^3 - x^2}$$

$$\frac{2x^4 - 6x^3 + 3x^2 + 6x - 2}{x^5 - 3x^4 + 3x^3 - x^2}$$

$$r = convert(r, parfrac, x)$$

$$\frac{2x^4 - 6x^3 + 3x^2 + 6x - 2}{x^5 - 3x^4 + 3x^3 - x^2} = -\frac{4}{(x-1)^2} + \frac{2}{x-1} + \frac{3}{(x-1)^3} + \frac{2}{x}$$

Lassen wir nun eine Stammfunktion von r berechnen,

$I13 := Int(r,x):$
$I13 = value(I13)$

$$\int \frac{2x^4 - 6x^3 + 3x^2 + 6x - 2}{x^5 - 3x^4 + 3x^3 - x^2}\, dx = 2\ln(x-1) - \frac{3}{2(x-1)^2} + \frac{4}{x-1} - \frac{2}{x}$$

so könnte man meinen, Maple habe genau die Partialbruchzerlegung unbestimmt integriert. Dies ist aber im allgemeinen nicht so, wie das Beispiel $r(x) = 1/(1+x^4)$ belegt. Hier kann Maple die zugehörige Partialbruchzerlegung nicht berechnen, wohl aber eine Stammfunktion.

$$\frac{1}{1+x^4} = convert\left(\frac{1}{1+x^4}, parfrac, x\right)$$

$$\frac{1}{1+x^4} = \frac{1}{1+x^4}$$

$I14 := Int\left(\dfrac{1}{1+x^4}, x\right):$
$I14 = value(I14)$

$$\int \frac{1}{1+x^4}\, dx = \frac{1}{8}\sqrt{2}\ln\left(\frac{x^2 + \sqrt{2}x + 1}{x^2 - \sqrt{2}x + 1}\right) + \frac{1}{4}\sqrt{2}\arctan(\sqrt{2}x + 1) + \frac{1}{4}\sqrt{2}\arctan(\sqrt{2}x - 1)$$

$normal(diff(rhs(\%),x), expanded)$

$$\frac{1}{1+x^4}$$

Der Befehl `convert(r, parfrac, x)` erzeugt nur dann die Partialbruchzerlegung von r, wenn die Nullstellen des Nenners rational sind oder der Nenner bereits als Produkt eingegeben wird. Stammfunktionen von r werden aber auch in komplizierteren Situationen bestimmt, wie wir nun zeigen wollen. Selbst wenn die Stammfunktion für unseren Geschmack etwas kompliziert aussieht, so kann Maple doch damit rechnen.

$$s := \frac{(4\cdot x^3 - 9\cdot x^2)}{x^4 - 3\cdot x^3 - 2\cdot x^2 - 2}$$

$$\frac{4x^3 - 9x^2}{x^4 - 3x^3 - 2x^2 - 2}$$

$s = convert(s, parfrac, x)$

$$\frac{4x^3 - 9x^2}{x^4 - 3x^3 - 2x^2 - 2} = \frac{13}{9(1+x)} + \frac{1}{9}\frac{23x^2 - 52x + 26}{x^3 - 4x^2 + 2x - 2}$$

$I15 := Int(s,x):$
$I15 = value(I15)$

$$\int \frac{4x^3 - 9x^2}{x^4 - 3x^3 - 2x^2 - 2}\, dx =$$

$$\frac{13}{9}\ln(1+x) + \frac{1}{9}\sum_{\_R=RootOf(\_Z^3 - 4\_Z^2 + 2\_Z - 2)} \frac{(23\_R^2 - 52\_R + 26)\ln(x - \_R)}{3\_R^2 - 8\_R + 2}$$

$normal(diff(rhs(\%),x), expanded)$

$$\frac{4x^3 - 9x^2}{x^4 - 3x^3 - 2x^2 - 2}$$

Aufgaben

1. Bestimmen Sie für die folgenden Funktionen eine Stammfunktion

$$\frac{1}{x^2+4x+3}, \quad \frac{1}{x^2+4x+4}, \quad \frac{1}{x^2+4x+5}, \quad \frac{1}{(x^2+4x+5)^2}, \quad \frac{1}{(x^2+4x+5)^3},$$

$$\sqrt{1+x}, \quad x\exp(2x^2-4), \quad \frac{3x^2+1}{x^2}, \quad \tan(x), \quad \left(\frac{1}{\cos x}\right)^2, \quad \frac{1}{\sqrt{x^2-1}}.$$

2. Verwenden Sie Integration durch Substitution, um Stammfunktionen für

$$\frac{\exp(\arctan(x))}{1+x^2}, \quad \frac{x^{1/3}}{1+x^{2/3}}, \quad \left(\frac{1}{\sin x \cos x}\right)^2$$

   zu berechnen.

3. Benutzen Sie partielle Integration, um Stammfunktionen für

$$x^2\cos(x), \quad \ln(x), \quad x\arctan(x), \quad x\ln(x)\sin(x)$$

   zu bestimmen, und überprüfen Sie die erhaltenen Ergebnisse.

4. Sei $r\colon \mathbb{R}\setminus\{-1,1\} \to \mathbb{R}$ definiert als $r(x):=1/(1-x^2)$. Bestimmen Sie die Partialbruchzerlegung von r und berechnen Sie für diese eine Stammfunktion. Lassen Sie dann von Maple eine Stammfunktion von r ausgeben. Vergleichen Sie diese beiden, indem Sie ihre Werte in den Punkten -2, 0 und 2 berechnen.

5. Berechnen Sie für die folgenden gebrochen rationalen Funktionen

$$\frac{x^4+4x^2-x+1}{x^3-x^2+x-1}, \quad \frac{x^2+4x-3}{x^3-x^2+2}$$

   die Partialbruchzerlegung und eine Stammfunktion. Überprüfen Sie die Ergebnisse.

6. Bestimmen Sie die Nullstellen des Polynoms $r:=1+x^4$ und verwenden Sie diese, um r als Produkt zweier reell quadratischer Polynome darzustellen. Berechnen Sie für diese Darstellung eine Partialbruchzerlegung von $1/r$ und deren Stammfunktion. Vergleichen Sie diese mit der von Maple direkt für $1/r$ bestimmten Stammfunktion.

7. Berechen Sie eine Stammfunktion für $\sqrt{x}/(1+\sqrt{x})$ mittels Integration durch Substitution und direkt. Überprüfen Sie die Korrektheit der Ausgaben und vergleichen Sie die beiden Stammfunktionen, indem Sie ihre Werte im Punkt 2 berechnen.

8. Bestimmen Sie mit Integration durch Substitution bzw. mit partieller Integration Stammfunktionen für $(1+\tan(x))/\sin(2x)$ und $\ln(x+1)/x^2$. Überprüfen Sie die Egebnisse.

9. Berechnen Sie für $\sqrt{x}/(x-1)^{3/2}$ eine Stammfunktion mittels partieller Integration und direkt. Überprüfen Sie die Ergebnisse. Stimmen die beiden Stammfunktionen überein?

10. Bestimmen Sie das reelle Integral $\int_{-1}^{0} x^{2/3}dx$. Eine Möglichkeit besteht in der Verwendung von `surd`. Es geht aber auch ohne.

11. Berechnen Sie `value(I15)` wie oben, und drücken Sie das Ergebnis durch Wurzelfunktionen aus, indem Sie `convert(A, radical)` verwenden.

12. Informieren Sie sich in der Hilfe über `convert/fullparfrac` und `convert/parfrac`. Berechnen Sie zuerst die volle Partialbruchzerlegung von $\frac{1}{1+x^4}$. Daraus kann man ablesen, welche Wurzeln außer I zu $\mathbb{Q}$ hinzugefügt werden müssen, um die Partialbruchzerlegung zu ermöglichen. Fügen Sie diese reellen Wurzeln hinzu, um eine Zerlegung mit reellen, quadratischen Nennern zu bekommen.

20 Uneigentliche Integrale. Die Gammafunktion

20.1 Uneigentliche Integrale

Bekanntlich spricht man von uneigentlichen Integralen, wenn der Integrationsbereich oder der Integrand nicht beschränkt sind. In beiden Fällen werden sie als Grenzwerte Riemannscher Integrale definiert, sofern diese existieren. Da Maple beide Operationen beherrscht, kann man mit seiner Hilfe auch uneigentliche Integrale behandeln. Man fordert sie auf die gleiche Weise an wie Riemannsche Integrale:

```
> int(f(x), x = a..b)
```

Hierbei ist $f(x)$ ein Ausdruck in x, und a und b bezeichnen die Integrationsgrenzen. Im Gegensatz zum Riemannschen Integral sind nun auch $a = -\infty$ und $b = \infty$ zulässig. Außerdem ist es nicht erforderlich, dass der Ausdruck $f(x)$ in allen Punkten des Intervalls $]a,b[$ definiert ist. Kann Maple das uneigentliche Integral berechnen, so erhält man als Ausgabe seinen Wert, welcher auch ∞ oder $-\infty$ sein kann. Ist Maple der Meinung, dass das Integral nicht existiert, so wird *undefined* ausgegeben. Wie üblich erhält man die Eingabe zurück, wenn Maple gar nichts mit dem Integral anfangen kann. Der träge Operator `Int` sorgt wie gewohnt für besser lesbare Ausgaben.

In den folgenden Beispielen lassen wir zusätzlich die entsprechenden Stammfunktionen ausrechnen. Diese ermöglichen in vielen Fällen eine unmittelbare Kontrolle.

$I1 := Int(x \cdot \exp(-x), x) : I1 = value(I1)$

$$\int x\mathrm{e}^{-x}\,\mathrm{d}x = -(1+x)\,\mathrm{e}^{-x}$$

$I2 := Int(x \cdot \exp(-x), x = 0..infinity) : I2 = value(I2)$

$$\int_{0}^{\infty} x\mathrm{e}^{-x}\,\mathrm{d}x = 1$$

$I3 := Int\left(\dfrac{1}{x \cdot \ln(x)^2}, x\right) : I3 = value(I3)$

$$\int \frac{1}{x\ln(x)^2}\,\mathrm{d}x = -\frac{1}{\ln(x)}$$

$I4 := Int\left(\dfrac{1}{x \cdot \ln(x)^2}, x = 2..infinity\right) : I4 = value(I4)$

$$\int_{2}^{\infty} \frac{1}{x\ln(x)^2}\,\mathrm{d}x = \frac{1}{\ln(2)}$$

$I5 := Int\left(\dfrac{1}{x \cdot \ln(x)}, x\right) : I5 = value(I5)$

$$\int \frac{1}{x\ln(x)}\,\mathrm{d}x = \ln(\ln(x))$$

$$I6 := Int\left(\frac{1}{x \cdot \ln(x)}, x = 2..\,infinity\right) : I6 = value(I6)$$

$$\int_{2}^{\infty} \frac{1}{x\ln(x)}\,dx = \infty$$

$$I7 := Int(\cos(x), x = 0..\,infinity) : I7 = value(I7)$$

$$\int_{0}^{\infty} \cos(x)dx = undefined$$

Das folgende Beispiel zeigt, dass es uneigentliche Integrale gibt, die Maple berechnen kann, obwohl es die zugehörige Stammfunktion nicht kennt. Wenn man einem derartigen Ergebnis misstraut, lässt man das Integral numerisch auf die in 18.2 angegebene Art berechnen und vergleicht beide Ausgaben.

$$I8 := Int\left(\frac{\ln(x)^2}{(1+x)^2}, x\right) : I8 = value(I8)$$

$$\int \frac{\ln(x)^2}{(1+x)^2}\,dx = \int \frac{\ln(x)^2}{(1+x)^2}\,dx$$

$$I9 := Int\left(\frac{\ln(x)^2}{(1+x)^2}, x = 0..\,infinity)\right) : I9 = value(I9)$$

$$\int_{0}^{\infty} \frac{\ln(x)^2}{(1+x)^2}\,dx = \frac{1}{3}\pi^2$$

$evalf(rhs(\%), 20)$

$$3.2898681336964528730$$

$evalf(I9, 20)$

$$3.2898681336964528729$$

Am Ende von 19.4 hatten wir gesehen, dass Maple Stammfunktionen gebrochen rationaler Funktionen gelegentlich mit Hilfe der RootOf-Darstellung ausgibt. Wir untersuchen nun auch ein derartiges Beispiel.

$$I10 := Int\left(\frac{1}{1+x^8}, x\right) : I10 = value(I10)$$

$$\int \frac{1}{1+x^8}\,dx = \sum_{\_R=RootOf(16777216\_Z^8+1)} \_R\ln(x+8\_R)$$

$$I11 := Int\left(\frac{1}{1+x^8}, x = -\,infinity..\,infinity\right) : I11 = value(I11)$$

$$\int \frac{1}{1+x^8}\,dx = \frac{1}{4}\frac{\pi}{\sin\left(\frac{1}{8}\pi\right)}$$

Diese Form des Ergebnisses spricht nicht dafür, dass Maple das unbestimmte Integral zur Berechnung des bestimmten benutzt hat.

20.2 Die Gammafunktion

Maple kennt die Gammafunktion Γ. Sie hat den Namen GAMMA und ist für $x > 0$ definiert durch das uneigentliche Integral

$$\Gamma(x) := \int_0^\infty t^{x-1} e^{-t} dt.$$

Das Integral existiert nur für positive x. Dieser Umstand scheint Maple aber nicht weiter zu beirren.

$I15 := Int\left(t^{(x-1)} \cdot \exp(-t), t = 0..\, infinity\right) :$

$I15 = value(I15)$

$$\int_0^\infty t^{x-1} e^{-t} dt = \Gamma(x)$$

$subs(x = 5, \%)$

$$\int_0^\infty t^4 e^{-t} dt = \Gamma(5)$$

$simplify(rhs(\%))$

$$24$$

Die Anwendung der Funktionalgleichung der Gammafunktion erreicht man mit dem Befehl expand.

$GAMMA(x + 1) = expand(GAMMA(x + 1))$

$$\Gamma(1 + x) = \Gamma(x)x$$

Aus ihr und $\Gamma(1) = 1$ folgt induktiv $\Gamma(n+1) = n!$ für alle $n \in \mathbb{N}$. Man kann die Gammafunktion so auf eine Obermenge von $]0, \infty[$ fortsetzen, dass die Funktionalgleichung erhalten bleibt. Ist $x \in \,]-1, 0[$, so erhält man diese Fortsetzung durch die Definition $\Gamma(x) := \Gamma(x+1)/x$. Wendet man dieses Argument nun rekursiv an, so kann man die Gammafunktion auf $\mathbb{R} \setminus \{-n : n \in \mathbb{N}\}$ definieren.

$$GAMMA\left(\frac{1}{2}\right), \quad \frac{GAMMA\left(\frac{1}{2}\right)}{-\frac{1}{2}}, \quad GAMMA\left(-\frac{1}{2}\right)$$

$$\sqrt{\pi}, \quad -2\sqrt{\pi}, \quad -2\sqrt{\pi}$$

Zur Veranschaulichung betrachten wir den Graphen der Gammafunktion auf $[-2, 5]$.

$plot(GAMMA(x), x = -2..5, -25..25, discont = true)\ \# Abb.\ 20.1$

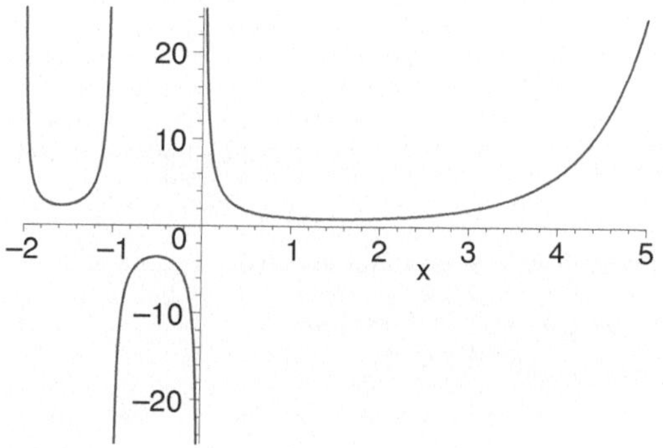

Abbildung 20.1:
Die Gammafunktion

Ohne weitere Erklärung merken wir noch an, dass die Gammafunktion sogar auf $\mathbb{C} \setminus \{-n : n \in \mathbb{N}\}$ so fortgesetzt werden kann, dass die Funktionalgleichung gültig bleibt.

Maple kennt auch die Stirlingsche Formel.

$$L1 := Limit\left(\frac{n!}{\left(\frac{n}{\exp(1)}\right)^n \cdot \mathrm{sqrt}(n)}, n = infinity \right) : L1 = value(L1)$$

$$\lim_{n \to \infty} \frac{n!}{\left(\frac{n}{e}\right)^n \sqrt{n}} = \sqrt{2}\sqrt{\pi}$$

Abschließend betrachten wir noch einen speziellen Grenzwert, in welchem die Eulersche Konstante γ auftritt.

$$L2 := Limit\left(Sum\left(\frac{1}{k}, k = 1..n\right) - \ln(n), n = infinity \right) : L2 = value(L2)$$

$$\lim_{n \to \infty} \left(\sum_{k=1}^{n} \frac{1}{k} - \ln(n) \right) = \gamma$$

$evalf(rhs(\%), 40)$

$$0.5772156649015328606065120900824024310422$$

Kennt man γ, so kann man die Gammafunktion auch durch die folgende Beziehung erklären.

$$a := x \cdot \exp(gamma \cdot x) \cdot Product\left(\left(1 + \frac{x}{n}\right) \cdot \exp\left(-\frac{x}{n}\right), n = 1..k \right) :$$
$$Limit(a, k = infinity) = expand(limit(value(a), k = infinity))$$

$$\lim_{k \to \infty} x\, e^{\gamma x} \prod_{n=1}^{k} \left(\left(1 + \frac{x}{n}\right) e^{-\frac{x}{n}} \right) = \frac{1}{\Gamma(x)}$$

Aufgaben

1. Berechnen Sie $\int_{-\infty}^{\infty} x^{2k} \exp(-x^2)\, dx$ für $k = 0, \ldots, 4$.

2. Bestimmen Sie für die Funktionen $x^{2k}/(1+x^8)$, $k = 1, 2, 3$, Stammfunktionen und berechnen Sie

$$\int_{-\infty}^{\infty} \frac{x^{2k}}{1+x^8}\, dx, k = 1, 2, 3, \quad \text{sowie} \quad \int_{-\infty}^{\infty} \frac{x^2 + 3x^4 - 5x^6}{1+x^8}\, dx.$$

3. Berechnen Sie Stammfunktionen sowie Integrale über $\mathbb{R}$ für die Funktionen

$$\frac{1}{1+x^4+x^8}, \quad \frac{1}{1+x^6}, \quad \frac{1}{1+x^2+x^4+x^6}.$$

4. Berechnen Sie $\int_{0}^{\infty} \frac{x^{2k-1}}{e^x - 1}\, dx$ sowie $\Gamma(2k)\zeta(2k)$ für $k = 1, \ldots, 4$. Beachten Sie, dass die Zetafunktion ζ in Maple als `Zeta` angesprochen wird.

5. Berechnen Sie die folgenden uneigentlichen Integrale sowie Stammfunktionen der Integranden

$$\int_{0}^{\infty} \frac{\ln x}{e^x}\, dx, \quad \int_{-\infty}^{\infty} \sin(x^2)\, dx, \quad \int_{0}^{\infty} \frac{\sin(x^2)}{x}\, dx, \quad \int_{\sqrt{\pi}}^{\infty} \frac{\sin(x^2)}{x^3}\, dx.$$

21 Gleichmäßige Konvergenz und Potenzreihen

21.1 Gleichmäßige Konvergenz

Sei $(f_n)_{n\in\mathbb{N}}$ eine Folge von Funktionen auf einem Intervall I, welche durch arithmetische Ausdrücke definiert sind. Will man feststellen, ob die Folge auf I punktweise gegen eine Grenzfunktion f konvergiert, so kann man Maple mit der Untersuchung beauftragen. Existiert die Grenzfunktion f, so möchte man meist auch wissen, ob die Folge $(f_n)_{n\in\mathbb{N}}$ gleichmäßig gegen f konvergiert. Dies ist mit Maple nicht so einfach zu klären. Aber durch Betrachtung einiger Plots kann man aus der Anschauung zu einer Vermutung kommen, die dann mit geeigneten Hilfsmitteln bewiesen werden muss.

Dieses Vorgehen wollen wir an Hand von zwei Beispielen demonstrieren. Als erstes betrachten wir die Folge $(f_n)_{n\in\mathbb{N}}$, für welche f_n definiert ist als

$$f_n(x) := \sum_{k=1}^{n} \left((4/5)\sin(x) \right)^k.$$

Falls die Grenzfunktion existiert, ist sie gleich der zugehörigen Reihe.

$$a := \left(\frac{4\cdot\sin(x)}{5} \right)^k$$

$$\left(\frac{4}{5}\sin(x) \right)^k$$

$$S := Sum(a, k = 1..\,infinity) : f := value(S) :$$
$$S = f$$

$$\sum_{k=1}^{\infty} \left(\frac{4}{5}\sin(x) \right)^k = -\frac{4\sin(x)}{4\sin(x)-5}$$

Wir betrachten die Graphen von f und der Funktionen $f_1, \ldots, f_6$. Damit wir sie im Plot wiederfinden, färben wir sie geeignet.

$$farben := [red, yellow, blue, green, magenta, coral, pink] :$$
$$funktionen := [f, seq(sum(a, k = 1..n), n = 1..6)] :$$
$$plot(funktionen, x = -\mathrm{Pi}..\mathrm{Pi}, color = farben) \ \# Abb. \ 21.1$$

Es zeigt sich, dass die Graphen der ersten sechs Folgenglieder noch ziemlich weit auseinander liegen. Daher plotten wir nun die Graphen von f_5, f_{10}, f_{15} und f_{20} zusammen mit denen von $f - 1/3$ und $f + 1/3$.

$$farben := [black, black, red, yellow, blue, green, magenta] :$$
$$funktionen := \left[f - \frac{1}{3}, f + \frac{1}{3}, seq(sum(a, k = 1..5\cdot n), n = 1..4) \right] :$$
$$plot(funktionen, x = -\mathrm{Pi}..\mathrm{Pi}, color = farben) \ \# Abb. \ 21.2$$

Nun liegen die Graphen von f_{15} und f_{20} für $\varepsilon = 1/3$ in dem ε-Schlauch um den Graphen von f. Wir vermuten daher, dass die Folge $(f_n)_{n\in\mathbb{N}}$ gleichmäßig gegen f konvergiert. Diese Vermutung

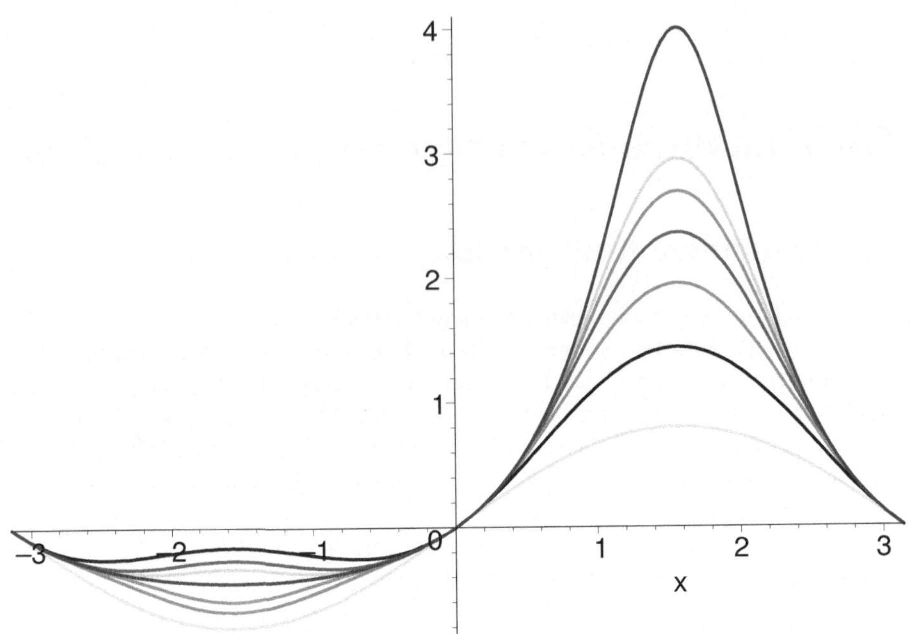

Abbildung 21.1: Graphen von $f_1, \ldots, f_6$ und f

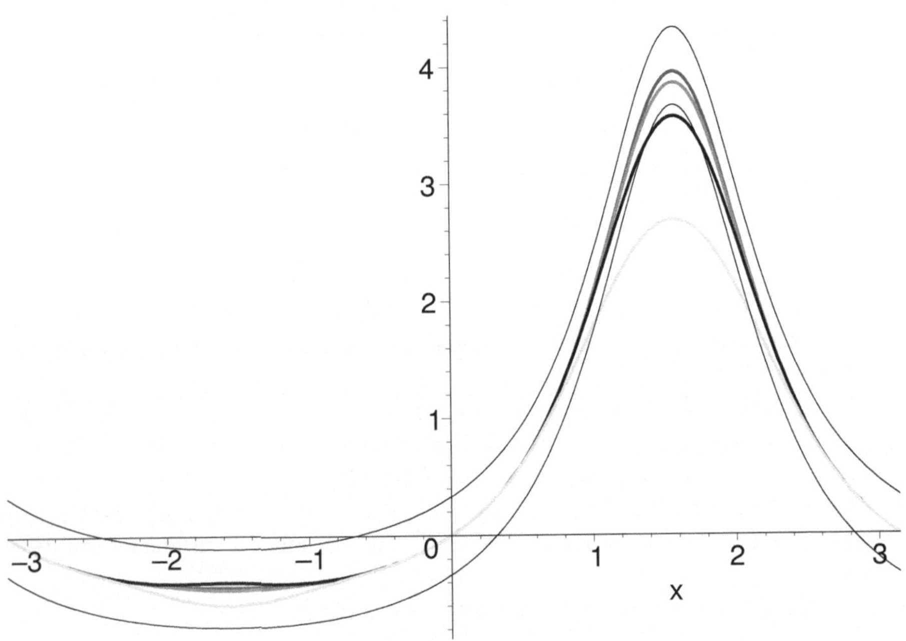

Abbildung 21.2: Graphen von f_5, f_{10}, f_{15} und f_{20} mit ε-Schlauch (schwarz) für $\varepsilon = \frac{1}{3}$

kann man weiter erhärten, indem man für selbstgewähltes $\varepsilon > 0$ entsprechende Plots betrachtet. Den Beweis der Vermutung erhält man aus dem Weierstraßschen Majorantenkriterium, da

$$\sum_{k=1}^{\infty} \sup_{x \in \mathbb{R}} |f_n(x)| \le \sum_{k=1}^{\infty} \left(\frac{4}{5}\right)^k = \frac{1}{1 - 4/5} - 1 = 4.$$

Als zweites Beispiel betrachten wir die Folge $(f_n)_{n \in \mathbb{N}}$ mit $f_n(x) := \exp(-nx^2)$ auf $[-1, 1]$. In diesem Beispiel kann Maple die Grenzfunktion nicht als Ausdruck angeben, aber in gegebenen Punkten berechnen. Im allgemeinen, reellen Punkt x wird der Wert 0 ausgegeben. Das stimmt mit der Philosophie überein, dass Formeln, in denen Parameter vorkommen, durchaus für endliche viele Parameterwerte falsch sein dürfen.

$$f := unapply(limit(\exp(-n \cdot x^2), n = infinity), x)$$

$$x \to \lim_{n \to \infty} e^{-nx^2}$$

$$f(0), f(1), f\left(\frac{1}{2}\right), f(x) \text{ assuming } x :: real$$

$$1, 0, 0, 0$$

Zur Veranschaulichung zeichnen wir die Graphen von f und f_3, f_6, ..., f_{24}. Damit die Unstetigkeit von f im Plot erkennbar wird, verwenden wir die Option `style = point` und sorgen dafür, dass der Nullpunkt als Intervallgrenze auftritt und somit berücksichtigt wird.

$$with(plots):$$
$$qr := plot(f, 0..1, style = point, color = red):$$
$$ql := plot(f, -1..0, style = point, color = red):$$
$$t := plot([seq(\exp(-3 \cdot n \cdot x^2), n = 1..8)], x = -1..1, color = green):$$
$$display(qr, ql, t, axes = none) \ \# Abb. \ 21.3$$

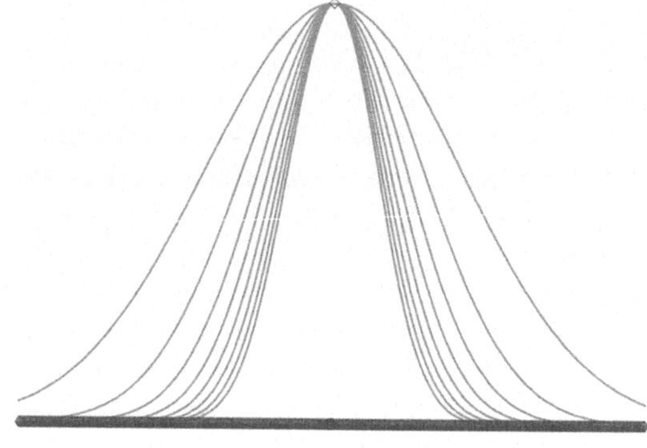

Abbildung 21.3:
Graphen von f_3, f_6, ..., f_{24} für $f_n \colon x \mapsto \exp(-nx^2)$

Die Zeichnung lässt vermuten, dass die Konvergenz nicht gleichmäßig ist. Der Beweis für diese Vermutung ergibt sich aus Forster I, §21, Satz 1, weil die Funktionen f_n alle stetig sind, die Grenzfunktion f aber unstetig ist.

21.2 Potenzreihen

Wichtige Beispiele für Reihen, welche auf geeigneten Intervallen gleichmäßig konvergieren, sind Potenzreihen. Maple kann in gewissem Umfang mit ihnen umgehen. Ist $\sum_{k=0}^{\infty} a_k x^k$ eine gegebene Potenzreihe, so stellt man zweckmäßigerweise die Summanden $a_k x^k$ durch einen Ausdruck in k und x dar. Man kann dann Maple veranlassen, die durch die Potenzreihe gegebene Funktion zu bestimmen. Wir definieren nun zwei Funktionen mittels Potenzreihen.

$S1 := Sum(x^k, k = 0 .. infinity)$

$$\sum_{k=0}^{\infty} x^k$$

$$S2 := Sum\left(\frac{(-1)^k \cdot x^{(2 \cdot k + 1)}}{2 \cdot k + 1}, k = 0 .. infinity\right)$$

$$\sum_{k=0}^{\infty} \frac{(-1)^k x^{2k+1}}{2k+1}$$

Beide Potenzreihen haben den Konvergenzradius 1. Für $S1$ ist diese Aussage offensichtlich, für $S2$ beachten wir, dass für x mit $|x| > 1$ die Folge der Summanden keine Nullfolge mehr ist, während für x mit $|x| < 1$ der Quotient

$$\left| \frac{x^{2k+3}}{2k+3} \bigg/ \frac{x^{2k+1}}{2k+1} \right| = \left| \frac{x^2(2k+1)}{2k+3} \right|$$

kleiner als $|x|^2 < 1$ ist. Für x mit $|x| < 1$ konvergiert daher die Reihe. Wir veranlassen ihre Berechnung. Maple nimmt dabei keine Rücksicht auf den Konvergenzbereich.

$f := value(S1) :$
$S1 = f$

$$\sum_{k=0}^{\infty} x^k = -\frac{1}{x-1}$$

$g := value(S2) :$
$S2 = g$

$$\sum_{k=0}^{\infty} \frac{(-1)^k x^{2k+1}}{2k+1} = -\frac{1}{2} I \ln\left(\frac{1 + Ix}{1 - Ix}\right)$$

Für f erhalten wir — abgesehen von der eigenwilligen Wahl des Vorzeichens — das erwartete Ergebnis. Die für g ausgegebene Funktion kommt uns dagegen etwas eigenartig vor. Um sie weiter zu untersuchen, lassen wir ihre Ableitung berechnen.

$g1 := Diff(g, x) : g1 = normal(value(g1), expanded)$

$$\frac{d}{dx}\left(-\frac{1}{2} I \ln\left(\frac{1 + Ix}{1 - Ix}\right)\right) = \frac{1}{1 + x^2}$$

$Diff(\arctan(x), x) = diff(\arctan(x), x)$

$$\frac{d}{dx} \arctan(x) = \frac{1}{1 + x^2}$$

Folglich hat g die gleiche Ableitung wie der Arcustangens. Daher gibt es eine Konstante C, so dass $g = \arctan + C$. Die folgende Ausgabe impliziert $C = 0$.

$simplify(subs(x = 0, g)), \arctan(0)$

$$0, 0$$

Damit haben wir gezeigt

$$\arctan(x) = \sum_{k=0}^{\infty} \frac{(-1)^k x^{2k+1}}{2k+1} \quad \text{für } |x| < 1.$$

Als weiteres Beispiel betrachten wir die Potenzreihenentwicklung der Funktion $h\colon \mathbb{R} \to \mathbb{R}$, welche für $x \neq 0$ definiert ist durch $h(x) := \sin(x)/x$. Wie man leicht nachweist, konvergiert die Reihe für alle $x \in \mathbb{R}$.

$$a := \frac{(-1)^k \cdot x^{(2 \cdot k)}}{(2 \cdot k + 1)!}$$

$$\frac{(-1)^k x^{2k}}{(2k+1)!}$$

$S3 := Sum(a, k = 0 .. infinity) :$
$S3 = value(S3)$

$$\sum_{k=0}^{\infty} \frac{(-1)^k x^{2k}}{(2k+1)!} = \frac{\sin(x)}{x}$$

Da man Potenzreihen in ihrem Konvergenzbereich gliedweise integrieren darf, können wir durch Integration eine Potenzreihendarstellung für eine Stammfunktion von h bekommen. Diese müssen wir aber selbst herstellen. Wir berechnen dazu die unbestimmten Integrale der Summanden der Potenzreihe.

$b := int(a, x)$

$$\frac{(-1)^k x^{2k+1}}{(2k+1)(2k+1)!}$$

Wir erhalten eine Stammfunktion von h durch die folgende Funktion H

$H := Sum(b, k = 0 .. infinity)$
$H = value(H)$

$$\sum_{k=0}^{\infty} \frac{(-1)^k x^{2k+1}}{(2k+1)(2k+1)!} = \mathrm{Si}(x)$$

Der Integralsinus $\mathrm{Si}(x)$ war bereits in 18.2 als Stammfunktion von $x \mapsto \sin(x)/x$ aufgetreten. Dieses Ergebnis haben wir jetzt repliziert.

Wenn man Potenzreihen als Funktionen erklärt, muss man darauf achten, den in Abschnitt 9.3 auf Seite 44 beschriebenen Fehler zu umgehen.

Aufgaben

1. Für $n \geq 1$ sei $f_n\colon \mathbb{R} \to \mathbb{R}$ definiert als $f_n(x) := x^3 - \sinh(x/n^2) + (1/n)\cos(n^2 x)$. Zeigen Sie, dass die Folge $(f_n)_{n \in \mathbb{N}}$ eine Grenzfunktion f besitzt, und untersuchen Sie, ob $(f_n)_{n \in \mathbb{N}}$ auf $[0, 3/2]$ gleichmäßig gegen f konvergiert. Betrachten Sie dazu in einem Plot die Graphen von f_2, f_4, f_6, f_8, $f - 1/4$ und $f + 1/4$, sowie in einem weiteren Plot die Graphen von f_{10}, $f - 1/4$ und $f + 1/4$.

2. Die Folgen $(g_n)_{n \in \mathbb{N}}$ und $(h_n)_{n \in \mathbb{N}}$ seien definiert als

$$g_n(x) := \sum_{k=0}^{n} \frac{\cos((2k+1)x)}{(2k+1)^2}, \qquad h_n(x) := \sum_{k=1}^{n} (-1)^k \frac{\cos kx}{k^2}.$$

   Betrachten Sie die Graphen von $g_1, \ldots, g_5$ über $[0, 4\pi]$ und über $[-1/2, 1/2]$ jeweils in einem Plot. Betrachten Sie ferner die Graphen von $h_1, \ldots, h_6$ über $[0, 4\pi]$ und den Graphen von h_{10} über $[0, 4\pi]$.

3. Für $n \geq 1$ sei $f_n\colon \mathbb{R} \to \mathbb{R}$ definiert als $f_n(x) := \sum_{k=1}^{n} x^3 \exp(-kx)$. Zeigen Sie, dass die Folge $(f_n)_{n \in \mathbb{N}}$ auf $[0, \infty[$ eine Grenzfunktion f besitzt und berechnen Sie diese. Beachten Sie, dass es verschiedene Möglichkeiten gibt, die Funktion f_n einzugeben. Nicht bei allen kann Maple die Grenzfunktion

berechnen. Untersuchen Sie, ob $(f_n)_{n\in\mathbb{N}}$ auf $[0,6]$ gleichmäßig gegen f konvergiert. Betrachten Sie dazu die Graphen von $f_1,\dots,f_5$, $f-1/8$ und $f+1/8$ in einem Plot. Berechnen Sie ferner numerisch

$$\int_0^6 f_k(x)\,dx,\ k=1,\dots,6 \quad \text{und} \quad \int_0^6 f(x)\,dx.$$

4. Die Funktion $f\colon \mathbb{R}\to\mathbb{R}$ sei definiert als $f(x):=1-|2x-1|$ für $x\in[0,1]$ und periodische Fortsetzung. Ferner sei die Folge $(f_n)_{n\in\mathbb{N}}$ definiert durch $f_n(x):=\sum_{k=1}^n f(kx)/k^2$. Plotten Sie f über $[-2,2]$, sowie $f_2, f_3,\dots,f_8$ über $[0,1]$ und über $[0,1/2]$.

5. Untersuchen Sie, welche Funktion f auf $]-1,1[$ durch die Potenzreihe

$$\sum_{k=2}^{\infty} \frac{x^k}{k(k-1)}$$

dargestellt wird. Berechnen Sie f' direkt und über die Potenzreihendarstellung.

6. Untersuchen Sie, welche Funktion auf $]-1,1[$ durch die Potenzreihe

$$\sum_{k=1}^{\infty} (-1)^{k+1}\frac{x^k}{k}$$

dargestellt wird. Benutzen Sie das Ergebnis, um für die Funktion $x\mapsto (\ln(1+x))/x$ auf $]-1,1[$ eine Stammfunktion in Potenzreihendarstellung zu erhalten. Vergleichen Sie die so gewonnene Stammfunktion mit derjenigen, die Maple direkt ausgibt.

22 Reihenentwicklungen

22.1 Die Taylorsche Formel

Jede $(n+1)$-mal stetig differenzierbare Funktion $f \colon I \to \mathbb{R}$ auf einem Intervall I lässt sich in jedem Punkt $a \in I$ durch ihr Taylorpolynom annähern. Es gilt nämlich für jedes $x \in I$ die Taylorsche Formel

$$f(x) = f(a) + \frac{f'(a)}{1!}(x-a) + \ldots + \frac{f^{(n)}(a)}{n!}(x-a)^n + R_{n+1}(x,a).$$

Dabei nennt man das Polynom auf der rechten Seite das n-te Taylorpolynom von f in a und $R_{n+1}(x,a)$ das Restglied. Für das Restglied gibt es verschiedene Darstellungen. Die bekannteste ist die Lagrangesche Form

$$R_{n+1}(x,a) = \frac{f^{(n+1)}(\xi)}{(n+1)!}(x-a)^{n+1} \quad \text{für ein geeignetes } \xi \text{ zwischen } x \text{ und } a.$$

Das n-te Taylorpolynom T_n ist eindeutig dadurch bestimmt, dass es f in der Nähe von a von der Ordnung $n+1$ approximiert, d. h. es gibt ein $C > 0$, so dass $|f(x) - T_n(x)| \leq C(x-a)^{n+1}$. Die Zahl $f^{(j)}(a)/j!$ nennt man den j-ten Taylor-Koeffizienten von f an der Stelle a. Die Aussagekraft der Taylorschen Formel hängt völlig davon ab, wie gut man das Restglied abschätzen kann. Ist f beliebig oft differenzierbar und gilt $\lim_{n\to\infty} R_n(x,a) = 0$ für alle $x \in I$, so folgt aus der Taylorschen Formel, dass f auf I in Potenzreihe entwickelbar ist. In §22 von Forster I ist ein Beispiel einer Funktion angegeben, die zwar beliebig oft differenzierbar, aber nicht in Potenzreihe entwickelbar ist.

Da Maple symbolisch differenzieren kann, ist es auch in der Lage, endlich viele Taylor-Koeffizienten auszurechnen. Der Befehl dazu hat die folgende Gestalt

```
> taylor(A, x = a, n)
```

Dabei ist A ein Ausdruck in x, mit a wird der Entwicklungspunkt angegeben, und n bezeichnet die Ordnung der Entwicklung in dem oben angegebenen Sinn. Die Eingabe von n kann unterbleiben; dann wird die durch die Variable `Order` angegebene Ordnung gewählt. Die Voreinstellung von `Order` ist 6. Wir entwickeln eine etwas kompliziertere Funktion um den Nullpunkt:

$$f := \frac{\mathrm{sqrt}(1+x)}{\mathrm{sqrt}(1+x^2)}$$

$$\frac{\sqrt{1+x}}{\sqrt{1+x^2}}$$

$$t := taylor(f, x = 0, 8)$$

$$1 + \frac{1}{2}x - \frac{5}{8}x^2 - \frac{3}{16}x^3 + \frac{51}{128}x^4 + \frac{47}{256}x^5 - \frac{369}{1024}x^6 - \frac{267}{2048}x^7 + \mathrm{O}(x^8)$$

Es fällt auf, dass Maple die Ausgabe mit $\mathrm{O}(x^8)$ abschließt. Damit wird angedeutet, dass die Ausgabe nicht exakt gleich f ist, sondern dass das ausgegebene Polynom die Funktion f von der

Ordnung 8 approximiert. Es handelt sich bei dem Zeichen „O" um den Buchstaben. Natürlich kann Maple nicht damit rechnen. Man muss also vor der weiteren Verarbeitung den letzten Term entfernen. Die vorgesehene Methode ist

$$p := convert(t, polynom)$$
$$1 + \frac{1}{2}x - \frac{5}{8}x^2 - \frac{3}{16}x^3 + \frac{51}{128}x^4 + \frac{47}{256}x^5 - \frac{369}{1024}x^6 - \frac{267}{2048}x^7$$

Wir zeichnen die ersten drei Taylor-Approximationen an f.

$$farben = [red, blue, green, yellow] :$$
$$funktionen = [f, seq(convert(taylor(f, x = 0, k), polynom), k = 2..4)]$$
$$plot(funktionen, x = -0.8..0.8, color = farben)$$

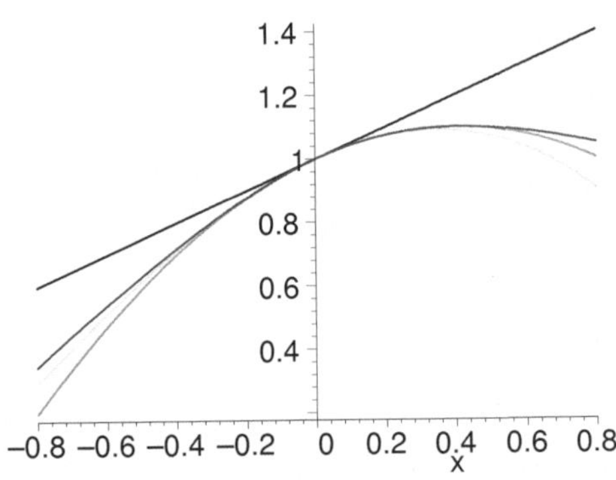

Abbildung 22.1:

Approximation von $\dfrac{\sqrt{1+x}}{\sqrt{1+x^2}}$ durch die Taylor-Polynome der Ordnungen 1, 2 und 3

Auf dem Bild erkennen wir auf der linken Seite von oben nach unten zuerst das lineare Taylor-Polynom, dann die Funktion f, dann das kubische Taylor-Polynom und schließlich das quadratische. Auf der rechten Seite approximiert dagegen das quadratische Polynom besser als das kubische. Die Approximation der Ordnung acht haben wir nicht plotten lassen, da sie sich zuwenig von der Funktion unterscheidet.

Um den Approximationfehler, also die Differenz zwischen f und dem Taylor-Polynom p, für die Ordnung acht abzuschätzen, benutzen wir die Restgliedformel von Lagrange. Wir tun das hier für die Stelle $x = -0.6$. Wir schauen uns dazu den Fehlerterm in der Lagrangeschen Formel in Abhängigkeit von der Zwischenstelle ξ an. Man beachte, dass wir bei der Eingabe die Zwischenstelle mit x bezeichnen müssen, während wir die Stelle -0.6 als $-3/5$ eingeben.

$$r := sort\left(normal\left(\frac{diff(f, x\$8)}{8!}\right) \cdot \left(-\frac{3}{5}\right)^8\right)$$

$$\frac{6561}{12800000000} \frac{1}{(x+1)^{15/2}(x^2+1)^{17/2}}(6435x^{16} + 102960x^{15} + 188760x^{14} - 1297296x^{13}$$

$$-6725004x^{12} - 11410256x^{11} - 2070744x^{10} + 22042480x^9 + 35892466x^8 + 21847824x^7$$

$$-2347544x^6 - 11656496x^5 - 6859980x^4 - 1340912x^3 + 195352x^2 + 110928x + 9667)$$

Wir betrachten den Graphen, um zu erfahren, für welchen Wert von ξ die Funktion r den größten Wert annimmt. Dieser muss dann in der Abschätzung verwendet werden.

$$plot(r, x = -0.6..0)$$

Der Plot zeigt, dass das Betragsmaximum von r am linken Rand angenommen wird. Da er ansonsten nicht interessant ist, drucken wir ihn nicht ab. Als Restgliedabschätzung erhalten wir daher

$$subs(x = -0.6, r)$$

$$-0.1430364360$$

$$evalf(subs(x = -0.6, f - p))$$

$$0.002627900750$$

Die tatsächliche Abweichung ist also fast zwei Zehnerpotenzen kleiner als die Abschätzung.

Als nächstes Beispiel betrachten wir den Cosinus. Seine Taylor-Reihe konvergiert auf ganz $\mathbb{R}$; wir erwarten daher ein besseres Verhalten. Zuerst plotten wir die Taylor-Polynome der Ordnungen 3, 7, 15, 31 und 63 zusammen mit dem Cosinus.

$$c := seq(convert(taylor(\cos(x), x = 0, 2^k), polynom), k = 2..6) :$$

$$plot([\cos(x), c], x = -9 \cdot Pi..9 \cdot Pi, -1.3..1, numpoints = 1000) \quad \# Abb\ 22.2$$

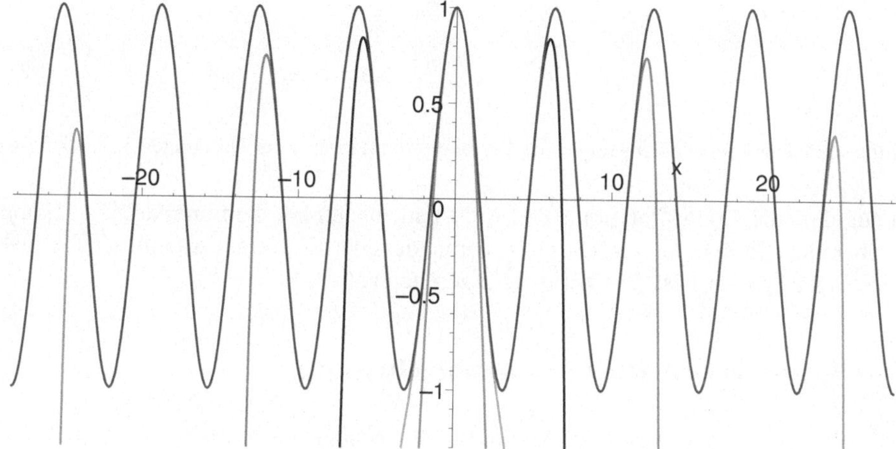

Abbildung 22.2: Der Cosinus (rot) und seine Taylor-Approximationen der Ordnungen 3, 7, 15, 31 und 63

Wie genau wird der Cosinus durch das Taylor-Polynom der Ordnung 63 approximiert? Wegen der Periodizität und $\cos(x + \pi) = -\cos x$ ist nur das Intervall $]-\pi/2, \pi/2]$ interessant. Die Ableitung im Fehlerterm der Lagrangeschen Formel hat höchstens den Betrag 1, der Fehler ist also kleiner als

$$evalf\left(\frac{\left(\frac{Pi}{2}\right)^{64}}{64!}\right)$$

$$2.807082885\,10^{-77}$$

Diese Abschätzung stimmt sehr gut mit dem wirklichen Fehler an der Stelle $\pi/2$ überein, wie die folgende Auswertung zeigt. Um am Ende noch einige gültige Stellen übrig zu behalten, müssen wir diese Rechnung auf mindestens 90 Stellen genau durchführen. Wir zeigen nicht alle 90 Stellen. Es sind sowieso nur die ersten 10 Stellen verlässlich.

$$evalf\left(subs\left(x = \frac{Pi}{2}, c[5]\right), 90\right)$$

$$-2.80546923642426244336628864893698253105536893196080303998931659894\,10^{-77}$$

Wir wiederholen dasselbe Programm mit dem Arcustangens.

$c := seq(convert(taylor(\arctan(x), x = 0, 2^k), polynom), k = 2..6) :$

$plot([\arctan(x), c], x = -3..3, -1..2)$ *# Abb 22.3 links*

Der folgende Plot zeigt den interessanten Teil in einer Ausschnittvergrößerung.

$plot([\arctan(x), c], x = 0.8..1.2, 0.5..1)$ *# Abb 22.3 rechts*

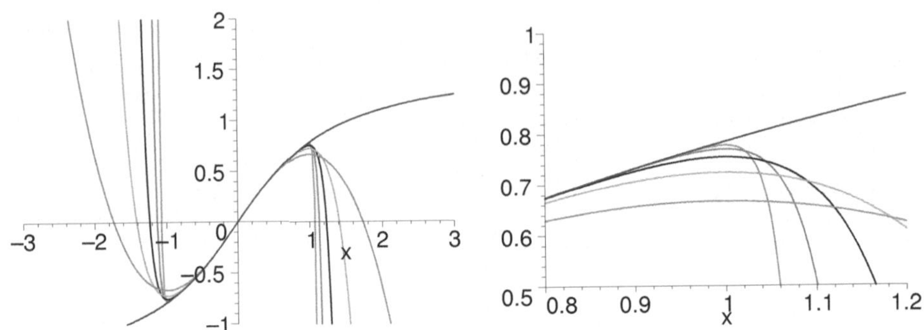

Abbildung 22.3: Der Arcustangens und seine Taylorapproximationen der Ordnungen 3, 7, 15, 31 und 63

Es fällt auf, dass die Taylor-Polynome den Arcustangens nur auf dem Intervall $]-1,1[$ approximieren, aber nicht darüber hinaus. Dies liegt daran, dass der Konvergenzradius der Taylor-Reihe des Arcustangens gleich 1 ist, wie wir in 21.2 gesehen hatten.

22.2 Allgemeinere Reihenentwicklungen

Die Taylor-Entwicklung ist ein gutes Mittel, um etwas über das Verhalten einer genügend oft differenzierbaren Funktion in der Nähe eines endlichen Punktes zu erfahren. Asymptotiken für die Annäherung an $\pm\infty$ oder Auskunft über das Verhalten von Funktionen, die nicht in Potenzreihe entwickelt werden können, bekommt man so nicht. In diesen Fällen hilft häufig der Befehl `series`, der den Befehl `taylor` als Spezialfall enthält. Er wird wie folgt aufgerufen

`> series(A, x = a, n)`

Dabei ist wieder A ein Ausdruck in x, mit a wird der Entwicklungspunkt angegeben, und n bezeichnet die Ordnung der Entwicklung. Die Angabe von n ist nicht erforderlich. Fehlt n, so wird bis zur Ordnung 6 entwickelt, es sei denn, man hat der Variablen `Order` einen anderen Wert zugewiesen. Wir entwickeln den Arcustangens in ∞ und die Funktion $f = \sqrt{1+x}/\sqrt{1+x^2}$ aus 22.1 in -1.

$series(\arctan(x), x = infinity)$

$$\frac{1}{2}\pi - \frac{1}{x} + \frac{1}{3x^3} - \frac{1}{x^5} + \mathrm{O}\left(\frac{1}{x^6}\right)$$

$s := series(f, x = -1, 8)$

$$\frac{1}{2}\sqrt{2}\sqrt{x+1} + \frac{1}{4}\sqrt{2}(x+1)^{3/2} + \frac{1}{16}\sqrt{2}(x+1)^{5/2} - \frac{1}{32}\sqrt{2}(x+1)^{7/2} - \frac{13}{256}\sqrt{2}(x+1)^{9/2} -$$

$$\frac{17}{512}\sqrt{2}(x+1)^{11/2} - \frac{19}{2048}\sqrt{2}(x+1)^{13/2} + \frac{23}{4096}(x+1)^{15/2} + \mathrm{O}\left((x+1)^{17/2}\right)$$

Den O-Term entfernen wir wieder mit

$s1 := convert(s, polynom)$

$$\frac{1}{2}\sqrt{2}\sqrt{x+1} + \frac{1}{4}\sqrt{2}(x+1)^{3/2} + \frac{1}{16}\sqrt{2}(x+1)^{5/2} - \frac{1}{32}\sqrt{2}(x+1)^{7/2} - \frac{13}{256}\sqrt{2}(x+1)^{9/2} -$$

$$\frac{17}{512}\sqrt{2}(x+1)^{11/2} - \frac{19}{2048}\sqrt{2}(x+1)^{13/2} + \frac{23}{4096}(x+1)^{15/2}$$

Wir setzen $x = 0$ ein und vergleichen mit $f(0) = 1$

$subs(x = 0, s1)$

$$\frac{2841}{4096}\sqrt{2}$$

$evalf(\% - subs(x = 0, f))$

$$-0.0190965016$$

Der Befehl `series` kann auch einige Funktionen entwickeln, deren Reihe nicht nur aus Potenzen besteht.

$series(\ln(1 - sqrt(1 - x)), x = 0)$

$$-\ln(2) + \ln(x) + \frac{1}{4}x + \frac{3}{32}x^2 + \frac{5}{96}x^3 + \frac{35}{1024}x^4 + \frac{63}{2560}x^5 + O(x^6)$$

Mit unserer Kenntnis des Befehls `series` können wir nun auch verstehen, wie Maple in Standardsituationen Grenzwerte bestimmt. Dazu betrachten wir

$$g := \frac{(1 - \cos(x^2))}{x \cdot (x - \sin(x))}$$

$$\frac{1 - \cos(x^2)}{x(x - \sin(x))}$$

$limit(g, x = 0)$

$$3$$

Maple entwickelt Zähler und Nenner bis zu einer geeigneten Ordnung in Reihe, entfernt den Ordnungsterm und bringt den Bruch auf Normalform. Die dazu notwendigen Reihenentwicklungen der Standardfunktionen sowie die Regeln für die Reihenentwicklung von Verknüpfungen sind einprogrammiert.

$$\frac{series(numer(g), x = 0, 8)}{series(denom(g), x = 0, 8)}$$

$$\frac{-\frac{1}{2}x^4 + O(x^8)}{-\frac{1}{6}x^4 + \frac{1}{120}x^6 + O(x^8)}$$

$convert(\%, polynom)$

$$-\frac{1}{2}\frac{x^4}{-\frac{1}{6}x^4 + \frac{1}{120}x^6}$$

$normal(\%, expanded)$

$$-\frac{60}{-20 + x^2}$$

$Limit(g, x = 0) = subs(x = 0, \%)$

$$\lim_{x \to 0} \frac{1 - \cos(x^2)}{x(x - \sin(x))} = 3$$

Dies ist natürlich nur eines von vielen Verfahren, die Maple zur Bestimmung von Grenzwerten einsetzt. Unerschrockene Leser mögen sich über `?printlevel` sowie auf der zu `?interface` gehörenden Hilfeseite über `verboseproc` informieren. So ausgerüstet, ist es möglich, etwas mehr über die Vorgehensweise von Maple zu erfahren.

Aufgaben

1. Bestimmen Sie die Taylorpolynome, welche die folgenden Funktionen in Null von der Ordnung 10 approximieren:

$$\sin x, \ \frac{\sin x}{x}, \ \mathrm{Si}(x), \ \sinh x, \ \frac{\sinh x}{x}, \ \frac{\ln(1+x)}{x}, \ -\mathrm{dilog}(1+x).$$

2. Berechnen Sie die Taylorpolynome, welche in Null die folgenden Funktionen von der Ordnung 10 approximieren:

$$\frac{x}{e^x - 1}, \ \tan x, \ \sqrt{1+x}, \ (1+x)^{1/4}.$$

Berechnen Sie ferner die Bernoullizahlen $B(k)$ sowie $B(k)/k!$ und $(-1)^{k-1}2^{2k}(2^{2k}-1)B(2k)/(2k)!$ für $k = 0, \ldots, 10$ und vergleichen Sie diese Zahlen mit den Koeffizienten der oben berechneten Taylorpolynome. Beachten Sie, dass die Bernoullizahlen $B(k)$ mit `bernoulli(k)` aufgerufen werden.

3. Berechnen Sie für $f(x) := \sin(x)/x$ die Taylorpolynome in Null, welche für $k = 2, \ldots, 7$ von der Ordnung $\mathrm{O}(x^{2k})$ approximieren. Betrachten Sie f und diese Polynome über $[-9, 9]$ in einem Plot.

4. Die Funktion $f \colon \mathbb{R} \setminus \{0\} \to \mathbb{R}$ sei definiert als $f(x) = \exp(-1/x^2)$. Berechnen Sie die Ableitungen von f bis zur Ordnung 5, und prüfen Sie, ob diese und f in Null einen Grenzwert besitzen.

5. Wenden Sie den Befehl `series` in $x = \infty$ auf die Funktion $x \mapsto \Gamma(x+1)$ an. Verwenden Sie dabei die Ordnungen 2, 3 und 4. Vergleichen Sie die Ergebnisse mit der Stirlingschen Formel aus 20.2.

6. Gegeben sei die Funktion

$$f \colon x \mapsto \sqrt[3]{\frac{1}{2} - \sin(3\pi x)},$$

wobei die dritte Wurzel als Abbildung $\sqrt[3]{\cdot} \colon \mathbb{R} \to \mathbb{R}$ zu verstehen ist. Berechnen Sie die Taylorpolynome, welche f in $1/2$ von der Ordnung 4, 8, 16 und 32 approximieren, und betrachten Sie f und diese Polynome in einem Plot. Sorgen Sie durch geeignete Einstellung des Bildbereichs für eine übersichtliche Ausgabe. Berechnen Sie dann die folgenden Polynome

$$B_n(f, x) := \sum_{k=0}^{n} \binom{n}{k} f\left(\frac{k}{n}\right) x^k (1-x)^{n-k}$$

für die gleichen Werte von n wie oben, und betrachten Sie die Graphen von f und B_n in einem Plot.

23 Fourier-Reihen

In diesem Abschnitt wollen wir mit Hilfe von Maple zu gegebenen 2π-periodischen Funktionen f, welche auf $[0, 2\pi]$ Riemann-integrierbar sind, die Partialsummen der Fourier-Reihe von f berechnen und die Annäherung von f durch diese Partialsummen mittels entsprechender Plots verdeutlichen. Dabei werden wir das Gibbssche Phänomen beobachten.

23.1 Approximation periodischer Funktionen

Ist $f: \mathbb{R} \to \mathbb{R}$ auf $[0, 2\pi]$ Riemann-integrierbar und 2π-periodisch, so bezeichnet man

$$a_k := \frac{1}{\pi} \int_0^{2\pi} f(x) \cos(kx)dx, \ k \in \mathbb{N},$$

$$b_k := \frac{1}{\pi} \int_0^{2\pi} f(x) \sin(kx)dx, \ k \in \mathbb{N} \setminus \{0\},$$

als die Fourierkoeffizienten von f und die Funktionenreihe

$$\frac{a_0}{2} + \sum_{k=1}^{\infty} (a_k \cos kx + b_k \sin kx)$$

als Fourier-Reihe von f. Da sich die Folgen $(a_k)_{k \in \mathbb{N}}$ und $(b_k)_{k \in \mathbb{N} \setminus \{0\}}$ nicht ändern, wenn man f an endlich vielen Punkten in $[0, 2\pi]$ abändert, kann man nicht erwarten, dass die Fourier-Reihe von f punktweise gegen f konvergiert. Wie in Forster I, § 23, gezeigt wird, konvergieren die Partialsummen

$$S_n(x) := \frac{a_0}{2} + \sum_{k=1}^{n} (a_k \cos kx + b_k \sin kx)$$

der Fourier-Reihe von f im quadratischen Mittel gegen f, d. h. es gilt

$$\lim_{n \to \infty} \int_0^{2\pi} |f(x) - S_n(x)|^2 dx = 0.$$

Ist f stückweise stetig differenzierbar, so konvergiert die Fourier-Reihe gleichmäßig gegen f.

Wir vereinbaren Namen für die benötigten Sinus- und Cosinusfunktionen

$c := \cos(k \cdot x)$

$$\cos(kx)$$

$s := \sin(k \cdot x)$

$$\sin(kx)$$

Als erstes Beispiel betrachten wir diejenige 2π-periodische Funktion, die auf $[-\pi, \pi]$ mit $|x|$ übereinstimmt. Wir berechnen S_6 und zeichnen die Graphen von S_2, S_4, S_8 und f.

$f := \text{Pi} - \text{abs}(\text{Pi} - x)$

$$\pi - |-\pi + x|$$

Nun bestimmen wird die benötigten Integrale und berechnen daraus die Koeffizienten, indem wir Maple mitteilen, dass k eine ganze Zahl ist.

$I1 := Int(f \cdot c, x = 0..2 \cdot \mathrm{Pi}) :$

$I1 = value(I1)$

$$\int_0^{2\pi} (\pi - |-\pi + x|) \cos(kx)\mathrm{d}x = -\frac{2\cos(\pi k)(\cos(\pi k) - 1)}{k^2}$$

$a := \dfrac{1}{\mathrm{Pi}} \cdot value(I1)$ assuming $k :: integer$

$$\frac{2\left(-1 + (-1)^k\right)}{\pi k^2}$$

Für $k = 0$ verschwinden Zähler und Nenner, also macht der Bruch in diesem Fall keinen Sinn, und das Integral muss gesondert ausgerechnet werden.

$a0 := \dfrac{1}{\mathrm{Pi}} \cdot int(f, x = 0..2 \cdot \mathrm{Pi})$

$$\pi$$

Jetzt bestimmen wir die Sinus-Terme. Da hier k mindestens 1 ist, entfällt das Problem des verschwindenden Nenners.

$I2 := Int(f \cdot s, x = 0..2 \cdot \mathrm{Pi}) :$

$I2 = value(I2)$

$$\int_0^{2\pi} (\pi - |-\pi + x|) \sin(kx)\mathrm{d}x = -\frac{2\sin(k\pi)(\cos(k\pi) - 1)}{k^2}$$

$b := \dfrac{1}{\mathrm{Pi}} \cdot value(I2)$ assuming $k :: integer$

$$0$$

Die Abbildung S ordnet einer Zahl n die n-te Partialsumme der Fourier-Reihe zu. Wir berücksichtigen bei der Definition, dass alle b verschwinden.

$S := n \to \dfrac{a0}{2} + sum(a \cdot c, k = 1..n)$

$$n \to \frac{1}{2}a0 + \sum_{k=1}^{n} ac$$

$S(6)$

$$\frac{1}{2}\pi - \frac{4\cos(x)}{\pi} - \frac{4}{9}\frac{\cos(3x)}{\pi} - \frac{4}{25}\frac{\cos(5x)}{\pi}$$

$plot(S(2), x = -\mathrm{Pi}..3 \cdot \mathrm{Pi})$ # *Abb. 23.1 links oben*

$plot(S(4), x = -\mathrm{Pi}..3 \cdot \mathrm{Pi})$ # *Abb. 23.1 rechts oben*

$plot(S(8), x = -\mathrm{Pi}..3 \cdot \mathrm{Pi})$ # *Abb. 23.1 links unten*

Wir haben die Funktion f auf $[0, 2\pi]$ definiert. Die folgende Prozedur konstruiert ihre periodische Fortsetzung. Die Funktion floor (x) liefert die größte ganze Zahl, die kleiner oder gleich x ist. In der klassischen Terminologie bezeichnet man sie als Gaußklammer.

$fortsetzung := f \to subs\left(x = x - 2 \cdot \mathrm{Pi} \cdot \mathrm{floor}\left(\dfrac{x}{2 \cdot \mathrm{Pi}}\right), f\right) :$

$plot(fortsetzung(f), x = -\mathrm{Pi}..3 \cdot \mathrm{Pi})$ # *Abb. 23.1 rechts unten*

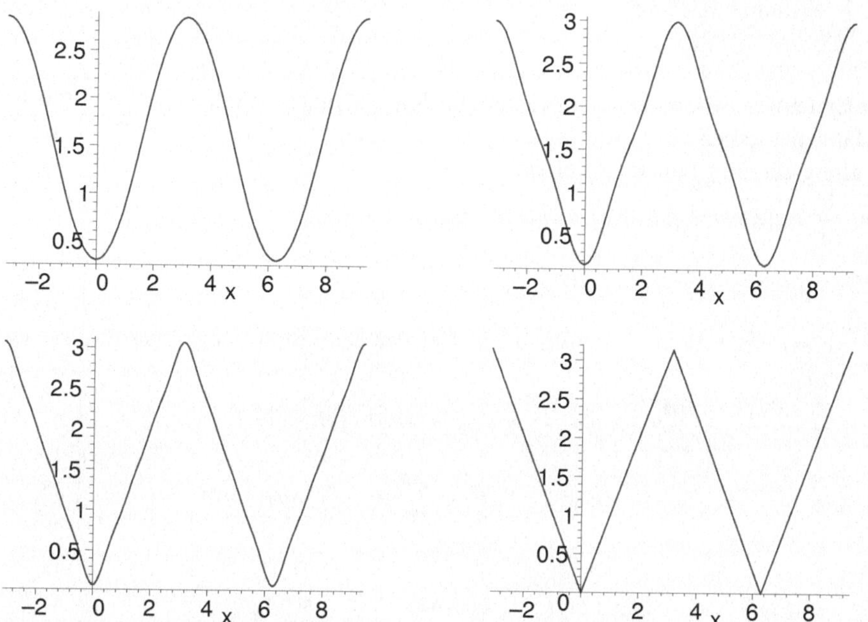

Abbildung 23.1: Die Fourierapproximationen der 2π-periodischen Fortsetzung der Betragsfunktion von den Ordnungen 2, 4 und 8, sowie die Funktion selbst

Wir betrachten nun h mit $h(x) = \max(\sin(x), 0)$. Wir hatten in 10.2 bereits dargelegt, dass es sinnvoll ist, h in der folgenden Weise zu erklären:

$h := piecewise(0 \leq x < \mathrm{Pi}, \sin(x), \mathrm{Pi} \leq x < 2 \cdot \mathrm{Pi}, 0)$

$$\begin{cases} \sin(x) & 0 \leq x \text{ and } x < \pi \\ 0 & \pi \leq x \text{ and } x < 2\pi \end{cases}$$

Die Bestimmung der Fourierkoeffizienten erfolgt wie zuvor.

$int(h \cdot c, x = 0..2 \cdot \mathrm{Pi})$

$$-\frac{1 + \cos(\pi k)}{k^2 - 1}$$

$a := \dfrac{\%}{\mathrm{Pi}}$ assuming $k :: integer$

$$-\frac{1 + (-1)^k}{(k^2 - 1)\pi}$$

Für $k = 1$ macht der Bruch keinen Sinn. In diesem Fall muss das Integral wieder gesondert berechnet werden.

$a1 := \dfrac{1}{\mathrm{Pi}} \cdot int(h \cdot subs(k = 1, c), x = 0..2\,\mathrm{Pi})$

$$0$$

$int(h \cdot s, x = 0..2 \cdot \mathrm{Pi})$

$$-\frac{\sin(\pi k)}{k^2 - 1}$$

$$b := \frac{\%}{\text{Pi}} \quad \text{assuming } k :: \textit{integer}$$

$$0$$

Hier ist jetzt etwas Misstrauen angebracht. Das Integral macht nämlich für $k = 1$ wieder keinen Sinn. Maple hat seinen Wert zwar für alle ganzen Zahlen k zu 0 vereinfacht. Das kann man ohne Überprüfung allerdings nicht akzeptieren.

$$b1 := \frac{1}{\text{Pi}} \cdot int(h \cdot subs(k = 1, s), x = 0..2 \cdot \text{Pi})$$

$$\frac{1}{2}$$

Also verschwindet b für $k = 1$ doch nicht. Bei der Definition von S sind die Sonderfälle zu berücksichtigen.

$$S := n \to \frac{subs(k = 0, a)}{2} + sum(a \cdot c, k = 2..n) + b1 \cdot subs(k = 1, s)$$

$$n \to \frac{1}{2} subs(k = 0, a) + \sum_{k=2}^{n} ac + b1\, subs(k = 1, s)$$

$S(6)$

$$\frac{1}{\pi} - \frac{2}{3}\frac{\cos(2x)}{\pi} - \frac{2}{15}\frac{\cos(4x)}{\pi} - \frac{2}{35}\frac{\cos(6x)}{\pi} + \frac{1}{2}\sin(x)$$

$plot([seq(S(n), n \text{ in } [2, 4, 8])], x = -\text{Pi}..3 \cdot \text{Pi}, color = [blue, green, red]) \ \# \textit{Abb. 23.2}$

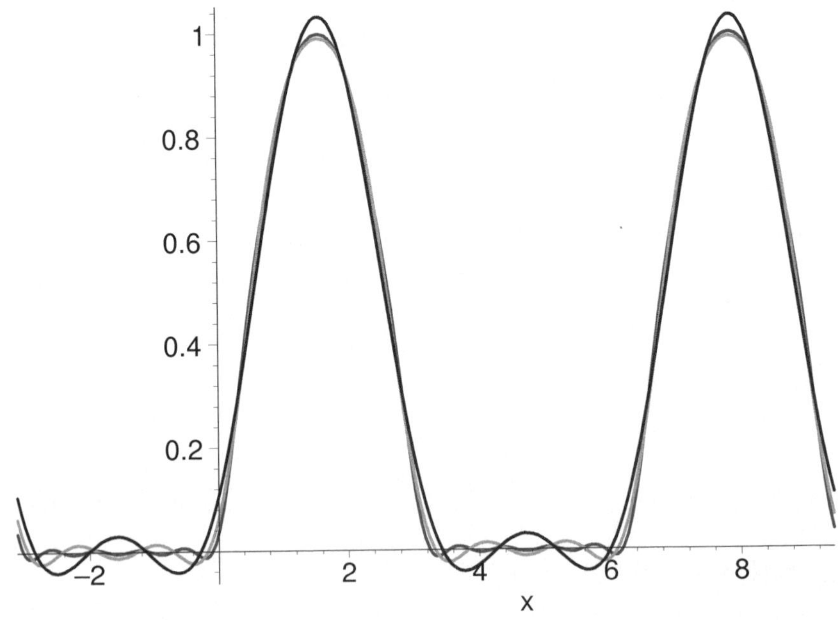

Abbildung 23.2: Fourierapproximationen der Ordnungen 2, 4 und 8 von $\max(\sin x, 0)$

23.2 Das Gibbssche Phänomen

Sei $\sigma\colon \mathbb{R} \to \mathbb{R}$ diejenige 2π-periodische Funktion, welche auf $]0, 2\pi[$ durch $\sigma(x) = (\pi - x)/2$ und $\sigma(0) = 0$ gegeben wird. Sie wird als Sägezahnfunktion bezeichnet. Nach Forster I, (19.23), gilt

$$\sigma(x) = \sum_{k=1}^{\infty} \frac{\sin kx}{k} \quad \text{für alle } x \in \mathbb{R}.$$

Es ist nicht schwer, diese Formel mit den Methoden des vorigen Abschnitts zu verifizieren. Wir verzichten darauf, und zeigen sofort die Graphen einiger Fourierapproximationen.

$$\text{sigma} = \frac{(\text{Pi} - x)}{2}$$

$$\frac{1}{2}\pi - \frac{1}{2}x$$

$$S := n \to sum\left(\frac{s}{k}, k = 1..n\right)$$

$$n \to \sum_{k=1}^{n} \frac{s}{k}$$

$$plot([\text{sigma}, seq(S(2^n), n = 1..4)], x = 0..2 \cdot \text{Pi})$$

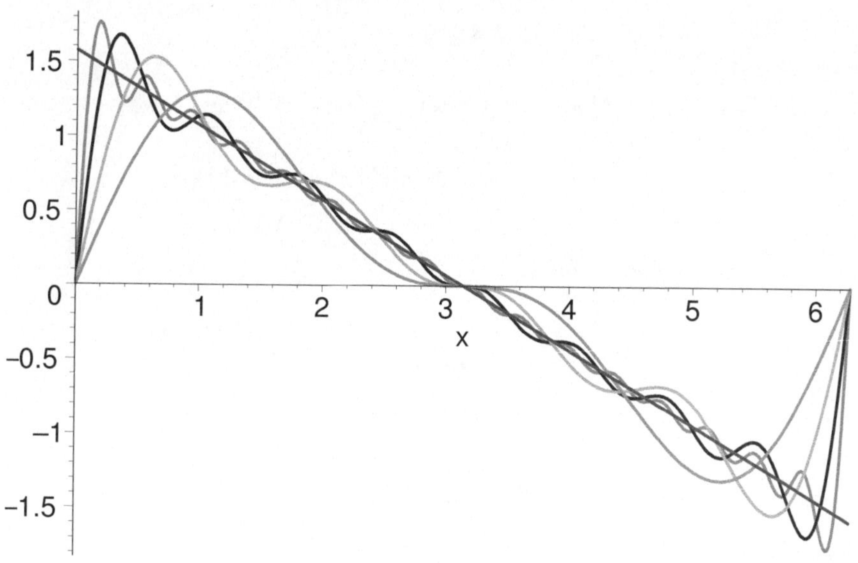

Abbildung 23.3: Fourierapproximationen der Ordnungen 2, 4, 8 und 16 der Sägezahnfunktion

Wir beobachten, dass die Approximation von σ durch die Partialsummen seiner Fourier-Reihe in der Nähe der Unstetigkeitsstelle schlecht ist. Es sieht so aus, als sei S_n in der Nähe von Null wesentlich größer als σ. Ein ganz ähnliches Verhalten beobachten wir auch bei der folgenden, willkürlich gewählten Funktion.

$$g := piecewise\left(0 \le x < \frac{\mathrm{Pi}}{2}, 0, \frac{\mathrm{Pi}}{2} \le x < \mathrm{Pi}, \mathrm{Pi} - x, \mathrm{Pi} \le x < \frac{3 \cdot \mathrm{Pi}}{2}, -2, \frac{3 \cdot \mathrm{Pi}}{2} \le x < 2 \cdot \mathrm{Pi}, 2\right)$$

$$\begin{cases} 0 & 0 \le x \textbf{ and } x < \frac{1}{2}\pi \\ \pi - x & \frac{1}{2}\pi \le x \textbf{ and } x < \pi \\ -2 & \pi \le x \textbf{ and } x < \frac{3}{2}\pi \\ 2 & \frac{3}{2}\pi \le x \textbf{ and } x < 2\pi \end{cases}$$

$int(g \cdot c, x = 0..2 \cdot \mathrm{Pi})$

$$-\frac{1}{2}\frac{\sin\left(\frac{1}{2}\pi k\right)k\pi - 2\cos\left(\frac{1}{2}\pi k\right) + 2\cos(\pi k)}{k^2} - \frac{2\left(-\sin(\pi k) + \sin\left(\frac{3}{2}\pi k\right)\right)}{k}$$
$$+ \frac{2\left(-\sin\left(\frac{3}{2}\pi k\right) + 2\sin(\pi k)\cos(\pi k)\right)}{k}$$

$a := simplify\left(\frac{\%}{\mathrm{Pi}}\right) assuming\ k :: integer$

$$-\frac{1}{2}\frac{\sin\left(\frac{1}{2}\pi k\right)k\pi - 2\cos\left(\frac{1}{2}\pi k\right) + 2(-1)^k + 8\sin\left(\frac{3}{2}\pi k\right)k}{\pi k^2}$$

$a0 := \frac{1}{\mathrm{Pi}} \cdot int(g, x = 0..2 \cdot \mathrm{Pi})$

$$\frac{1}{8}\pi$$

$int(g \cdot s, x = 0..2 \cdot \mathrm{Pi})$

$$\frac{1}{2}\frac{\cos\left(\frac{1}{2}\pi k\right) + 2\sin\left(\frac{1}{2}\pi k\right) - 2\sin(\pi k)}{k^2} + \frac{2\left(-\cos\pi k + \cos\left(\frac{3}{2}\pi k\right)\right)}{k}$$
$$+ \frac{2\left(\cos\left(\frac{3}{2}\pi k\right) - 2\cos(\pi k)^2 + 1\right)}{k}$$

$b := simplify\left(\frac{\%}{\mathrm{Pi}}\right) assuming\ k :: integer$

$$\frac{1}{2}\frac{\cos\left(\frac{1}{2}\pi k\right) + 2\sin\left(\frac{1}{2}\pi k\right) + 4(-1)^{k+1}k + 8k\cos\left(\frac{3}{2}\pi k\right) - 4k}{\pi k^2}$$

$S := n \rightarrow \frac{a0}{2} + sum(a \cdot c, k = 1..n) + sum(b \cdot s, k = 1..n)$

$$n \rightarrow \frac{1}{2}a0 + \sum_{k=1}^{n} ac + \sum_{k=1}^{n} bs$$

$plot([g, seq(S(3^n), n = 1..3)], x = 0..2 \cdot \mathrm{Pi}, discont = true) \ \# Abb.\ 23.4$

Graphen von Fourierapproximationen wie in diesem Kapitel konnte ein vom Physiknobelpreisträger A. A. Michelson konstruiertes Gerät mechanisch herstellen. Dabei zeigte sich genau wie hier, dass die Approximationen immer über eine Sprungstelle hinausschießen. Diese Beobachtung wurde 1898 von dem amerikanischen Mathematiker J. W. Gibbs erklärt. Das nach ihm benannte Phänomen besteht darin, dass für eine große Klasse von Funktionen die beiden Spitzen der Fourierapproximation vor und nach einer Sprungstelle immer um circa 9% der Sprunghöhe weiter auseinander liegen als die eigentlichen Funktionswerte. Genaueres kann man im Buch von Körner, §17, nachlesen.

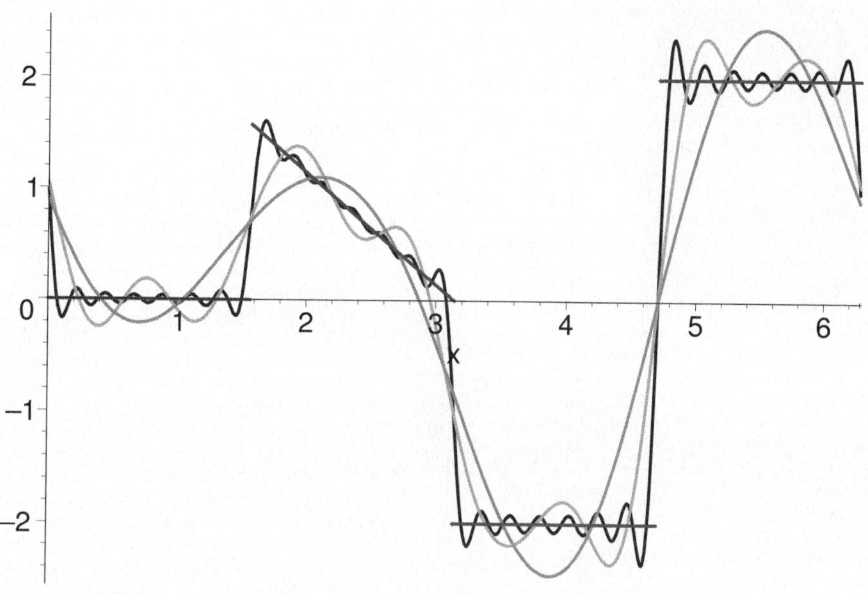

Abbildung 23.4: Fourierapproximationen der Ordnungen 3, 9, und 27

Aufgaben

1. Plotten Sie die Fourierapproximationen der Ordnungen 2, 4, 6 und 8 der folgenden beiden Funktionen

$$t \mapsto |\sin t|, \quad t \mapsto \sin^2(t).$$

   Können Sie für die zweite der obigen Funktionen die vollständige Fourierreihe bestimmen?

2. Plotten Sie die Fourierapproximationen der Ordnungen 2, 4, 6, 8 und 25 für die 2π-periodischen Fortsetzungen der folgenden Funktionen

$$t \mapsto (t - \pi)^3, \quad t \mapsto \sqrt[3]{t - \pi}.$$

   Mit $\sqrt[3]{\cdot}$ ist hier natürlich die reellwertige Funktion gemeint, welche in Maple `surd(·, 3)` heißt.

3. Plotten Sie die Fourierapproximationen der Ordnungen 2, 4, 6 und 8 für die 2π-periodischen Fortsetzungen der Funktionen

$$t \mapsto \begin{cases} 2\pi - \sqrt{\pi^2 - t^2}, & 0 \le t < \pi, \\ 0, & \pi \le t < 2\pi \end{cases} \qquad t \mapsto \begin{cases} \pi + \sqrt{\pi^2 - t^2}, & 0 \le t < \pi \\ 0, & \pi \le t < 2\pi, \end{cases}$$

   und

$$t \mapsto \begin{cases} \sqrt{c^2 - (t - c)^2}, & 0 \le t < \pi, \\ -\sqrt{c^2 - (t - 3c)^2}, & \pi \le t < 2\pi, \end{cases}$$

   wobei $c = \pi/2$. Verwenden Sie in allen Fällen die Option `scaling = constrained`.

24 Funktionen auf dem $\mathbb{R}^n$ und 3d-Plots

24.1 Funktionen mehrerer Veränderlicher

In §9 und §10 haben wir erklärt, wie man in Maple Funktionen in einer Veränderlichen definiert und mit ihnen umgeht. Nun wollen wir zeigen, dass man ganz analog auch skalare Funktionen von mehreren Variablen definieren kann. Auf Vektorfunktionen gehen wir in 26.5 ein.

Für skalare Funktionen in mehreren Variablen stehen uns die drei Definitionsmöglichkeiten zur Verfügung, die wir bereits kennengelernt haben, nämlich die Pfeilnotation, der Befehl `unapply` und die explizite Formulierung eines Programms mit `proc`. Die letzte Methode hatten wir in 9.3 kurz, aber erschöpfend vorgestellt. Daher erläutern wir jetzt nur die Benutzung der beiden anderen.

Die Pfeilnotation sieht aus wie bei einer Variablen, wobei man jetzt mehrere Veränderliche gemeinsam in Klammern einschließt und durch Kommata trennt. Allgemein sieht das so aus
```
> f := (x_1, ..., x_n) -> A
```
Dabei ist A ein Ausdruck in den Unbestimmten $x_1, \ldots, x_n$. Wir geben ein Beispiel hierfür.

$f := (x,y) \to x^2 - y^2$

$$(x,y) \to x^2 - y^2$$

$'f'(1,2) = f(1,2), \ 'f'(1,1) = f(1,1)$

$$f(1,2) = -3, \ f(1,1) = 0$$

Hat man einen Ausdruck A in den Unbestimmten $x_1, \ldots, x_n$, welcher eine Funktion definiert, so kann man ihn durch den Befehl `unapply` in eine Funktion umwandeln
```
> unapply(A, x_1, ..., x_n)
```
Dabei ist A entweder der Ausdruck selbst oder sein Name. Als Beispiel betrachten wir

$a := (x^3 - 3 \cdot x \cdot y^2) \cdot \exp(-(x^2 + y^2))$

$$(x^3 - 3xy^2)\, e^{-x^2 - y^2}$$

$g := unapply(a,x,y)$

$$(x,y) \to (x^3 - 3xy^2)\, e^{-x^2 - y^2}$$

$'g'(1,-1) = g(1,-1), \ 'g'(1,0) = g(1,0)$

$$g(1,-1) = -2e^{-2}, \ g(1,0) = e^{-1}$$

Die in Abschnitt 9.3 angegebenen Gründe, statt mit Funktionen besser mit Ausdrücken zu arbeiten, gelten allerdings auch im Fall mehrerer Veränderlicher.

Die in 10.2 eingeführten Operationen mit Funktionen kann man, soweit sinnvoll, genauso bei Funktionen in mehreren Veränderlichen anwenden.

$'(f+g)'(x,y) = (f+g)(x,y)$

$$(f+g)(x,y) = x^2 - y^2 + (x^3 - 3xy^2)\, e^{-x^2 - y^2}$$

$$, \left(\frac{g}{f}\right) , (x,y) = \left(\frac{g}{f}\right)(x,y)$$

$$\frac{g(x,y)}{f} = \frac{(x^3 - 3xy^2)\,\mathrm{e}^{-x^2-y^2}}{x^2 - y^2}$$

$$k := \sin @ f$$

$$\sin @ f$$

$$, k , (\mathrm{Pi}, 0) = k(\mathrm{Pi}, 0)$$

$$k(\pi, 0) = \sin(\pi^2)$$

24.2 3d-Plots

Für die Veranschaulichung der Graphen von Funktionen in zwei Variablen stellt Maple mit dem Befehl `plot3d` ein sehr variables Werkzeug bereit. Um zu einem aussagekräftigen Bild zu kommen, benötigt Maple allerdings meist mehr Hilfestellung als bei zweidimensionalen Plots. Häufig führen erst einige Versuche zu einem ansprechenden Ergebnis. Wir erläutern in diesem Abschnitt die Grundbefehle und im nächsten die Optionen.

Ist f eine Funktion von zwei Variablen, so erhält man den Graphen von f über dem Rechteck $[a,b] \times [c,d]$ durch den Befehl

> `plot3d(f, a..b, c..d)`

Ist A ein Ausdruck in x und y, der eine Funktion definiert, so erhält man deren Graphen über $[a,b] \times [c,d]$ durch die Eingabe

> `plot3d(A, x = a..b, y = c..d)`

Dabei ist A entweder der Ausdruck selbst oder sein Name. Der Befehl `plot3d` wird also ganz analog eingesetzt wie der Befehl `plot`, nur dass für zwei Variablen die Laufbereiche anzugeben sind. Bei 3d-Plots ziehen wir die zweite Eingabeart vor, da dann die Koordinatenachsen mit x bzw. y beschriftet werden.

Die Ausgabe eines Plots erfolgt im Arbeitsblatt. Klickt man mit der Maus auf den Plot, so verändert sich die Werkzeugleiste des Arbeitsblatts und zeigt Optionen zur Anpassung des Plots. Einige Einstellungen kann man auch mit der rechten Maustaste vornehmen. Alle diese Einstellungen lassen sich auch durch Optionen des Plotbefehls vornehmen. Wir wählen den letztgenannten Weg, um die Reproduzierbarkeit sicherzustellen.

Als erstes Beispiel zeichnen wir den Graphen der in 24.1 definierten Funktion g über dem Quadrat $[-2,2] \times [-2,2]$.

   plot3d(g, −2..2, −2..2) # Abb. 24.1

Klickt man in einen Plot hinein und zieht ihn mit gedrückter linker Maustaste, so dreht er sich. Dabei wird der augenblickliche Winkel in Form dreier Parameter θ, ϕ und ψ in der Werkzeugleiste angezeigt. Das ist nützlich, da man die Winkelparamter notieren und bei späteren Plots direkt eingeben kann.

Das nächste Beispiel zeigt einen Plot, bei dem erst die Veränderung des Blickwinkels die räumliche Lage deutlich macht. Zuerst zeigen wir die Standardeinstellung. Damit der umgebende Bildquader sichtbar wird, benutzen wir die Option `axes = boxed`.

   plot3d($f(x,y)$, $x = −3..3$, $y = −3..3$, axes = boxed) # Abb. 24.2 links

Am Bildschirm kann man den Plot so lange drehen, bis man eine bessere Ansicht gefunden hat. Wir haben die Werte für θ, ϕ und ψ abgelesen und als Optionen eingegeben.

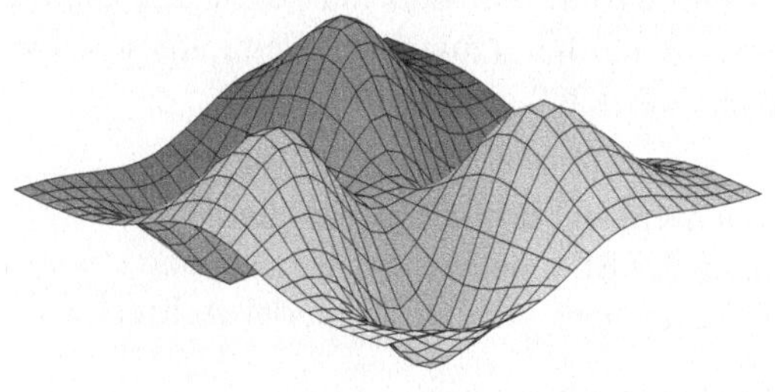

Abbildung 24.1:
Graph von $g\colon (x,y) \mapsto (x^3 - 3xy^2)\exp(-(x^2 + y^2))$

$$plot3d(f(x,y), x = -3..3, y = -3..3, axes = boxed, orientation = [120, 50, 0]) \ \# \textit{Abb. 24.2 r.}$$

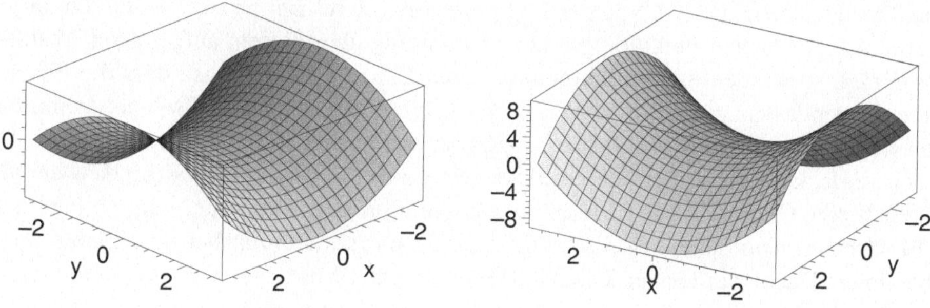

Abbildung 24.2: Die Funktion $f\colon (x,y) \mapsto x^2 - y^2$ aus zwei verschiedenen Blickwinkeln

Man kann auch die Graphen mehrerer Funktionen in einem Plot erhalten. Dazu lässt man entweder eine Liste von Funktionen oder eine Liste von Ausdrücken plotten, oder man benutzt den Befehl `display` aus § 10.

24.3 Optionen bei 3d-Plots

Wie wie bereits erwähnt haben, lässt der Befehl `plot3d` viele Optionen zu, mit denen die Standardeinstellungen verändert werden können. Sie werden in Anschluss an die Intervallgrenzen, durch Kommata getrennt, eingegeben. Wir verzichten auf die Darstellung einiger uns weniger wichtig erscheinenden Optionen. Die vollständige Liste erhält man unter `?plot3d/options`.

Wie beim Befehl `plot` gibt es Optionen, die mit dem Befehl `plot3d` eingegeben werden müssen, und solche, die man zusätzlich auch am Plotfenster einstellen kann.

Am Plot einstellbare Optionen

Die folgenden Optionen kann man aus einem Menü am Plotfenster auswählen. Wir schreiben die Werte so, wie sie in der Eingabe des Befehls `plot3d` auftreten müssen.

```
orientation = [θ, φ, ψ]
```

Laut Hilfe wird der Plot um ψ und die x-Achse, dann um ϕ um die neue z-Achse und schließlich um θ um die neue y-Achse gedreht. Am Plotfenster verändert man diese Einstellung durch Drehen mit der Maus. Dort liest kann man dann die gefundenen Werte ablesen. Der Wert für ψ kann weggelassen werden. Er wird dann gleich 0 gesetzt.

`axes = normal, frame, boxed, none`
Diese Option steuert die Lage der Koordinatenachsen. Bei `normal` gehen die Achsen durch den Nullpunkt, bei `frame` liegen sie an drei Kanten des Bildquaders, ebenso bei `boxed`, wobei dann aber alle sichtbaren Kanten des Quaders gezeichnet werden. Keinerlei Achsen erhält man bei der Standardeinstellung `none`.

`scaling = constrained`
Diese Option sorgt dafür, dass auf allen drei Koordinatenachsen der gleiche Maßstab verwendet wird.

`style = point, wireframe, hidden, contour, patch, patchnogrid,`
`patchcontour`
Diese Option steuert die Art, wie der Plot gezeichnet wird. Bei `point` werden die in jedem Gitterpunkt errechneten Funktionswerte in z-Richtung über diesem aufgetragen. Wählt man `wireframe`, so werden diese Gitterpunkte durch Linien verbunden, so dass die Fläche mit Vierecken gepflastert wird. Bei `hidden` werden verdeckte Linien, also solche, die hinter anderen liegen, unterdrückt. Wählt man `contour`, so werden Höhenlinien gezeichnet. Dabei werden verdeckte Linien nicht unterdrückt. Die Einstellung `patch` bewirkt, dass der Graph zusätzlich zum Gitternetz aus `hidden` noch eingefärbt wird. Bei `patchnogrid` hat man nur die Einfärbung, nicht aber das Gitternetz, und bei `patchcontour` hat man Einfärbung und Höhenlinien. Dabei werden verdeckte Höhenlinien unterdrückt.

Die Standardeinstellung ist `patch`. Am schnellsten wird `wireframe` berechnet, am längsten dauern die verschiedenen Sorten von `patch`. Mit `hidden` kann man in relativ kurzer Zeit zu aussagekräftigen Darstellungen kommen. Schöne und etwas plastische Bilder erhält man mit `patch`, sofern man gewillt ist, mit der Beleuchtung (s. `shading` und `light`) zu experimentieren.

`shading = xyz, xy, z, zhue, zgreyscale, none`
Diese Option bestimmt den Farbverlauf des Plots. Um den räumlichen Eindruck zu unterstützen, kann Maple Farbwerte in Abhängigkeit von den Koordinaten zuordnen. Bei `xyz` werden alle drei und bei `xy` werden nur die x- und die y-Koordinate verwendet. Bei `z`, `zhue` und `zgreyscale` wird die Farbe eines Punktes aus seiner Höhe berechnet. Bei `zhue` werden mehr Farben verwendet als bei `z`, das Bild sieht dann ähnlich aus wie ein Falschfarbenbild. Bei `zgreyscale` werden verschiedene Grauwerte benutzt, dadurch kann das Bild auf einem Schwarzweißdrucker ausgegeben werden. Wird `none` aktiviert, so wird der Plot einfarbig. Diese Option wird benutzt, wenn man den räumlichen Eindruck durch Einsatz von Beleuchtung erzeugt.

Am Plotfenster wird `shading` über den Menüeintrag `color` eingestellt. Die Standardeinstellung ist `xyz`.

Optionen, die nur mit dem Befehl `plot3d` eingestellt werden können
`grid = [n, k]`
Die Funktion wird an $n \cdot k$ Stellen ausgewertet, wobei n äquidistant gewählte x-Werte und k äquidistant gewählte y-Werte benutzt werden. Im Gegensatz zu `plot` ist `plot3d` nicht in

der Lage, die Zahl der Funktionsauswertungen der Krümmung anzupassen. Die Standardeinstellung ist grid = [25, 25].

numpoints = n

Ein Grid wird gewählt, welches ungefähr n Punkte besitzt.

view = $z_0 \mathinner{\ldotp\ldotp} z_1$
view = $[x_0 \mathinner{\ldotp\ldotp} x_1, y_0 \mathinner{\ldotp\ldotp} y_1, \ z_0 \mathinner{\ldotp\ldotp} z_1]$

In der ersten Version beschränkt diese Option den Wertebereich auf das Intervall $[z_0, z_1]$. In der zweiten wird nur der Teil des Graphen gezeichnet, der im Quader $[x_0, x_1] \times [y_0, y_1] \times [z_0, z_1]$ liegt. Die Einschränkung auf einen Quader ist sinnvoll bei parametrischen Plots, die wir in § 27 vorstellen werden. In der Standardeinstellung wird der gesamte Graph gezeigt.

contours = n

Diese Option ist nur sinnvoll, wenn für style entweder patchcontour oder contour eingestellt ist. Sie bewirkt, dass für n äquidistante Punkte im Bildbereich der zu plottenden Funktion Höhenlinien gezeichnet werden.

color = red, green, blue, yellow, black, ...
color = [R, G, B]
color = H

Legt die Färbung des Plots fest. Bei der ersten Eingabeform wird er in der eingestellten Farbe ausgegeben.

Die zweite und dritte Eingabeform erweitern die durch die Option shading gegebenen Möglichkeiten. Wir gehen davon aus, dass der zu zeichnende Graph durch einen Ausdruck A gegeben wird. In Fall der zweiten Eingabeform sind R, G und B Ausdrücke in den Variablen x und y, die den Rot-, Grün- und Blauanteil des Plot über dem Punkt (x, y) angeben. Bei der dritten Eingabeform wird die Farbe aus dem Wert des Ausdrucks H an der Stelle (x, y) berechnet. Beispielsweise führt $H = A$ zu demselben Ergebnis wie shading=zhue.

Wird der zu zeichnende Graph durch eine Funktion f angegeben, so müssen R, G und B bzw. H ebenfalls Funktionen sein.

light = [ϕ, θ, r, g, b]
lightmodel = light4

Damit wird eingestellt, wie der Plot beleuchtet wird. Mit ϕ und θ wird die Richtung der Lichtstrahlen in Kugelkoordinaten bezeichnet. Dabei bedeuten wachsende Werte von ϕ, dass das Licht von weiter unten kommt, und wachsende Werte von θ bewirken, dass die Lichtquelle im Gegenuhrzeigersinn um den Plot herumwandert. Vernünftige Werte für θ liegen zwischen -80 und 80. Die Lichtrichtung bleibt relativ zum Betrachter fest, wenn man den Plot herumdreht. Hat man den Plot also versehentlich von hinten beleuchtet, so kann man die helle Seite nicht nach vorn drehen. Mit r, g und b werden die Rot-, Grün- und Blauanteile des Lichts bestimmt. Diese Zahlen werden als Fließkommazahlen im Bereich von 0 bis 1 eingegeben. Sind alle drei Werte gleich, so bekommt man einen grau bis weiß schattierten Plot.

Am Plotfenster kann man zwischen vier voreingestellten Beleuchtungsarten wählen, bei denen eine punktförmige Lichtquelle mit Umgebungslicht kombiniert wird. Die ersten drei dieser Beleuchtungen waren in einigen Versionen farbig und werden in diesem Buch nicht benutzt. Die vierte kann mittels lightmodel=light4 als Option gewählt werden. Beispiele zeigen die Abbildungen 34.6 bis 34.9 auf den Seiten 224 und 225.

```
title = "..."
```
Diese Option stellt einen Titel bereit.

Wir demonstrieren diese Optionen am Beispiel der Funktion $(x,y) \mapsto x^2 \sin y$.

$f := x^2 \cdot \sin(y)$

$$x^2 \sin(y)$$

$bereich := x = -1..1, y = -2 \cdot Pi..2 \cdot Pi$

$$x = -1..1, y = -2\pi..2\pi$$

$plot3d(f, bereich, grid = [50,50], style = hidden, orientation = [130,45], color = blue)$
  # Abb. 24.3 links
$plot3d(f, bereich, grid = [50,50], style = point, orientation = [130,45], color = black)$
  # Abb. 24.3 rechts

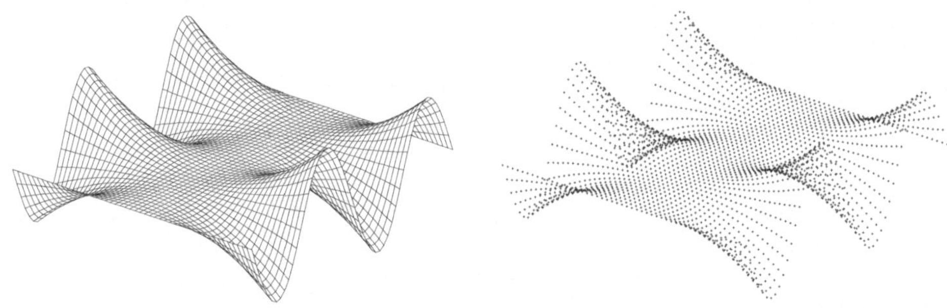

Abbildung 24.3: Graph von $x^2 \sin y$

Nun zeichnen wir den Graphen flächig mit 20 Höhenlinien. Zusätzlich färben wir ihn mit einem Streifenmuster parallel zur y-Achse. Da die Farbe stark variiert, wären höhere Werte für `grid` angebracht. Da wir das nicht tun, kann man sehr schön die Dreiecke sehen, aus denen der Graph zusammengesetzt ist.

$plot3d(f, bereich, style = patchcontour, contours = 20, axes = boxed, orientation = [130,45],$
  $color = \sin(10 \cdot x))$ # Abb. 24.4 links

Indem wir zur Orientierung `[-90, 0]` übergehen, projizieren wir die Höhenlinien in die (x,y)-Ebene. Mit `style=contour` erreichen wir, dass nur die Höhenlinien zu sehen sind.

$plot3d(f, bereich, numpoints = 8000, style = contour, contours = 20, shading = zhue,$
  $axes = boxed, orientation = [-90,0],$ # Abb. 24.4 rechts

Beim nächsten Plot erzielen wir durch Auswahl der Beleuchtung einen plastischen Effekt. Hierzu schalten wir die Färbung der Fläche mit `shading=none` ab. Mit `view` unterdrücken wir die durch den rechteckigen Definitionsbereich hervorgerufenen Spitzen an den Ecken des Graphen.

$$f := \sin(x) \cdot \cos(y) - \frac{(x^2 + y^2)}{20}$$

$$\sin(x)\cos(x) - \frac{1}{20}x^2 - \frac{1}{20}y^2$$

$bereich := x = -3 \cdot Pi..3 \cdot Pi, y = -3 \cdot Pi..9.8$

$$x = -3\pi..3\pi, y = -3\pi..9.8$$

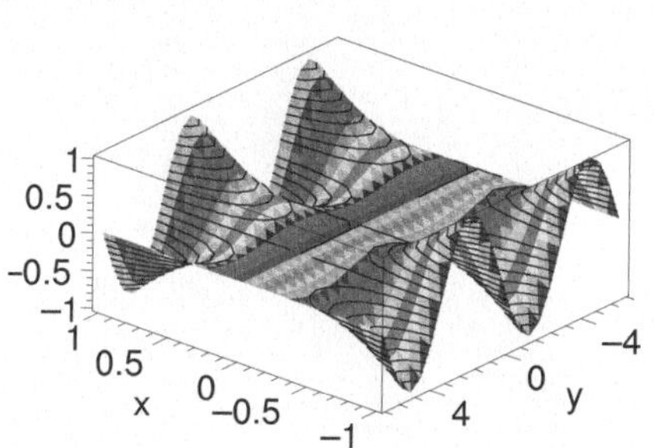
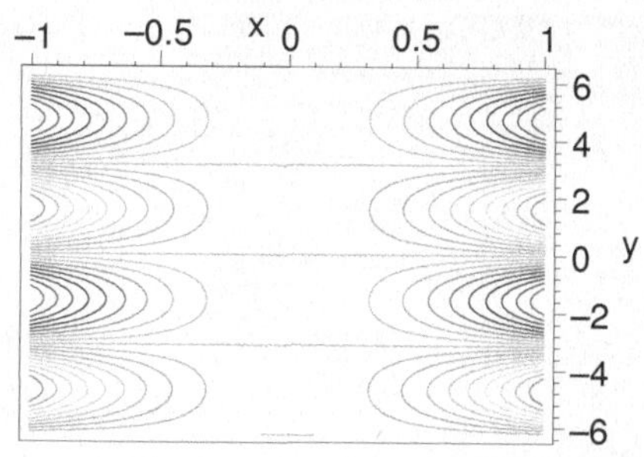

Abbildung 24.4: Höhenlinien def Funktion $x^2 \sin y$

$$plot3d(f, bereich, grid = [61,61], view = -4..1, orientation = [150,70],$$
$$style = patchcontour, shading = none, light = [75,50,0.9,0.1,0.0]) \ \# Abb. \ 24.5$$

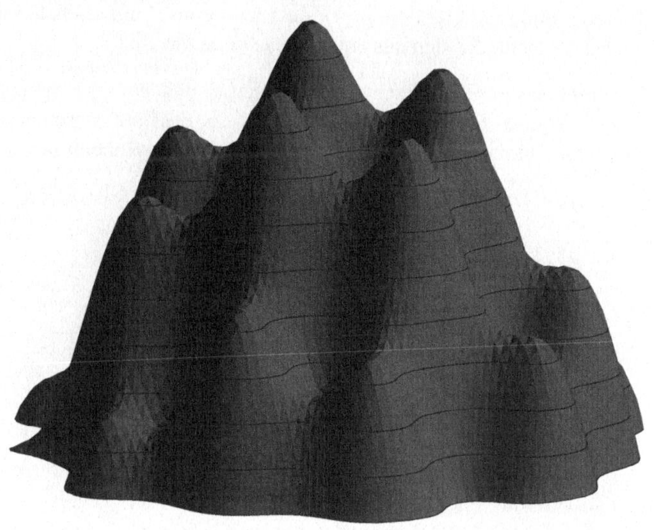

Abbildung 24.5: Graph von $(x,y) \mapsto \sin(x)\cos(y) - (x^2 + y^2)/20$

Wir zeigen diesen Plot noch einmal in der Aufsicht. Zusätzlich zu den Höhenlinien benutzen wir noch shading=zhue, um den Funktionsverlauf zu verdeutlichen.

$$plot3d(f, bereich, orientation = [-90,0], style = patchcontour, shading = zhue,$$
$$numpoints = 5000) \ \# Abb. \ 24.6$$

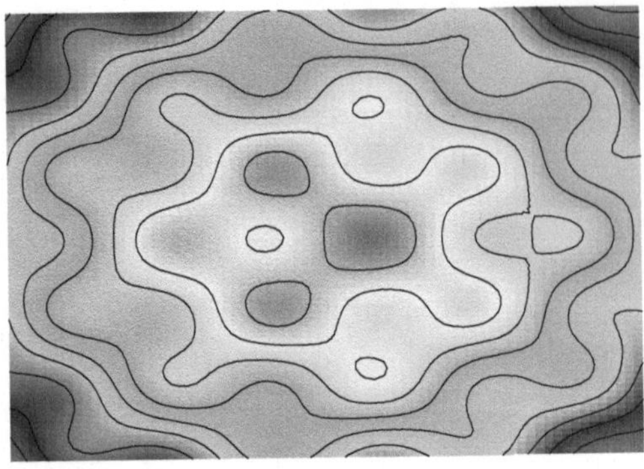

Abbildung 24.6:
Aufsicht auf den Graphen aus Abbildung 24.5

Aufgaben

1. Gegeben sei die Funktion $f\colon \mathbb{R}^2 \to \mathbb{R}$, $f(x,y) = x^2 - y^2 - (x^2+y^2)^2$. Plotten Sie den Graphen von f über dem Rechteck $[-1.2, 1.2] \times [-0.5, 0.5]$ bei 40 Gitterpunkten in jeder Richtung. Stellen Sie den Wertebereich so ein, dass die entstehende Fläche nur am unteren Rand abgeschnitten wird. Plotten Sie bei gleicher Einstellung die Höhenlinien der Fläche und deren Projektion in die (x,y)-Ebene.

2. Plotten Sie die Graphen der Funktionen $f(x,y) = 4(x^2+y^2)$ und $g(x,y) = x+1$ in einem Plot über $[-1,1]^2$ mit den Optionen `axes = boxed` und `style = hidden` in verschiedenen Farben. Wählen Sie den Wertebereich und die Orientierung so, dass man einmal eine Schale mit schrägem Boden und einmal eine Haube sieht, die sich aus einer Ebene herauswölbt.

3. Plotten Sie die Graphen der Funktionen $f(x,y) = \sin(x)$ und $g(x,y) = \sin(x) + \cos(x+y)$ über $[-3\pi, 3\pi] \times [-9, 9]$. Wählen Sie dabei das Gitter für f so, dass die Maschen auf der Fläche etwa wie Quadrate aussehen. Plotten Sie für g auch die Projektion der Höhenlinien in die (x,y)-Ebene.

4. Plotten Sie die Graphen der folgenden Funktionen über $[-6\pi, 6\pi] \times [-6\pi, 6\pi]$

$$
\begin{aligned}
f_1(x,y) &= \cos\left(\sqrt{x^2+y^2}\right), \\
f_2(x,y) &= \cos\left(\sqrt{(x+\pi)^2+y^2}\right) + \cos\left(\sqrt{(x-\pi)^2+y^2}\right), \\
f_3(x,y) &= \cos\left(\sqrt{(x+2\pi)^2+y^2}\right) + \cos\left(\sqrt{(x-\pi)^2+y^2}\right), \\
f_4(x,y) &= \cos\left(\sqrt{(x+2\pi)^2+y^2}\right) + \cos\left(\sqrt{(x-2\pi)^2+y^2}\right), \\
f_5(x,y) &= \cos\left(\sqrt{(x+2\pi)^2+y^2}\right) \cdot \cos\left(\sqrt{(x-2\pi)^2+y^2}\right).
\end{aligned}
$$

Wählen Sie als Orientierung einmal $[30, 15]$ und ein anderes Mal $[150, 70]$ in Verbindung mit der Option `scaling = constrained`. Verwenden Sie jeweils 50×50 Gitterpunkte. Benutzen Sie auch die Orientierung $[90, 0]$ und die Einstellungen `style = patchnogrid` und `shading = zhue`. Testen Sie an den Plots, wie sich verschiedene Lichteinstellungen und Wahlen des Farbverlaufs auswirken. Wenn Sie die Lichteinstellung im Befehl `plot3d` vornehmen wollen, ist `light = [70, 35, .9, .9, .9]` kein schlechter Wert.

5. Sei $f\colon \mathbb{R}^2 \to \mathbb{R}$ definiert durch $f(x,y) = (x^4 - 6x^2y^2 + y^4)\exp(-x^2-y^2)$. Plotten Sie den Graphen von f über dem Rechteck $[-3,3] \times [-3,3]$. Wählen Sie die Orientierung so, dass man die vier Minima des Graphen sehen kann. Betrachten Sie auch die Projektion der Niveaulinien in die (x,y)-Ebene. Plotten Sie ferner den Graphen von f zusammen mit dem Graphen von $h(x,y) = (x+y)/2$ in verschiedenen Farben.

6. Plotten Sie die Graphen der Funktionen $f(x,y) = 4 - 4\sqrt{x^2 + y^2}$ und $g(x,y) = x + y/2 - 2$ in verschiedenen Farben in einem Plot über dem Rechteck $[-3,3] \times [-3,3]$. Wählen Sie den Wertebereich so, dass der auftretende Kegel einen runden Rand bekommt.

7. Zeichnen Sie die linke Seite von Abbildung 24.4 mit einem höheren Wert von `numpoints`, so dass die Dreiecke nicht mehr so auffallen.

25 Grenzwerte und Stetigkeit

25.1 Grenzwerte

In §11 haben wir gesehen, dass Maple bei Funktionen einer reellen Variablen viele Grenzwerte explizit berechnen kann. Ein entsprechendes Programm zur Berechnung von Grenzwerten bei Funktionen mehrerer Variabler gibt es in Maple nicht. Man kann lediglich iterierte Grenzwerte wie z. B. $\lim_{x\to 0}\lim_{y\to 0} f(x,y)$ bilden. Deren Existenz impliziert bekanntlich nicht die Existenz des Grenzwerts $\lim_{(x,y)\to(0,0)} f(x,y)$, aber falls es den Grenzwert gibt, so ist er gleich den iterierten Grenzwerten. Daher kann man Maple zur Bestimmung des Grenzwerts benutzen, falls man seine Existenz bereits weiß. Außerdem kann man Maple dazu verwenden, sich durch geeignete Plots eine Anschauung zu verschaffen und so zu einer Vermutung zu kommen. Wir stellen dieses Vorgehen dar am Beispiel

$$f\colon \mathbb{R}^2 \setminus \{(0,0)\} \to \mathbb{R}, \; f(x,y) = \frac{xy^2}{x^2+y^4}.$$

Um festzustellen, ob f einen Grenzwert besitzt, geben wir zunächst f in Pfeilnotation ein und erstellen dann einen Plot von f über dem Quadrat $[-1,1] \times [-1,1]$. Durch Wahl des Gitters sorgen wir dafür, dass die Koordinatenachsen als Gitterlinien vorkommen. Anschließend lassen wir uns mit contours = 20 die Höhenlinien anzeigen.

$$f := (x,y) \to \frac{x \cdot y^2}{x^2+y^4}$$

$$(x,y) \to \frac{xy^2}{x^2+y^4}$$

$$bereich := -1..1, -1..1$$

$$-1..1, -1..1$$

$$optionen := numpoints = 5000, \, axes = boxed, shading = zhue$$

$$numpoints = 5000, \, axes = boxed, shading = zhue$$

$$plot3d(f, bereich, orientation = [-150,40], optionen, style = patchcontour) \; \# \, Abb. \; 25.1$$

$$plot3d(f, bereich, orientation = [180,0], optionen, style = contour, contours = 20) \# \, Abb. \; 25.2$$

An Abbildung 25.1 kann man nicht klar erkennen, was in 0 passiert. Aus Abbildung 25.2 entnimmt man aber, dass verschiedene Höhenlinien im Nullpunkt zusammenlaufen, was auf eine Unstetigkeit in Null hindeutet. Da Maple lediglich Gitterpunkte miteinander verbindet, sieht jeder Plot stetig aus. Wir schauen nun etwas näher hin und betrachten den Graph von f über $[-0.1,0.1] \times [-1,1]$ und über $[-0.05,0.05] \times [-1,1]$.

$$plot3d(f, -0.1..0.1, -1..1, orientation = [-150,40], style = patchcontour, optionen)$$
$$\# \, Abb. \; 25.3 \; links$$

$$plot3d(f, -0.05..0.05, -1..1, orientation = [-150,40], style = patchcontour, optionen)$$
$$\# \, Abb. \; 25.3 \; rechts$$

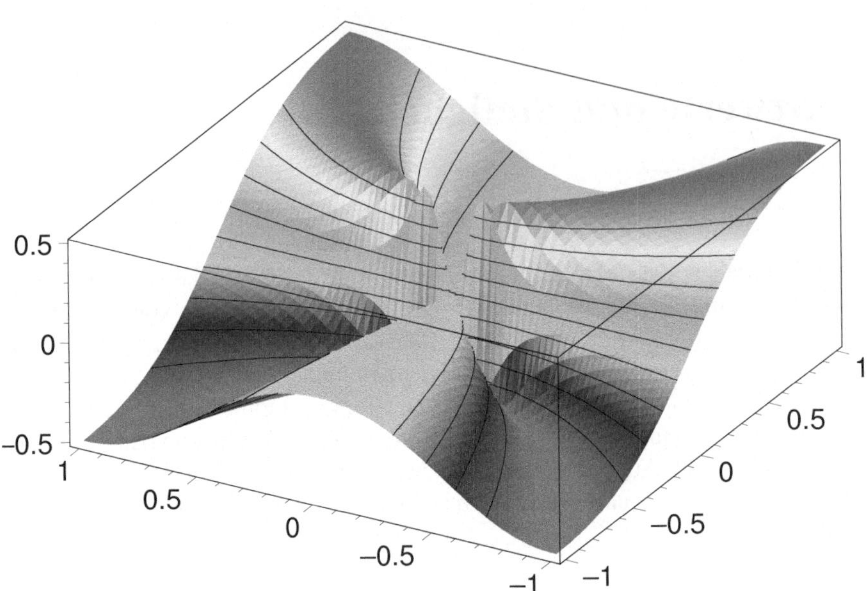

Abbildung 25.1: Graph von $(x,y) \mapsto xy^2/(x^2+y^4)$

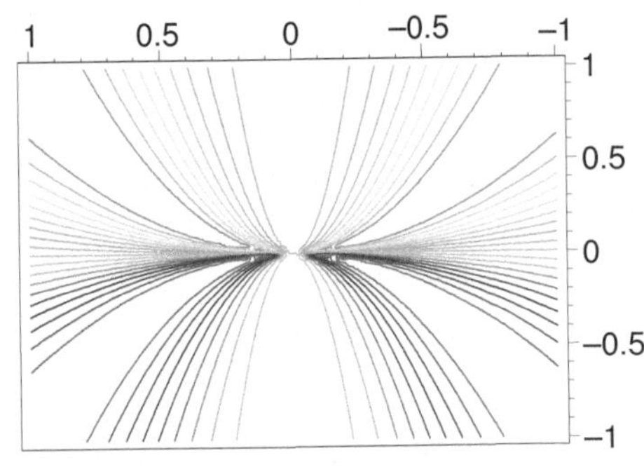

Abbildung 25.2:
Höhenlinien aus Abbildung 25.1

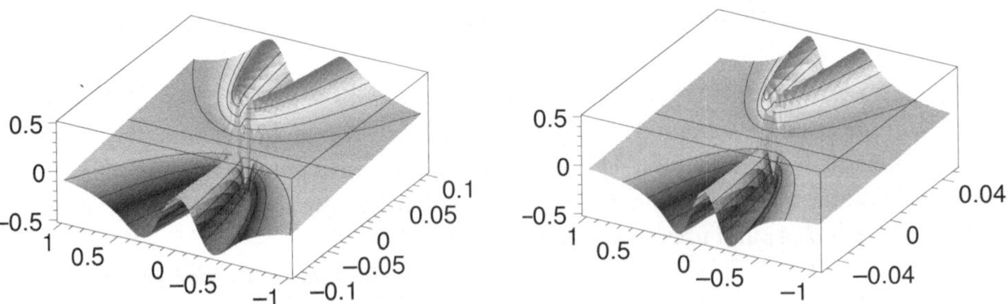

Abbildung 25.3: Ausschnitte aus Abbildung 25.1

Die beiden Graphen aus Abbildung 25.3 vermitteln den Eindruck, dass für $x > 0$ ein Höhenzug auf einer Parabel auf den Nullpunkt zuläuft, während f auf der x-Achse den Wert Null hat. Um zu sehen, wie sich f für $x > 0$ in der Nähe der Null ändert, betrachten wir die Graphen der Funktionen $f(4^{-k}, y)$, $y \in [-1, 1]$, für $k = 1, \ldots, 4$ in einem Bild.

farbe := [*red, green, blue, orange*]

$$[\textit{red, green, blue, orange}]$$

$plot([seq(f(4^{-k}, y), k = 1..4)], y = -1..1, color = farbe, axes = frame)$ $\#$ *Abb. 25.4*

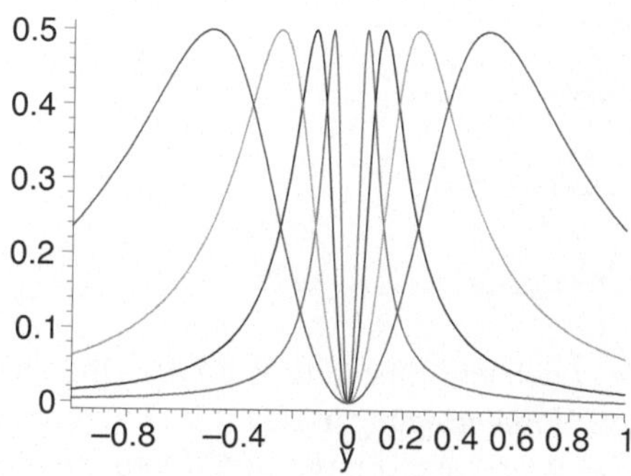

Abbildung 25.4:

Schnitte durch den Graphen von f für $x = 4^{-k}$, $k = 1, 2, 3, 4$

Wie der Plot zeigt, variieren sie umso stärker, je näher man dem Nullpunkt kommt. Dies bekräftigt unsere Vermutung, dass f in Null keinen Grenzwert besitzt. Um sie zu prüfen, lassen wir Maple ausrechnen, ob f auf Geraden durch den Nullpunkt Grenzwerte besitzt. Dabei verwenden wir, dass jede Gerade durch Null für ein geeignetes $\alpha \in [0, 2\pi[$ dargestellt wird durch $t \mapsto t (\cos \alpha, \sin \alpha)$.

$L1 := Limit('f'(t \cdot \cos(a), t \cdot \sin(a)), t = 0) :$
$L1 = value(L1)$

$$\lim_{t \to 0} \frac{t^3 \cos(a) \sin(a)^2}{t^2 \cos(a)^2 + t^4 \sin(a)^4} = 0$$

Diese Grenzwerte existieren also alle und haben sämtlich den Wert Null. Da man sich aber auf viele Arten dem Nullpunkt nähern kann, widerlegt dieses Ergebnis nicht unsere Vermutung, f sei unstetig. Aufgrund von Abbildung 25.3 liegt es nahe, auf der Kurve $t \mapsto (t, \sqrt{t})$ nach Null zu laufen.

$Limit('f'(t, \mathrm{sqrt}(t)), t = 0) = limit(f(t, \mathrm{sqrt}(t)), t = 0)$

$$\lim_{t \to 0} f(t, \sqrt{t})) = \frac{1}{2}$$

Also hat f auch auf dieser Kurve einen Grenzwert in Null. Da er aber von dem zuvor erhaltenen verschieden ist, kann f in Null keinen Grenzwert besitzen.

25.2 Stetigkeit

Wie wir bereits in 11.2 bemerkt haben, ist es oft nicht so einfach, mit Maple die Stetigkeit von Funktionen auf Intervallen zu untersuchen. Bei Funktionen in mehreren Variablen ist bereits die Stetigkeitsuntersuchung in einzelnen Punkten nicht mehr vollständig durchzuführen, da man Maple nicht mit der Bestimmung des Grenzwertes beauftragen kann. Dennoch ist es möglich,

Maple nutzbringend bei Stetigkeitsuntersuchungen von reellwertigen Funktionen in zwei Variablen einzusetzen, indem man sich den Graphen der zu betrachtenden Funktion plotten lässt. Aus ihm kann man entnehmen, an welchen Stellen Unstetigkeiten liegen könnten.

Wir wollen dieses Vorgehen an einem Beispiel erläutern. Dabei demonstrieren wir zugleich, wie man die vielfältigen Optionen des Befehls `plot3d` zur Veranschaulichung einsetzen kann. Dazu definieren wir zunächst eine Funktion h und damit dann die zu untersuchende Funktion $f \colon \mathbb{R}^2 \to \mathbb{R}$.

$$h := (x, y, a) \to \mathrm{sqrt}((x + a \cdot 3 \cdot \mathrm{Pi})^2 + (y + a \cdot 3 \cdot \mathrm{Pi})^2)$$

$$(x, y, a) \to \sqrt{(x + 3a\pi)^2 + (y + 3a\pi)^2}$$

$$f := 3\cos(h(x, y, 1)) \cdot \exp\left(-\frac{1}{9} h(x, y, 1)\right) + 3\cos(h(x, y, -1)) \cdot \exp\left(-\frac{1}{9} h(x, y, -1)\right)$$

$$3\cos\left(\sqrt{(x + 3\pi)^2 + (y + 3\pi)^2}\right) e^{-\frac{1}{9}\sqrt{(x+3\pi)^2+(y+3\pi)^2}}$$

$$+ 3\cos\left(\sqrt{(x - 3\pi)^2 + (y - 3\pi)^2}\right) e^{-\frac{1}{9}\sqrt{(x-3\pi)^2+(y-3\pi)^2}}$$

Wir lassen f über dem Rechteck $[-8\pi, 8\pi] \times [-8\pi, 8\pi]$ zeichnen. Eine gute Wahl der Optionen findet man nach einigen Versuchen und den folgenden Vorüberlegungen. Da der Graph recht kompliziert ist, sind viele Gitterpunkte erforderlich. Weil er kreisförmige Strukturen enthält, haben wir uns für `scaling = constrained` entschieden. Dies betrifft auch die z-Achse, so dass man die Höhe des Plots durch Vorfaktoren am Funktionswert einstellt; in unserem Fall haben wir den Faktor 3 gewählt. Im Falle von `scaling = unconstrained` regelt man das mit der Option `view`. Die anderen Optionen können am Plot eingestellt werden und sind daher weniger schwierig. Falls man allerdings die Einstellung des Lichts bei der Eingabe des `plot3d`-Befehls vornehmen will, so muss man experimentieren.

$$optionen := grid = [121, 121], scaling = constrained, shading = zhue$$

$$grid = [121, 121], scaling = constrained, shading = zhue$$

$$plot3d(f, x = -8 \cdot \mathrm{Pi}..8 \cdot \mathrm{Pi}, y = -8 \cdot \mathrm{Pi}..8 \cdot \mathrm{Pi}, orientation = [110, 60], optionen,$$

$$style = patchnogrid, light = [80, 40, 0.8, 0.8, 0.8]) \ \# \, Abb. \ 25.5$$

Wir sehen gedämpfte Kreiswellen, die von den Zentren $(3\pi, 3\pi)$ und $(-3\pi, -3\pi)$ ausgehen und dann ein Überlagerungsmuster liefern. Ein ähnliches Bild sieht man auf einer Wasseroberfläche, wenn man zwei Steine hineinwirft. Das Interferenzmuster wird noch besser erkennbar, wenn man von oben auf das letzte Bild schaut. Dazu schalten wir die Beleuchtung ab und Höhenlinien ein. Da der Plot sehr viele Berge und Täler besitzt, liegen die Höhenlinien in der Standardeinstellung zu dicht. Wir setzen daher `contours = 6`.

$$plot3d(f, x = -8 \cdot \mathrm{Pi}..8 \cdot \mathrm{Pi}, y = -8 \cdot \mathrm{Pi}..8 \cdot \mathrm{Pi}, orientation = [-90, 0], optionen,$$

$$style = patchcontour, contours = 6) \ \# \, Abb. \ 25.6$$

An der Stetigkeit von f dürften keine Zweifel mehr bestehen. Bevor wir sie beweisen, betrachten wir noch einen Ausschnitt, der zeigt, wie eine Welle den Wellenkamm der anderen moduliert.

$$plot3d(f, x = 0..18, y = 0..18, orientation = [110, 65], optionen, style = patchnogrid,$$

$$light = [80, 45, 0.9, 0.9, 0.9]) \, Abb. \ \# \ 25.7$$

Die Stetigkeit von f ergibt sich schließlich aus dem folgenden Argument. Die Funktionen

$$g_\pm \colon (x, y) \mapsto (x \pm 3\pi)^2 + (y \pm 3\pi)^2$$

Abbildung 25.5: Graph von f

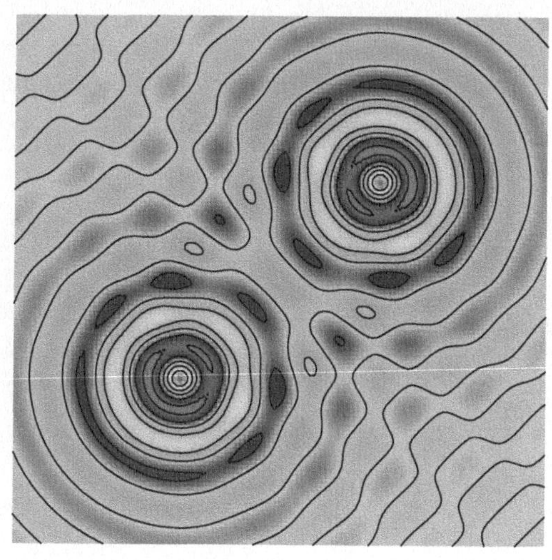

Abbildung 25.6:
Höhenlinien von f

sind als Polynome stetig, also auch $h_\pm = g_\pm^{1/2}$ und daher auch

$$f = 3(\cos \circ h_+)\exp \circ \left(\frac{-1}{9}h_+ \right) + 3(\cos \circ h_-)\exp \circ \left(\frac{-1}{9}h_- \right)$$

als Verknüpfung, Produkt und Linearkombination stetiger Funktionen.

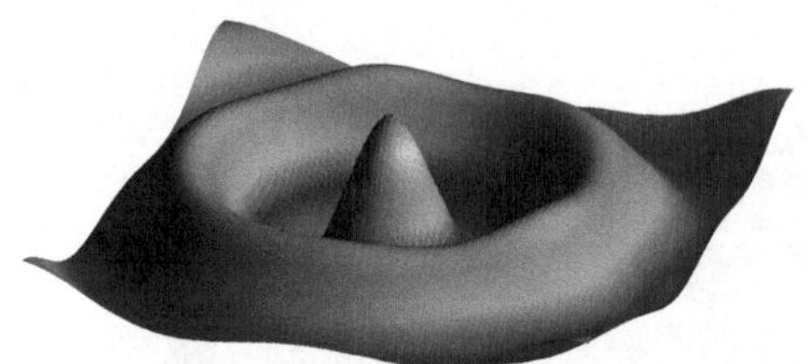

Abbildung 25.7:
Ausschnitt aus Abbildung 25.5

Aufgaben

1. Untersuchen Sie, ob die folgenden Funktionen $f\colon \mathbb{R}^2 \setminus \{(0,0)\} \to \mathbb{R}$ im Nullpunkt einen Grenzwert besitzen:

$$f(x,y) := \frac{x^4+y}{x^2+y^2}, \quad f(x,y) := \frac{x^4+y^2}{x^2+y^2}.$$

   Um zu einer Vermutung zu kommen, plotten Sie den Graphen von f über dem Quadrat $[-0.2, 0.2] \times [-0.2, 0.2]$ bei geeigneter Orientierung, und betrachten Sie die Projektionen der Höhenlinien in die (x,y)-Ebene. Beweisen Sie die aus dem Plot hergeleitete Vermutung.

2. Gegeben seien die Funktionen $f\colon \mathbb{R}^2 \setminus \{(0,0)\} \to \mathbb{R}$

$$f(x,y) := \frac{(xy+\sin y)^2}{\sin(x)^2+y^2}, \quad f(x,y) := \frac{(x+y)^3}{\sin(x^2+y^4)}.$$

   Untersuchen Sie wie in Aufgabe 1, ob f im Nullpunkt einen Grenzwert besitzt. Plotten Sie dazu den Graphen von f über $[-1,1] \times [-1,1]$.

3. Die Funktion $g\colon \mathbb{R}^2 \to \mathbb{R}$ sei definiert durch

$$g(x,y) := \sin(x+y) + \cos\left(\sqrt{x^2+y^2}\right) - \frac{x^2+y^2}{40}.$$

   Plotten Sie den Graphen von g über $[-6\pi, 6\pi] \times [-6\pi, 6\pi]$ in der Orientierung `[-160, 40]`. Verwenden Sie einmal die Option `style = hidden`, ein anderes Mal `style = patchcontour` mit `shading = zgreyscale` bei `view = [-4, 1]`. Wählen Sie am Plot `lightscheme` 4 aus. Plotten Sie auch die Projektion der Höhenlinien in die (x,y)-Ebene.

4. Gegeben sei die Funktion

$$h(x,y) := \exp(-(x^2+y^2))\left(1 + 4\frac{xy(x^2-y^2)\left(1-\exp(-6(x^2+y^2))\right)}{x^2+y^2}\right).$$

   Plotten Sie den Graphen von h über dem Quadrat $[-1.5, 1.5] \times [-1.5, 1.5]$. Wählen Sie die Orientierung so, dass Sie vier Gipfel sehen. Plotten Sie auch die Projektion der Höhenlinien in die (x,y)-Ebene.

5. Gegeben sei die Funktion

$$g\colon (x,y) \mapsto x^2 \exp(-(x^2+y^2))\left(1 + \frac{2xy\left(1-\exp(-4(x^2+y^2))\right)}{x^2+y^2}\right).$$

   Plotten Sie den Graphen von g über $[-2,2]^2$ mit der Option `grid = [41, 41]` und den Orientierungen `[120, 40]` und `[90, 0]`.

26 Lineare Algebra

Dieses Kapitel enthält eine Einführung in die wichtigsten Befehle zur linearen Algebra.

26.1 Lineare Gleichungssysteme

Viele Probleme der mehrdimensionalen Analysis und der Physik führen auf lineare Gleichungssysteme. Diese löst man in Maple mit dem Befehl `solve` in der folgenden Syntax

> `solve({`g_1`, ..., `g_n`}, {`x_1`, ..., `x_m`})`

Hierbei sind $g_1,\dots,g_n$ die zu lösenden Gleichungen und $x_1,\dots,x_m$ die Unbestimmten. Dabei dürfen n und m verschieden sein. Wenn das Gleichungsystem lösbar ist, gibt Maple die Lösung als Menge von Gleichheitsrelationen zurück. Falls die Lösung nicht eindeutig ist, können ein oder mehrere Parameter frei gewählt werden. Maple drückt dies durch Gleichungen der Form $x_j = x_j$ aus. Ist das Gleichungssystem dagegen unlösbar, so wird nichts ausgegeben. Es ist übrigens nicht erforderlich, dass die Gleichungen $g_1,\dots,g_n$ linear sind. Im diesem Fall ist allerdings nicht sicher, dass Maple alle Lösungen findet.

Wir stellen ein lineares Gleichungssystem auf und lassen es von `solve` lösen.

$g1 := x + y - z = 1$

$$x + y - z = 1$$

$g2 := 2 \cdot x + y - 3 \cdot z = 0$

$$2x + y - 3z = 0$$

$g3 := x - 2 \cdot z = -1$

$$x - 2z = -1$$

$solve(\{g1, g2, g3\}, \{x, y, z\})$

$$\{x = -1 + 2z, \, y = 2 - z, \, z = z\}$$

Diese Ausgabe bedeutet, dass man alle Lösungen des gegebenen Gleichungssystems erhält, wenn man z beliebig vorgibt und dann $x = 2z - 1$ und $y = -2z + 2$ setzt. Dabei hat Maple sich dafür entschieden, die Variable z unbestimmt zu lassen. Wir wollen die Richtigkeit der Lösung durch Einsetzen prüfen. Die obige Ausgabe gibt nur die Lösungsmenge an, sie bedeutet nicht, dass x gleich $2z - 1$ gesetzt worden ist. Dies erledigen wir jetzt mit dem Befehl `assign`. Er wird angewandt auf eine Liste oder Menge von Gleichheitsrelationen der Form $x = A$, wobei A ein Ausdruck und x eine Variable ist. Er weist der Variablen den Ausdruck als Wert zu.

$assign(\%)$

$g1, g2, g3$

$$1 = 1, 0 = 0, -1 = -1$$

Die Probe zeigt, dass Maple korrekt gerechnet hat. Zum Weiterarbeiten machen wir die Variablen wieder unbestimmt.

$$x :=' x' : y :=' y' : z :=' z' :$$

Man kann dieselbe Rechnung auch Zeile für Zeile durchführen, falls man sich für Zwischenergebnisse interessiert. Es ist nämlich möglich, Gleichungen zu addieren und mit Skalaren zu multiplizieren.

$$g1a := g1$$
$$x + y - z = 1$$

$$g2a := g2 - 2 \cdot g1$$
$$-y - z = -2$$

$$g3a := g3 - g1$$
$$-y - z = -2$$

$$g1b := g1a + g2a$$
$$x - 2 \cdot z = -1$$

$$g2b := -1 \cdot g2a$$
$$y + z = 2$$

$$g3b := g2a - g3a$$
$$0 = 0$$

Man sieht, dass man y oder z vorgeben darf. Wir entscheiden uns für y und lösen von unten nach oben sukzessive auf.

$$z = solve(g2b, z)$$
$$z = -y + 2$$

$$g1c := subs(\%, g1b)$$
$$x - 4 + 2 \cdot y = -1$$

$$x = solve(g1c, x)$$
$$x = 3 - 2 \cdot y$$

26.2 Erzeugung von Matrizen und Vektoren

Aus der linearen Algebra ist bekannt, dass man lineare Gleichungssysteme übersichtlich darstellen kann, wenn man Matrizen und Vektoren benutzt. Um diese in Maple bearbeiten zu können, benötigen wir das Paket `LinearAlgebra`, welches wir auf die übliche Weise laden.

$$with(LinearAlgebra) :$$

Den Inhalt des Pakets `LinearAlgebra` stellen wir hier nicht vollständig dar. Man informiert sich entweder unter `?LinearAlgebra` oder am besten mit dem Help Browser aus dem Menü.

Hat man bereits ein lineares Gleichungssystem eingegeben, so erhält man die zugehörige Matrix seiner Koeffizienten mit dem Befehl `GenerateMatrix` in einer der beiden folgenden Varianten

```
> GenerateMatrix([g_1, ..., g_n], [x_1, ..., x_m])
> GenerateMatrix([g_1, ..., g_n], [x_1, ..., x_m], augmented=true)
```

Die erste Form erzeugt eine $n \times m$-Matrix aus den Koeffizienten der Unbestimmten $x_1, \ldots, x_m$, bei der zweiten wird als $(m + 1)$-te Spalte die rechte Seite des Gleichungssystems hinzugefügt. Man beachte, dass bei `solve` Gleichungen und Variable als Mengen, also eingeschlossen in geschweifte Klammern, eingeben werden, bei `GenerateMatrix` aber als Liste, also mit eckigen Klammern. Bei `GenerateMatrix` ist zwar auch die Eingabe einer Menge erlaubt, aber da es bei

Mengen auf die Reihenfolge der Elemente nicht ankommt, weiß man bei dieser Eingabeform nicht, welche Spalte der Matrix zu welcher Variablen gehört.

Zum Lösen des Gleichungssystems aus 26.1 verwenden wir die zweite Form.

$$B := GenerateMatrix([g1, g2, g3], [x, y, z], augmented = true)$$

$$\begin{bmatrix} 1 & 1 & -1 & 1 \\ 2 & 1 & -3 & 0 \\ 1 & 0 & -2 & -1 \end{bmatrix}$$

Die quadratische Koeffizientenmatrix benötigen wir auch noch. Wir holen sie mit dem Befehl `SubMatrix` aus B heraus. Genausogut könnten wir die andere Form von `GenerateMatrix` verwenden. Der Befehl `SubMatrix` erhält als erstes Argument die Matrix, als zweites den auszuwählenden Zeilenbereich und als drittes den auszuwählenden Spaltenbereich jeweils in der Form $l..k$. Alternativ darf man statt der Bereiche auch Listen eingeben, in denen die ausgewählten Zeilen und Spalten aufgezählt sind.

$$A := SubMatrix(B, 1..3, 1..3)$$

$$\begin{bmatrix} 1 & 1 & -1 \\ 2 & 1 & -3 \\ 1 & 0 & -2 \end{bmatrix}$$

Da man es nicht immer mit Matrizen zu tun hat, die von linearen Gleichungssystemen herkommen oder aus bereits vorhandenen Matrizen erzeugt werden, muss man auch wissen, wie man eine vorgelegte Matrix eingibt. Dazu gibt man die Zeilen eingeschlossen in spitze Klammern und getrennt durch Kommata ein. Die Elemente der einzelnen Zeilen werden durch vertikale Striche getrennt und ebenfalls in spitze Klammern eingeschlossen.

```
>   < <a_{1,1}| ... | a_{n,1}>, ..., <a_{1,m}| ...| a_{n,m}> >
```

Das sieht dann wie folgt aus:

$$\langle\langle 1|2\rangle, \langle -2|1\rangle\rangle$$

$$\begin{bmatrix} 1 & 2 \\ -2 & 1 \end{bmatrix}$$

Vertauscht man die Kommata mit den Strichen, so wird die Matrix spaltenweise angegeben

```
>   < <a_{1,1}, ... , a_{1,m}| ... | <a_{n,1}, ..., a_{n,m}> >
```

Auch hier geben wir ein Beispiel:

$$M := \langle\langle 1, -2\rangle | \langle 2, 1\rangle\rangle$$

$$\begin{bmatrix} 1 & 2 \\ -2 & 1 \end{bmatrix}$$

Alternativ kann man diese beiden Eingabeformen auch dem Befehl `Matrix` als Argument übergeben. Eine mit Nullen besetzte $n \times m$ Matrix erzeugt man mit

```
> M := Matrix(n, m)
```

Auf ihre Elemente greift man mit $M[i, j]$ zu, und zwar sowohl zum Auslesen als auch zum Verändern.

Der Befehl `Matrix` wird auch zur Konstruktion spezieller Matrizen verwendet; in diesen Fällen teilt man die Gestalt über den optionalen Parameter `shape` mit. Wir erzeugen als Beispiele eine Einheitsmatrix und eine Diagonalmatrix.

Einheit := Matrix(3, *shape = identity*)

$$\begin{bmatrix} 1 & 0 & 0 \\ 0 & 1 & 0 \\ 0 & 0 & 1 \end{bmatrix}$$

U := Matrix($\langle 1, 2, 3 \rangle$, *shape = diagonal*)

$$\begin{bmatrix} 1 & 0 & 0 \\ 0 & 2 & 0 \\ 0 & 0 & 3 \end{bmatrix}$$

Die Transponierte A^T einer Matrix A erhält man durch den Befehl `Transpose`.

Transpose(A)

$$\begin{bmatrix} 1 & 2 & 1 \\ 1 & 1 & 0 \\ -1 & -3 & -2 \end{bmatrix}$$

Vektoren gibt man so ein wie die Zeilen oder Spalten einer Matrix, also in spitzen Klammern, durch Kommata getrennt beim Spaltenvektor und durch vertikale Striche getrennt beim Zeilenvektor. Ein Beispiel für den letztgenannten liefert

$\langle 1|2|3|4 \rangle$

$$\begin{bmatrix} 1 & 2 & 3 & 4 \end{bmatrix}$$

Ein Beispiel für einen Spaltenvektor ist

$v := \langle 1, 2, 3 \rangle$

$$\begin{bmatrix} 1 \\ 2 \\ 3 \end{bmatrix}$$

Zugriff auf das i-te Element eines Vektors v ist möglich durch Eingabe von $v[i]$ oder durch v_i. Der Befehl zur Erzeugung eines Vektors ist `Vector`. Ruft man ihn als `Vector`(n) auf, so erhält man den Nullvektor der Länge n, dargestellt als Spaltenvektor. Wünscht man einen Vektor mit unbestimmten Einträgen, so kann man das über die Option `symbol` erreichen.

w := Vector(3, *symbol = u*)

$$\begin{bmatrix} u_1 \\ u_2 \\ u_3 \end{bmatrix}$$

$w[1], w_2$

$$u_1, u_2$$

Man darf als Symbol keine bereits definierten Variablennamen verwenden und auch leider nicht denselben Namen, den man dem Vektor geben möchte.

Vektoren und Listen werden beide in eckige Klammern eingeschlossen. Bei der Ausgabe einer Liste werden die Elemente durch Kommata getrennt, bei der eines Vektors dagegen durch Leerzeichen. Ein weiterer Unterschied besteht darin, dass die Elemente eines Vektors v durch eine Zuweisung der Form $v[i] := x$ verändert werden können, während das bei Listen nicht möglich ist.

Schließlich kann man Vektoren auch durch Umwandlung von Spalten einer vorhandenen Matrix M bekommen, indem man den Befehl `convert`(M, `Vector`) verwendet.

$$b := convert(SubMatrix(B, 1..3, 4..4), Vector)$$

$$\begin{bmatrix} 1 \\ 0 \\ -1 \end{bmatrix}$$

Will man einer Matrix A noch einen Vektor v als Spalte hinzufügen, so erreicht man das auf eine ähnliche Weise wie beim Aufbau von Matrizen aus Spalten

$$\langle A|v \rangle$$

$$\begin{bmatrix} 1 & 1 & -1 & 1 \\ 2 & 1 & -3 & 2 \\ 1 & 0 & -2 & 3 \end{bmatrix}$$

Trennt man Matrix und Zeilenvektor durch ein Komma statt durch einen Strich, so werden sie übereinander gestapelt. Wendet man diese beiden Methoden auf passende Matrizen an, so kann man auch Blockmatrizen aufbauen.

26.3 Rechnen mit Matrizen

Die Addition und die skalare Multiplikation von Matrizen erfolgen in Maple durch die gewohnten Befehle „+" und „·", eingegeben als „*". Für die Multiplikation einer $n \times m$ mit einer $m \times k$ Matrix verwendet man dagegen den gewöhnlichen Punkt „.". Das liegt daran, dass der Malpunkt · immer eine kommutative Operation bezeichnet. Auf diese Eigenart muss man bei der Eingabe achten: es kann sonst vorkommen, dass Maple $A^{-1}BA$ zu B vereinfacht, bevor ihm auffällt, dass A und B Matrizen sind. Die Potenzen einer $n \times n$-Matrix für ganze Zahlen $k \neq 0$ werden wie üblich durch $A^\wedge k$ angefordert. Die nullte Potenz vereinfacht Maple dagegen zur Zahl 1 anstatt zur Einheitsmatrix.

$$C := A + 5 \cdot U$$

$$\begin{bmatrix} 6 & 1 & -1 \\ 2 & 11 & -3 \\ 1 & 0 & 13 \end{bmatrix}$$

$$'Cv' = C.v$$

$$Cv = \begin{bmatrix} 5 \\ 15 \\ 40 \end{bmatrix}$$

$$C. \langle 1, 0, 0 \rangle$$

$$\begin{bmatrix} 6 \\ 2 \\ 1 \end{bmatrix}$$

$$v.Transpose(v) - C.A$$

$$\begin{bmatrix} -6 & -5 & 10 \\ -19 & -9 & 35 \\ -11 & 5 & 36 \end{bmatrix}$$

Insbesondere kann man auch die Inverse berechnen lassen:

$$\text{'}C^{(-1)}\text{'} = C^{(-1)}$$

$$\frac{1}{C} = \begin{bmatrix} \dfrac{143}{840} & \dfrac{-13}{840} & \dfrac{1}{105} \\[2mm] \dfrac{-29}{840} & \dfrac{79}{840} & \dfrac{2}{105} \\[2mm] \dfrac{-11}{840} & \dfrac{1}{840} & \dfrac{8}{105} \end{bmatrix}$$

Matrizen können sehr groß sein. Daher gibt es jede Matrix à priori nur einmal. Eine Zuweisung $M := N$ einer Matrix an eine andere erzeugt nur einen neuen Namen für die ursprüngliche Matrix. Kopien können aber mittels Copy erzwungen werden.

$N := M; N[1,2] := -333$

$$\begin{bmatrix} 1 & 2 \\ -2 & 1 \end{bmatrix}$$

$$-333$$

$\text{'}M\text{'} = M, \text{'}N\text{'} = N$

$$M = \begin{bmatrix} 1 & -333 \\ -2 & 1 \end{bmatrix}, N = \begin{bmatrix} 1 & -333 \\ -2 & 1 \end{bmatrix}$$

$N := Copy(M)$

$$\begin{bmatrix} 1 & -333 \\ -2 & 1 \end{bmatrix}$$

$M[1,2] := 2$

$$2$$

$\text{'}M\text{'} = M, \text{'}N\text{'} = N$

$$M = \begin{bmatrix} 1 & 2 \\ -2 & 1 \end{bmatrix}, N = \begin{bmatrix} 1 & -333 \\ -2 & 1 \end{bmatrix}$$

Nachdem wir nun mit Matrizen und Vektoren umgehen können, kehren wir zu dem in 26.1 betrachteten Gleichungssystem zurück. Es lautet $Ax = b$, wobei A und b in 26.2 definiert wurden. Seine Lösung veranlasst man mit dem Befehl

$x := LinearSolve(A, b)$

$$\begin{bmatrix} -1 + 2\_t_3 \\ 2 - \_t_3 \\ \_t_3 \end{bmatrix}$$

Diese Ausgabe besagt, dass jeder Vektor der Form $(-1 + 2t, 2 - t, t)$ eine Lösung des Gleichungssystems $Ax = b$ ist. Wir erhalten also die gleiche Beschreibung der Lösungsmenge wie in 26.1, allerdings in Vektorform. Die Probe ist nun leicht durchzuführen.

$A.x; x := \text{'}x\text{'} :$

$$\begin{bmatrix} 1 \\ 0 \\ -1 \end{bmatrix}$$

Wie in 26.1, so ist auch hier die schrittweise Berechnung der Lösungen möglich. Einmal sozusagen halbautomatisch, indem man mit dem Befehl ReducedRowEchelonForm die Matrix auf Zeilenstufenform bringen lässt, und zum anderen durch Zeilenumformungen. Wir lassen zunächst die Zeilenstufenform direkt berechnen.

ReducedRowEchelonForm(*B*)

$$\begin{bmatrix} 1 & 0 & -2 & -1 \\ 0 & 1 & 1 & 2 \\ 0 & 0 & 0 & 0 \end{bmatrix}$$

Für einzelne Zeilenumformungen gibt es den Befehl `RowOperation`. In der Form

> `RowOperation(A, [n, m], c)`

wird das *c*-fache der *m*-ten Zeile von *A* zur *n*-ten Zeile addiert. In der Form

> `RowOperation(A, n, c)`

wird die *n*-te Zeile mit *c* multipliziert. Dabei darf *c* nicht verschwinden.

$A1 := RowOperation(B, [2, 1], -2)$

$$\begin{bmatrix} 1 & 1 & -1 & 1 \\ 0 & -1 & -1 & -2 \\ 1 & 0 & -2 & -1 \end{bmatrix}$$

$A2 := RowOperation(A1, [3, 1], -1)$

$$\begin{bmatrix} 1 & 1 & -1 & 1 \\ 0 & -1 & -1 & -2 \\ 0 & -1 & -1 & -2 \end{bmatrix}$$

$A3 := RowOperation(A2, [3, 2], -1) : A4 := RowOperation(A3, [1, 2], 1)$

$$\begin{bmatrix} 1 & 0 & -2 & -1 \\ 0 & -1 & -1 & -2 \\ 0 & 0 & 0 & 0 \end{bmatrix}$$

$A5 := RowOperation(A4, 2, -1)$

$$\begin{bmatrix} 1 & 0 & -2 & -1 \\ 0 & 1 & 1 & 2 \\ 0 & 0 & 0 & 0 \end{bmatrix}$$

Damit haben wir die Zeilenstufenform von Hand erzeugt. Abschließend bestimmen wir noch die Ränge von *A* und *B*, sowie die Determinante von *A*, auch wenn wir schon wissen, was dabei herauskommt. Dazu verwenden wir die Befehle `Rank` und `Determinant`.

$'Rank'('A') = Rank(A); 'Rank'('B') = Rank(B)$

$$LinearAlgebra\text{:-}Rank(A) = 2$$

$$LinearAlgebra\text{:-}Rank(B) = 2$$

$'Determinant'('A') = Determinant(A)$

$$LinearAlgebra\text{:-}Determinant(A) = 0$$

Die Eigenwerte einer Matrix bestimmt man mit `Eigenvalues`, die Eigenvektoren zusammen mit den Eigenwerten mit `Eigenvectors`.

Eigenvalues(*A*)

$$\begin{bmatrix} 0 \\ 2 \\ -2 \end{bmatrix}$$

Eigenvectors(*A*)

$$\begin{bmatrix} 2 \\ 0 \\ -2 \end{bmatrix}, \begin{bmatrix} 4 & 2 & 0 \\ 5 & -1 & 1 \\ 1 & 1 & 1 \end{bmatrix}$$

Wie wir sehen, gibt der Befehl `Eigenvectors` einen Vektor und eine Matrix aus. Der Vektor enthält die Eigenwerte, in den Spalten der Matrix stehen die Eigenvektoren in derselben Reihenfolge. Ein Eigenwert tritt so oft im Vektor der Eigenwerte auf, wie seine algebraische Vielfachheit angibt. Stimmt diese nicht mit der geometrischen überein, so wird die Matrix der Eigenvektoren mit Nullvektoren aufgefüllt.

Maple kann auch die Jordansche Normalform einer Matrix berechnen. Dies geschieht mit dem Befehl `JordanForm`. Wird optional als zweiter Parameter `output='Q'` angegeben, so wird anstelle der Jordanform die zugehörige Transformationsmatrix angegeben. Sie enthält in den Spalten die Eigen- und die anderen Hauptvektoren.

$M := \langle\langle-14|-18|3|11|-1|16\rangle,$
$\quad \langle-28|-36|18|24|-6|40\rangle,$
$\quad \langle-134|-182|90|126|-16|198\rangle,$
$\quad \langle-12|-12|2|10|-2|8\rangle,$
$\quad \langle190|254|-126|-178|24|-278\rangle,$
$\quad \langle46|62|-32|-46|4|-66\rangle\rangle.$

$$\begin{bmatrix} -14 & -18 & 3 & 11 & -1 & 16 \\ -28 & -36 & 18 & 24 & -6 & 40 \\ -134 & -182 & 90 & 126 & -16 & 198 \\ -12 & -12 & 2 & 10 & -2 & 8 \\ 190 & 254 & -126 & -178 & 24 & -278 \\ 46 & 62 & -32 & -46 & 4 & -66 \end{bmatrix}$$

$J := JordanForm(M)$

$$\begin{bmatrix} -4 & 0 & 0 & 0 & 0 & 0 \\ 0 & -2I & 0 & 0 & 0 & 0 \\ 0 & 0 & 2I & 0 & 0 & 0 \\ 0 & 0 & 0 & 4 & 1 & 0 \\ 0 & 0 & 0 & 0 & 4 & 1 \\ 0 & 0 & 0 & 0 & 0 & 4 \end{bmatrix}$$

$T1 = JordanForm(M, output = 'Q')$

$$\begin{bmatrix} 6 & -10-24I & -10+24I & -72 & 46 & 15 \\ 3 & -7+17I & -7-17I & 144 & -128 & 11 \\ 0 & \frac{41}{2}-\frac{3}{2}I & \frac{41}{2}+\frac{3}{2}I & 0 & 36 & -41 \\ 6 & -17-7I & -17+7I & 0 & -72 & 28 \\ 0 & -\frac{7}{2}+\frac{17}{2}I & -\frac{7}{2}-\frac{17}{2}I & -144 & 128 & 7 \\ 3 & -12+5I & -12-5I & 72 & -46 & 21 \end{bmatrix}$$

Da die ersten vier Spalten der Jordanform keine Nebendiagonaleinträge haben, sind die ersten vier Spalten von T_1 die Eigenvektoren von M. Das zeigt auch der Vergleich mit dem Ergebnis von Eigenvectors. Dabei ist zu beachten, dass Eigenvektoren selbst bei eindimensionalen Eigenräumen nur bis auf ein skalares Vielfaches bestimmt sind.

$Eigenvectors(M)$

$$
\begin{bmatrix} -4 \\ 2I \\ -2I \\ 4 \\ 4 \\ 4 \end{bmatrix}, \quad
\begin{bmatrix}
2 & -2I & 2I & -1 & 0 & 0 \\
1 & 1+I & 1-I & 2 & 0 & 0 \\
0 & -\frac{3}{2}+\frac{1}{2}I & -\frac{3}{2}-\frac{1}{2}I & 0 & 0 & 0 \\
2 & 1-I & 1+I & 0 & 0 & 0 \\
0 & \frac{1}{2}+\frac{1}{2}I & \frac{1}{2}-\frac{1}{2}I & -2 & 0 & 0 \\
1 & 1 & 1 & 1 & 0 & 0
\end{bmatrix}
$$

Die beiden Nullvektoren in den letzten Spalten zeigen an, dass für den Eigenwert 4 die algebraische Vielfachheit die geometrische um 2 übersteigt.

26.4 Manipulation von Vektoren und Matrizen

Neben den bisher verwendeten Operationen mit Matrizen und Vektoren gibt es noch eine Vielzahl von Befehlen hierzu, welche das Paket LinearAlgebra bereitstellt. Einige von ihnen wollen wir in diesem Abschnitt vorstellen.

Von zwei Vektoren a, b gleicher Länge kann man das Skalarprodukt $a \cdot b$ bilden, welches in Maple DotProduct heißt. Standardmäßig wird das Skalarprodukt über den komplexen Zahlen bestimmt. Im Gegensatz zum üblichen Gebrauch in der Mathematik wird der erste Faktor komplex konjugiert, wenn man zwei Spaltenvektoren miteinander multipliziert. Bei Zeilenvektoren wird dagegen der zweite konjugiert. Will man gar keine Konjugation, so kann man entweder die Operanden mittels assuming als reell vereinbaren, oder DotProduct mit der Option conjugate=false aufrufen.

$u := Vector(3, symbol = a, orientation = row)$

$$\begin{bmatrix} a_1 & a_2 & a_3 \end{bmatrix}$$

$b := \text{'}b\text{'} : v := Vector(3, symbol = b, orientation = row)$

$$\begin{bmatrix} b_1 & b_2 & b3 \end{bmatrix}$$

$DotProduct(u, v)$

$$\overline{b}_1 a_1 + \overline{b}_2 a_2 + \overline{b}_3 a_3$$

$DotProduct(u, v, conjugate = false)$

$$b_1 a_1 + b_2 a_2 + b_3 a_3$$

Von zwei Vektoren mit drei Einträgen kann man das Kreuzprodukt $a \times b$ bilden. In Maple es mit CrossProduct aufgerufen. Da u und v Zeilenvektoren sind, ist auch das Kreuzprodukt ein Zeilenvektor.

$CrossProduct(u, v)$

$$\begin{bmatrix} a_2 b_3 - a_3 b_2 & a_3 b_1 - a_1 b_3 & a_1 b_2 - a_2 b_1 \end{bmatrix}$$

Die Norm eines Vektors v bestimmt man mit `VectorNorm(v, p)`, wobei für $p \in [1, \infty]$ die p-Norm ausgerechnet wird. Fehlt die Angabe von p, dann wird die Supremumsnorm bestimmt. Die 2-Norm ist die übliche Euklidische Norm.

VectorNorm(u)

$$\max(|a_1|, |a_2|, |a_3|)$$

VectorNorm(u, 2)

$$\sqrt{|a_1|^2 + |a_2|^2 + |a_3|^2}$$

VectorNorm(u, 1)

$$|a_1| + |a_2| + |a_3|$$

Für eine Matrix A ist der Aufruf `Norm(A, p)` möglich mit p gleich 1, 2, `infinity` oder Frobenius. Die Frobeniusnorm ist die Wurzel aus der Quadratsumme der Einträge. Die anderen Normen sind Operatornormen $\|A\|_n = \sup_{\|x\|_n=1} \|Ax\|_n$. Als Beispiel berechnen wir die 2-Norm der Matrix A aus dem letzten Abschnitt.

simplify(Norm(A, 2))

$$\sqrt{11 + \sqrt{103}}$$

Die 2-Norm einer Matrix A ist gleich der Wurzel aus dem größten Eigenwert von AA^T. Wir überprüfen das am Beispiel.

Eigenvalues(A. Transpose(A))

$$\begin{bmatrix} 0 \\ 11 + \sqrt{103} \\ 11 - \sqrt{103} \end{bmatrix}$$

Gelegentlich möchte man alle Elemente einer Matrix, eines Vektors oder einer anderen Datenstruktur nach derselben Regel umformen. Hierzu gibt es den Befehl

```
> map(f, a, o_1, ..., o_n)
```

Dabei ist f eine Funktion oder allgemeiner eine Prozedur, a ist ein Ausdruck, auf dessen Elemente die Funktion f angewandt wird, und $o_1, \ldots, o_n$ sind, falls vorhanden, die Optionen, die f als zweites bis $n+1$-tes Argument übergeben werden. Als Beispiel quadrieren wir die Komponenten von A. Wir könnten zuerst die Quadratfunktion definieren und q nennen und dann `map(q, A)` aufrufen. Kürzer ist aber die Verwendung der Pfeilnotation im ersten Argument.

$B := map(x \rightarrow x^2, A)$

$$\begin{bmatrix} 1 & 1 & 1 \\ 4 & 1 & 9 \\ 1 & 0 & 4 \end{bmatrix}$$

`map` gehört zur Grundausstattung, braucht also nicht mit `with(LinearAlgebra)` geladen zu werden. Die Anwendung des Befehls ist nicht auf Vektoren und Matrizen beschränkt. Der folgende Befehl erledigt z. B. eine Aufgabe, für die wir in 9.2 die Befehle `seq` und `op` verwendet hatten.

$s := sum(x^k \cdot y^{(2-k)}, k = 0..2)$

$$y^2 + xy + x^2$$

$map(\text{abs}, s)$

$$|y|^2 + |xy| + |x|^2$$

Es ist nicht möglich, in map anstelle des Ausdrucks eine Folge von Ausdrücken einsetzen. Als Ausweg bietet sich an, die Folge durch Einschluss in eckige Klammern in eine Liste zu verwandeln.

Schließlich kann man zu einer Matrix ein dreidimensionales Histogramm anfertigen lassen. Dabei werden die Höhen der Balken durch die Matrixeinträge gegeben. Der Befehl `matrixplot` muss aus dem Paket `plots` geladen werden. Die Option gap gibt die Größe der Lücken zwischen den Balken an.

$with(plots):$

$matrixplot(B, heights = histogram, gap = 0.15, axes = frame) \ \# Abb. 26.1$

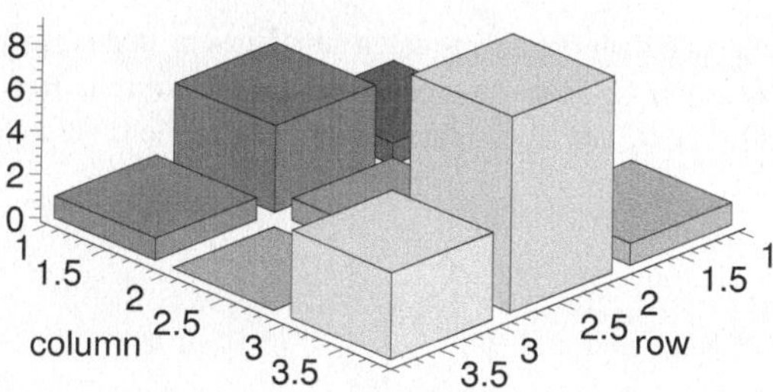

Abbildung 26.1:
Matrixplot zur Matrix B

26.5 Vektorwertige Abbildungen mehrerer Veränderlicher

Eine Prozedur gibt das zuletzt bestimmte Ergebnis zurück, dieses kann auch ein Vektor oder eine Folge von Ausdrücken sein. Entsprechendes gilt auch für die Pfeilnotation. Daher definiert man die zur Matrix A gehörende lineare Abbildung wie folgt.

$f := w \rightarrow A.w$

$$w \rightarrow Typesetting\text{:-}delayDotProduct(A, w)$$

Diese Ausgabe zeigt Interna, die wir so genau gar nicht wissen wollen. Jedenfalls ist f eine Abbildung, die einen Vektor mit drei Einträgen in einen gleichartigen Vektor überführt.

$f(\langle 1, 2, 3 \rangle); A. \langle 1, 2, 3 \rangle$

$$\begin{bmatrix} 0 \\ -5 \\ -5 \end{bmatrix}$$

$$\begin{bmatrix} 0 \\ -5 \\ -5 \end{bmatrix}$$

Aufgaben

1. Bestimmen Sie alle Lösungen der beiden folgenden Gleichungssysteme, und überprüfen Sie das Ergebnis.

a) $x+y+z=1$, $x-3y+2z=2$, $4x+2y-z=3$,

b) $x+2y+3z=1$, $4x+5y+6z=2$, $7x+8y+9z=3$.

2. Sei A bzw. B die Koeffizientenmatrix des Gleichungssystems (a) bzw. (b) aus Aufgabe 1, und sei b der Vektor $(1,0,-1)$. Untersuchen Sie, ob die Gleichung $Ax=b$ bzw. $Bx=b$ lösbar ist, indem Sie zunächst das Rangkriterium verwenden, dann die Zeilenstufenform herstellen lassen und schließlich alle Lösungen der beiden Gleichungen bestimmmen. Überprüfen Sie das Ergebnis. Berechnen Sie dann noch die folgenden Matrizen

$$AB,\ BA,\ AB-BA,\ BA-AB,\ AA^T,\ A^TA,\ AA^T-A^TA.$$

3. Für $n=1,\dots,4$ sei A_n diejenige Matrix, deren j-te Zeile lautet $(x^0,x^1,\dots,x^n)$, wobei x der j-ten Buchstabe des Alphabets ist. Berechnen Sie die Determinante von A_n, und versuchen Sie, ein Bildungsgesetz zu erkennen.

   Hinweis: Benutzen Sie den Befehl `factor`.

4. Die 7×7-Matrix M sei die untere Dreiecksmatrix, auf deren Diagonalen nur Einsen, der ersten Nebendiagonalen nur Zweien etc. stehen. Die Matrizen M_1 bzw. M_2 entstehen aus M dadurch, dass man die letzte Spalte durch $(1,0,\dots,0,1)$ bzw. $(1,1,1,0,0,0,1)$ ersetzt. Berechnen Sie die Inversen von M, M_1 und M_2, sowie die von $M^{-1}M_1$ und $M_1^{-1}M$.

5. Gegeben sei die Matrix

$$A:=\begin{pmatrix} 1 & 0 & 0 & 0 & 0 & 0 & 0 \\ 5 & 4 & 1 & 0 & 0 & 0 & 0 \\ -7 & -4 & 0 & 0 & 0 & 0 & 0 \\ 12 & 9 & 6 & 5 & 1 & 0 & 0 \\ -7 & -5 & -3 & -1 & 3 & 1 & 0 \\ 0 & 0 & 0 & 0 & 0 & 3 & 1 \\ -8 & -7 & -6 & -5 & -4 & -3 & 1 \end{pmatrix}.$$

Bestimmen Sie die Eigenwerte, die Eigenvektoren und die Jordansche Normalform von A sowie die Inverse der transformierenden Matrix. Berechnen Sie außerdem $M^{-1}AM$ für die Matrix M aus Aufgabe 4.

6. Bestimmen Sie die Eigenwerte, die Eigenvektoren und die Jordansche Normalform der folgenden Matrix.

$$C:=\begin{pmatrix} 95 & -32 & -36 & 52 \\ -160 & 31 & -92 & 4 \\ -220 & -164 & 33 & -96 \\ -20 & -36 & 32 & -159 \end{pmatrix}.$$

7. Gegeben seien die Vektoren $u:=(a,b,c)$ und $v:=(x,y,z)$. Berechnen Sie $w:=u\times v$ sowie das Skalarprodukt von w mit u bzw. mit v.

8. Die Vektorfunktion $v\colon\mathbb{R}\to\mathbb{R}^3$ sei definiert durch $v(t):=(\cos t,0,\sin t)$. Ferner sei A die Matrix aus Aufgabe 1. Plotten Sie die Projektionen der Kurve $f\colon t\mapsto Av(t)$ in die (x,y)-, die (x,z)- und die (y,z)-Ebene in einem Plot. Plotten Sie ferner in Polarkoordinaten in einem Plot die Kurven $t\mapsto(r(t),t)$, wobei einmal

$$r(t):=\texttt{VectorNorm}(v(t),k),\quad k=1,2,3,\infty,$$

ein anderes Mal

$$r(t):=\texttt{VectorNorm}(Av(t),k),\quad k=1,2,3,\infty.$$

Plotten Sie außerdem $t\mapsto\texttt{VectorNorm}(f(t),k)$, $k=1,2,3$ und ∞, über dem Intervall $[0,2\pi]$.

27 Kurven und Flächen im $\mathbb{R}^3$

27.1 Raumkurven

Eine Raumkurve ist eine parametrisierte Kurve im $\mathbb{R}^3$. Sie wird folglich gegeben durch drei Funktionen x, y, z, die von einem gemeinsamen Parameter t abhängen. Wir hatten bereits in 14.3 erklärt, wie man das zweidimensionale Analogon, also ebene parametrische Kurven, mit dem Befehl `plot` anfertigen lässt. Für Raumkurven verfügt Maple über die Befehle `spacecurve` und `tubeplot`, die beide mit `with(plots)` geladen werden müssen. Der Befehl `spacecurve` kann in den folgenden Formen aufgerufen werden.

```
> spacecurve([Ax, Ay, Az, t = a..b], Optionen)
> spacecurve([x, y, z, a..b], Optionen)
> spacecurve({[Ax₁, Ay₁, Az₁, t₁ = a₁..b₁], ..., [Axₙ, Ayₙ, Azₙ,
    tₙ = aₙ..bₙ]}, Optionen)
> spacecurve({[x₁, y₁, z₁, a₁..b₁], ..., [xₙ, yₙ, zₙ, aₙ..bₙ]}, Optionen)
```

Dabei sind x, y und z Funktionen und Ax, Ay und Az Ausdrücke in t, die jeweils die x-, y- und z-Koordinaten der Kurve bestimmen. Entsprechendes gilt für die indizierten Versionen. Die ersten beiden Formen erzeugen eine einzelne, die beiden letzten mehrere Kurven. Als Optionen kann man dieselben wie beim Befehl `plot3d` verwenden, soweit sie sinnvoll sind. Die Einstellung der Zeichengenauigkeit erfolgt bei `spacecurve` mit der Option `numpoints` und nicht mit `grid`. Zeichnet man mehrere Raumkurven mit sehr unterschiedlichen Anforderungen an die Genauigkeit, so kann man den zugehörigen Wert für `numpoints` auch in die eckigen Klammern nehmen.

Als Beispiel zeigen wir eine Spirale.

with(*plots*) :

$$spacecurve\left(\left[\left(2 - \cos\left(\frac{t}{6}\right)\right) \cdot \cos(t), \left(2 - \cos\left(\frac{t}{6}\right)\right) \cdot \sin(t), \frac{t}{8}, t = -6 \cdot \mathrm{Pi}..6 \cdot \mathrm{Pi}\right],\right.$$

$$\left.\mathit{numpoints} = 300, \mathit{orientation} = [-35, 70], \mathit{axes} = \mathit{boxed}\right) \ \# \textit{Abb. 27.1 links}$$

Der Aufruf `tubeplot` ist ähnlich, verlangt aber noch die Angabe eines Radius für den Schlauch. Wir geben nur die erste der vier Möglichkeiten an.

```
> tubeplot([Ax, Ay, Az, t = a..b], radius = r, Optionen)
```

Der Vorteil von `tubeplot` besteht darin, dass er tatsächlich ein dreidimensionales Objekt darstellt und bessere Optionen zur Farbwahl hat. Als Beispiel zeigen wir eine doppelt um einen Torus gewickelte Schraubenlinie, die wir proportional zu ihrer Parametrisierung färben.

$$tubeplot([(5 + \cos(21 \cdot t)) \cdot \cos(2 \cdot t), (5 + \cos(21 \cdot t)) \cdot \sin(2 \cdot t), \sin(21 \cdot t), t = 0..2 \cdot \mathrm{Pi}],$$

$$\mathit{numpoints} = 500, \mathit{radius} = 0.2, \mathit{orientation} = [50, 60], \mathit{style} = \mathit{patchnogrid}, \mathit{color} = t,$$

$$\mathit{scaling} = \mathit{constrained}) \ \# \textit{Abb. 27.1 rechts}$$

Im nächsten Beispiel setzen wir `spacecurve` ein, um mehrere Funktionen $f \colon \mathbb{R} \to \mathbb{R}$ in einem 3d-Plot hintereinander darzustellen. Wir verwenden dazu die in 21.1 untersuchte Funktionenfolge $(f_n)_{n \in \mathbb{N}}, t \mapsto \exp(-nt^2)$, und betrachten die Graphen von $f_{k^2}, k = 1, \ldots, 7$, um die Konvergenz

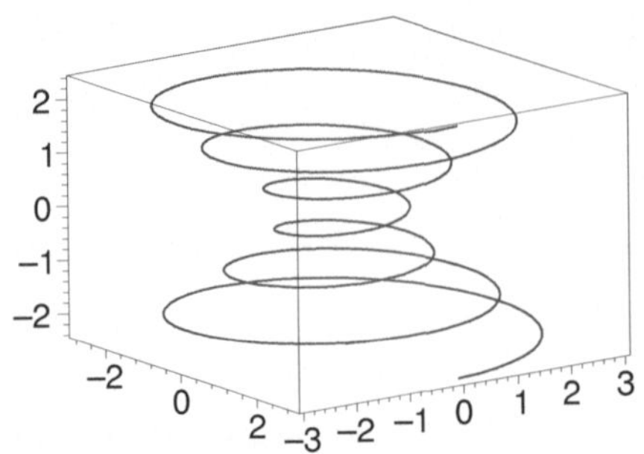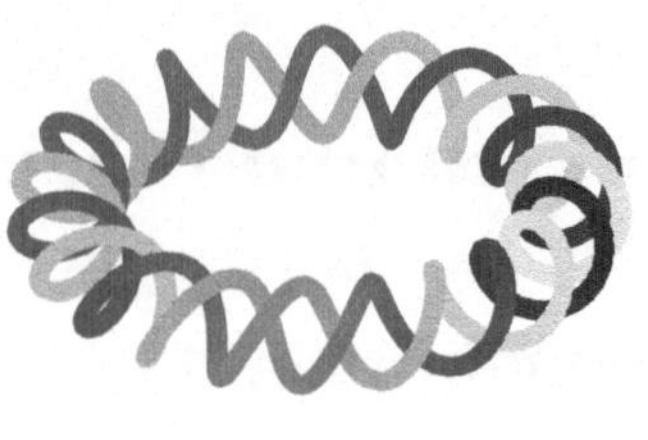

Abbildung 27.1: Spirale und Schraubenlinie

gegen eine unstetige Grenzfunktion zu veranschaulichen.

$$kurve := k \to [t, k, \exp(-k^2 \cdot t^2)] :$$

$$farbe := k \to RGB\left(\frac{(k-1)}{6}, 0, \frac{(7-k)}{6}\right) :$$

$$display(\{seq(spacecurve(kurve(k), t = -2..2, numpoints = 150, color = farbe(k)),$$
$$k = 1..7)\}, orientation = [-65, 55], axes = frame) \ \# Abb. \ 27.2$$

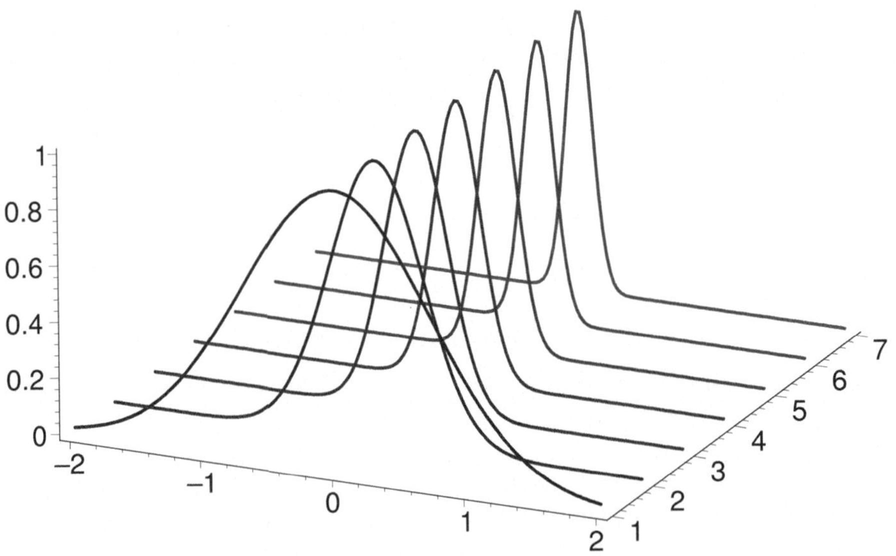

Abbildung 27.2: Graphen von $x \mapsto \exp(-nx^2)$ für $n = 1, 4, 9, \ldots, 49$

Der Befehl spacecurve erlaubt außerdem noch das Zeichnen von beliebig vielen Geraden-
stücken. Dazu verwendet man eine der folgende Eingaben.

```
> spacecurve(Liste, Optionen)
```

> `spacecurve({`$Liste_1$`, ..., `$Liste_n$`}, `*Optionen*`)`

Hierbei sind die Listen von der Form

> `[[`x_1`, `y_1`, `z_1`], [`x_2`, `y_2`, `z_2`], ..., [`x_k`, `y_k`, `z_k`]]`

Maple verbindet dann die Punkte (x_j, y_j, z_j) mit einem durchgehenden Streckenzug. Wählt man den ersten und den letzten Punkt gleich, so ist der Streckenzug geschlossen. Mehrere Listen bedeuten mehrere Streckenzüge. Mit dieser Methode zeichnen wir nun eine Regelfläche, also eine Fläche, die sich als Vereinigung von Geraden darstellen lässt.

$$c := seq\left(\cos\left(\frac{k \cdot 2 \cdot \text{Pi}}{60}\right), k = 1..80\right):$$

$$s := seq\left(\sin\left(\frac{k \cdot 2 \cdot \text{Pi}}{60}\right), k = 1..80\right):$$

$$unten := seq([c[k], s[k], -1], k = 1..60):$$

$$oben := seq([c[k+20], s[k+20], 1], k = 1..60):$$

$$geraden := seq([unten[k], oben[k]], k = 1..60):$$

$$spacecurve(\{geraden\}, orientation = [50, 80]) \ \# Abb. \ 27.3$$

$$s :=' s' : c :=' c' :$$

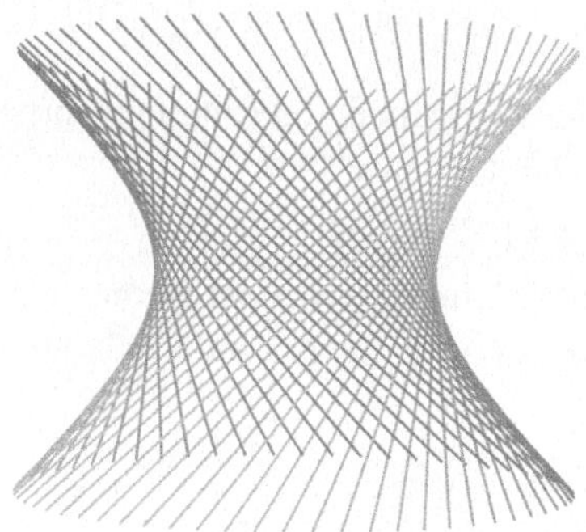

Abbildung 27.3:
Eine Regelfläche

27.2 Flächen im Raum

Mit `plot3d` in der Form, die wir in 24.2 kennengelernt haben, kann man nur solche Flächen zeichnen lassen, die Graph einer Funktion zweier Veränderlicher ist. Für sonstige Fälle stehen uns die folgenden parametrischen Versionen des Befehls `plot3d` zur Verfügung.

> `plot3d([`Ax`, `Ay`, `Az`], `s` = `a`..`b`, `t` = `c`..`d`, `*Optionen*`)`

> `plot3d([`x`, `y`, `z`], `a`..`b`, `c`..`d`, `*Optionen*`)`

> `plot3d({[`Ax_1`, `Ay_1`, `Az_1`], ..., [`Ax_n`, `Ay_n`, `Az_n`], `s` = `a`..`b`,`

> `$t$` = `$c$`..`$d$`]}, `*Optionen*`)`

> `plot3d({[`x_1`, `y_1`, `z_1`], ..., [`x_n`, `y_n`, `z_n`]}, `a`..`b`, `c`..`d`, `*Optionen*`)`

Als Beispiel zeichnen wir einen amerikanischen Football als Rotationskörper. Der eine der beiden Parameter ist dabei die erste Koordinate, der zweite der Rotationswinkel.

$$plot3d\left(\left[x, \left(\frac{1}{2} - \frac{x^2}{2}\right) \cdot \cos(\text{phi}), \left(\frac{1}{2} - \frac{x^2}{2}\right) \cdot \sin(\text{phi})\right], x = -1..1, \text{phi} = 0..2 \cdot \text{Pi},$$

$$scaling = constrained, orientation = [75, 55]\right) \ \# Abb. \ 27.4 \ links$$

Auch einen Torus kann man als parametrischen Plot zeichnen.

$plot3d([(5+\cos(s))\cdot\cos(t),(5+\cos(s))\cdot\sin(t),\sin(s)],s=0..2\cdot\text{Pi},orientation=[50,70],$
$\quad scaling=constrained,shading=none,light=[75,50,1.,0.3,0.3])\ \#\,Abb.\ 27.4\ rechts$

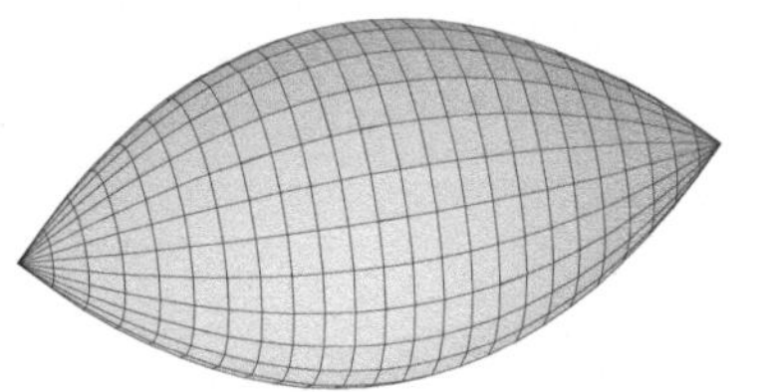

Abbildung 27.4: Zwei parametrische Plots

Im Paket `plots` gibt es den Befehl `cylinderplot` zum Zeichnen von Rotationskörpern, bei denen die Rotationsachse die z-Achse ist. Er ist wie folgt aufgebaut.

```
> cylinderplot(r, θ = a..b, z = c..d, Optionen)
```

Dabei ist r ein Ausdruck in z und dem Rotationswinkel θ. Durch r wird der Radius in Abhängigkeit von z und θ angegeben. Bei einem echten Rotationskörper hängt r natürlich nur von der Höhe z ab.

$$cylinderplot\left(\frac{2\cdot\exp(-z^2)}{3}+\exp\left(-5\cdot(z+4)^2\right)+\frac{1}{20},\text{theta}=0..2\cdot\text{Pi},z=-3.5..0,\right.$$

$$\left.orientation=[40,75]\right)\ \#\,Abb.\ 27.5\ links$$

$$cylinderplot(z^2\cdot(2+\sin(5\cdot\text{theta})),\text{theta}=0..2\cdot\text{Pi},z=-7..-1,grid=[80,30],$$

$$style=patchcontour,shading=zhue,orientation=[37,65])\ \#\,Abb.\ 27.5\ rechts$$

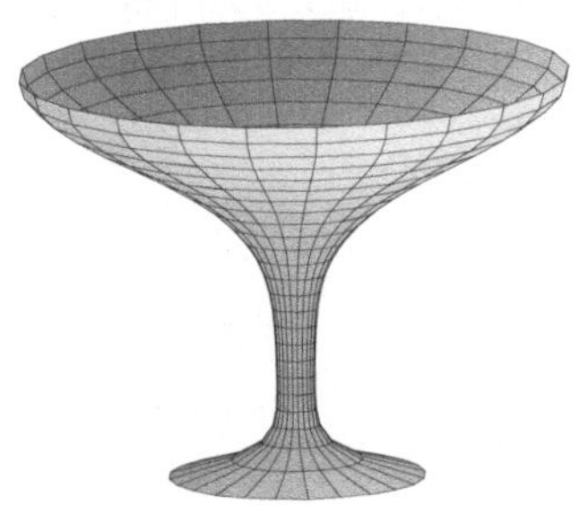
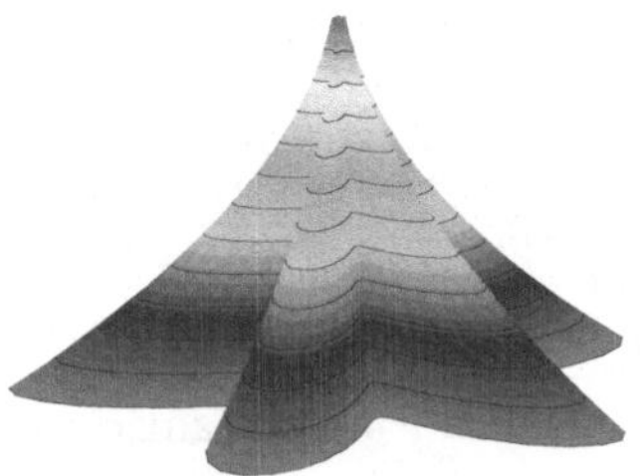

Abbildung 27.5: Zwei Zylinderplots

Aufgaben

1. Veranschaulichen Sie sich die Raumkurven, welche durch die folgenden Parameterdarstellungen gegeben werden, indem Sie ihre Projektionen in die drei Koordinatenebenen sowie zwei räumliche Darstellungen betrachten.

   a) $t \mapsto (t^3, t^4, t^5)$, $t \in [-1, 1]$,

   b) $t \mapsto (t^2, (t^2 - 4)t, t^3/4)$, $t \in [-2.5, 2.5]$,

   c) $t \mapsto (\cos t^2, \sin t, \cos 2t)$, $t \in [-\pi, \pi]$.

   Bei Kurve (c) setzen Sie `numpoints = 300`.

2. Erzeugen Sie eine Raumkurve, welche eine Krone mit 11 Zacken beschreibt, die auf der Mantelfläche eine Zylinders vom Radius 1 um die z-Achse liegt. Verwenden Sie für die Zacken einmal die Sinusfunktion und ein anderes Mal richtige Zacken, die man z.B. durch die Funktion $f(x) := |-1 + 2(x - \text{floor}(x))|$ erzeugen kann.

3. Verwenden Sie das zur Herstellung von Bild 27.3 benutzte Verfahren, um 60 Strecken so anzuordnen, dass sie einen Doppelkegel mit Spitze in 0 erzeugen. Plotten Sie die Projektionen in die xy- und in die yz-Ebene und eine räumliche Darstellung in der Orientierung `[40, 80]`.

   Stellen Sie ferner den zu Bild 27.3 analogen Plot her, bei dem die Kreise oben und unten jeweils durch Ellipsen mit den Halbachsen 1 und 3 ersetzt sind, die um $90°$ gegeneinander verdreht sind. Erstellen Sie die gleichen Plots wie im ersten Teil der Aufgabe.

4. Plotten Sie eine Wendelfläche mit innerem Radius 1 und äußerem Radius 2, welche sich dreimal um die z-Achse windet. Eine solche Wendelfläche wird parametrisiert durch $(t \cos s, t \sin s, s)$.

   Hinweis: Verwenden Sie wesentlich mehr Gitterpunkte für die Winkelvariable, damit die Randkurve rund erscheint.

5. Plotten Sie eine Schraubenfläche, die sich dreimal um die z-Achse windet. Eine Schraubenfläche wird parametrisiert durch $(t \cos s, t \sin s, s + t)$. Beachten Sie den Hinweis zu Aufgabe 4.

6. Modifizieren Sie den linken Plot von Bild 27.5 so, dass Sie statt einer Sektschale eine Vase oder einen Blumentopf erhalten.

7. Sei $a\colon [0,4] \to \mathbb{R}$ definiert durch $a\colon z \mapsto \sqrt{z}(5 - z^2/4 - 2\sqrt{4 - z})$. Plotten Sie den Graphen von a sowie die Rotationsfläche mit Profil a. Diese wird dadurch definiert, dass der Schnitt der Fläche mit der Ebene, welche die Drehachse enthält, der Graph von $\pm a$ ist.

8. Plotten Sie eine säulenförmige Rotationsfläche mit dem Profil $2 + \cos z$, $z \in [0, 6\pi]$. Modifizieren Sie dieses Verfahren, um eine geschraubte Säule zu erhalten, wie man sie an barocken Altären sehen kann.

9. Plotten Sie die Oberfläche einer Kugel, und zwar einmal als Zylinderplot und ein anderes Mal als parametrischer Plot jeweils mit der Orientierung `[0, 90]`. Plotten Sie ferner die Oberfläche des Ellipsoids mit der Gleichung

$$x^2 + \left(\frac{y}{3}\right)^2 + \left(\frac{z}{2}\right)^2 = 1.$$

   Verwenden Sie die Option `scaling = constrained`.

   Hinweis: Verwenden Sie für den parametrischen Plot Kugelkoordinaten

$$(\cos(s)\sin(t), \sin(s)\sin(t), \cos(t)), \quad s \in [0, 2\pi], t \in [0, \pi].$$

28 Partielle Ableitungen, Vektorfelder

In diesem Abschnitt erläutern wir die Befehle, mit denen man partielle Ableitungen, Gradienten, Richtungsableitungen und verwandte Größen berechnen und darstellen kann.

28.1 Partielle Ableitungen

In §15 haben wir gesehen, wie man mit dem Befehl `diff` Ausdrücke nach einer Unbestimmten differenziert. In mehreren Veränderlichen geht das genauso.

$$f := \exp(a \cdot x + b \cdot y + c \cdot z)$$

$$\mathrm{e}^{ax+by+cz}$$

$$\mathit{Diff}(f,y) = \mathit{diff}(f,y)$$

$$\frac{\partial}{\partial y}\, \mathrm{e}^{ax+by+cz} = b\,\mathrm{e}^{ax+by+cz}$$

Partielle Ableitungen höherer Ordnung erhält man, indem man die Unbestimmten so oft aufzählt, wie nach ihnen differenziert werden soll. Es sei daran erinnert, dass $x\$n$ eine Abkürzung für $x,x,\dots,x$ (n-mal) ist.

$$\mathit{Diff}(f,x,y,y,z\$3) = \mathit{diff}(f,x,y,y,z\$3)$$

$$\frac{\partial^6}{\partial z^3 \partial y^2 \partial x}\, \mathrm{e}^{ax+by+cz} = ab^2c^3\,\mathrm{e}^{ax+by+cz}$$

Maple geht davon aus, dass es auf die Reihenfolge der partiellen Ableitungen nicht ankommt, dass es also keinen Unterschied macht, ob man zuerst nach x und dann nach y differenziert oder umgekehrt. Nach Forster II, §5, Cor., ist dies für n-fache Ableitungen richtig, falls f n-mal stetig differenzierbar ist. In schwierigen Fällen, in denen entweder Maple nicht zurecht kommt oder man Zweifel am Ergebnis hat, kann man versuchen, die Grenzwerte der entsprechenden Differenzenquotienten mit `limit` bestimmen zu lassen.

Hat man die zu differenzierende Funktion nicht als Ausdruck, sondern tatsächlich als Funktion in Maple gegeben, so kann man den Operator D benutzen. Um

$$\frac{\partial^k}{\partial x_1^{j_1} \cdots \partial x_n^{j_n}} f$$

zu berechnen, setzt man ihn wie folgt ein:
```
> D[1, ..., 1, 2, ..., 2,..., n, ..., n](f)
```
Hierbei kommt die Zahl i in der Aufzählung j_i-mal vor, und $k = \sum_{i=1}^{n} j_i$. In mehreren Veränderlichen hat D keine brauchbare träge Darstellung. Wir verzichten daher auf die Wiederholung der Eingabe in der Antwort von Maple.

$$h := (x,y,z) \to \sin(a \cdot x + b \cdot y + c \cdot z)$$

$$(x,y,z) \to \sin(ax+by+cz)$$

$$\mathrm{D}[2](h)$$

$$(x,y,z) \to \cos(ax+by+cz)\,b$$

$D([1,2,2,3\$3])(h)$

$$(x,y,z) \to -\sin(ax+by+cz)\,ab^2c^3$$

An einem Beispiel wollen wir nun die Bedeutung der partiellen Ableitungen erster Ordnung veranschaulichen. Dazu stellen wir uns vor, dass der Graph einer Funktion $f\colon \mathbb{R}^2 \to \mathbb{R}$ zusammengesetzt ist aus den Graphen ihrer y-Schnitte $f_y\colon x \mapsto f(x,y)$ bzw. ihrer x-Schnitte $f_x\colon y \mapsto f(x,y)$. Für eine speziell gewählte Funktion f zeichnenen wir einige dieser Schnitte. Man könnte spacecurve verwenden, hätte dann aber das Problem, dass diese Kurven, die unendlich dünn sind, teilweise über und teilweise unter der Fläche verlaufen. Besser ist tubeplot mit sehr kleinem Radius.

$$f := (x,y) \to \cos\left(\frac{x^2}{3}+\frac{y^2}{3}\right)\cdot(x^2-4)\cdot(y^2-4)$$

$$(x,y) \mapsto \cos\left(\frac{1}{3}x^2+\frac{1}{3}y^2\right)(x^2-4)(y^2-4)$$

$with(plots):$

$$xSchnitte := tubeplot\left(\left\{seq\left(\left[x,\frac{j}{2},f\left(x,\frac{j}{2}\right),x=-2..2\right],j=-4..4\right)\right\},color=black,\right.$$

$$\left. radius=0.02\right):$$

$$ySchnitte := tubeplot\left(\left\{seq\left(\left[\frac{j}{2},y,f\left(\frac{j}{2},y\right),y=-2..2\right],j=-4..4\right)\right\},color=black,\right.$$

$$\left. radius=0.02\right):$$

Zusätzlich zu den Schnitten zeichnen wir den Graphen von f noch einmal flächig.

$flaeche := plot3d(f,-2..2,-2..2,style=patchnogrid):$

Die Steigung der Tangente an den Graphen eines y-Schnittes ist die partielle Ableitung an f in x-Richtung. Wir wählen einen Punkt p aus, berechnen in ihm die beiden partiellen Ableitungen und zeichnen die zugehörigen Tangenten.

$$p := \left\langle \frac{1}{2},-1,f\left(\frac{1}{2},-1\right)\right\rangle$$

$$\begin{bmatrix} \frac{1}{2} \\ -1 \\ \frac{45}{4}\cos\left(\frac{5}{12}\right) \end{bmatrix}$$

$$Dx := D[1](f)\left(\frac{1}{2},-1\right)$$

$$-\frac{15}{4}\sin\left(\frac{5}{12}\right)-3\cos\left(\frac{5}{12}\right)$$

$$Dy := D[2](f)\left(\frac{1}{2},-1\right)$$

$$\frac{15}{2}\sin\left(\frac{5}{12}\right)+\frac{15}{2}\cos\left(\frac{5}{12}\right)$$

Wir parametrisieren die Tangente mit t. Anschließend muss der Vektor in eine Liste verwandelt werden, weil tubeplot keine Vektoren anzeigen kann.

$$xl := convert(p + t \cdot \langle 1, 0, Dx \rangle, list)$$

$$\left[\frac{1}{2} + t, -1, \frac{45}{4} \cos\left(\frac{5}{12}\right) + t \left(-\frac{15}{4} \sin\left(\frac{5}{12}\right) - 3 \cos\left(\frac{5}{12}\right) \right) \right]$$

$$px := tubeplot\left(xl, t = -\frac{5}{2} .. \frac{3}{2}, color = red, radius = 0.07, style = patchnogrid \right) :$$

$$yl := convert(p + t \cdot \langle 0, 1, Dy \rangle, list)$$

$$\left[\frac{1}{2}, -1 + t, \frac{45}{4} \cos\left(\frac{5}{12}\right) + t \left(\frac{15}{2} \sin\left(\frac{5}{12}\right) + \frac{15}{2} \cos\left(\frac{5}{12}\right) \right) \right]$$

$$py := tubeplot(yl, t = -1..3, color = blue, radius = 0.07, style = patchnogrid) :$$

Im folgenden Bild entspricht die rote Gerade der Tangente für festgehaltenes y, d. h. ihre Steigung ist gleich $\partial f / \partial x$. Bei der blauen Geraden sind die Rollen von x und y vertauscht.

$$display(flaeche,\ xSchnitte,\ ySchnitte,\ px,\ py\},\ orientation = [-115, 75],\ view = 0..18,$$
$$axes = frame, style = patchnogrid)\ \# Abb.\ 28.1$$

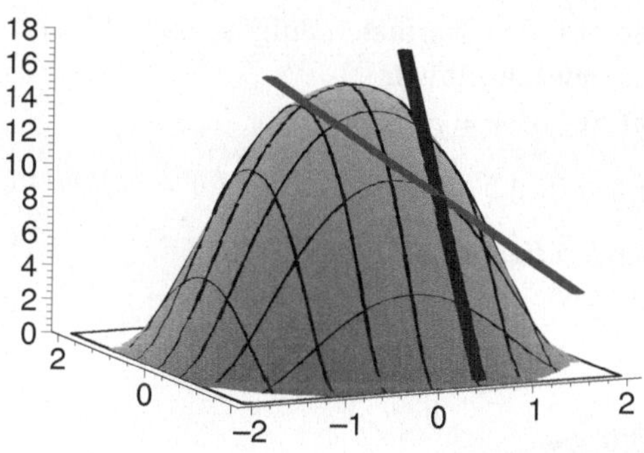

Abbildung 28.1:
Graph von $\cos(x^2/3 + y^2/3)(x^2 - 4)(y^2 - 4)$ mit Tangenten

Als nächstes Beispiel parametrisieren wir zuerst das Möbiusband durch die folgende Funktion M.

$$M := \left\langle 3 \cdot \cos(t) + s \cdot \sin\left(\frac{t}{2}\right), 3 \cdot \sin(t), s \cdot \cos\left(\frac{t}{2}\right) \right\rangle$$

$$\begin{bmatrix} 3\cos(t) + s\sin\left(\tfrac{1}{2}t\right) \\ 3\sin(t) \\ s\cos\left(\tfrac{1}{2}t\right) \end{bmatrix}$$

Die Seele des Möbiusbands ist der durch $s = 0$ gegebene Kreis.

$$Seele := subs(s = 0, M)$$

$$\begin{bmatrix} 3\cos(t) \\ 3\sin(t) \\ 0 \end{bmatrix}$$

Mit M_t bezeichnen wir die partielle Ableitung der Parametrisierung längs der Seele nach t, mit M_s die partielle Ableitung nach s. Ihr Kreuzprodukt ist die Normale N. Sie steht senkrecht auf der Fläche. Um die partiellen Ableitungen der vektorwertigen Funktionen zu berechnen, wird das Paket `VectorCalculus` benötigt. Wir gehen auf dieses Problem in 28.2 näher ein.

$$with(VectorCalculus) :$$
$$BasisFormat(false) :$$

$Mt := diff(Seele, t)$

$$\begin{bmatrix} -3\sin(t) \\ 3\cos(t) \\ 0 \end{bmatrix}$$

$Ms := diff(M, s)$

$$\begin{bmatrix} \sin\left(\frac{1}{2}t\right) \\ 0 \\ \cos\left(\frac{1}{2}t\right) \end{bmatrix}$$

$with(LinearAlgebra):$
$N := CrossProduct(Mt, Ms)$

$$\begin{bmatrix} 3\cos(t)\cos\left(\frac{1}{2}t\right) \\ 3\sin(t)\cos\left(\frac{1}{2}t\right) \\ -3\cos(t)\sin\left(\frac{1}{2}t\right) \end{bmatrix}$$

Die Variable $p1$ enthält das Möbiusband und $p2$ die von den Normalen aufgespannte Fläche. Man sieht, dass man nach einer Umdrehung die Seite gewechselt hat.

$p1 := plot3d(M, t = 0..2 \cdot \text{Pi}, s = -1..1, grid = [60, 5], color = red):$

$p2 := plot3d\left(Seele + \dfrac{s}{Norm(N, 2)} \cdot N, t = 0..2 \cdot \text{Pi}, s = 0..0.5, grid = [60, 2], color = yellow\right):$

$display(\{p1, p2\}, orientation = [107, 54], lightmodel = light4)$ # Abb. 28.2

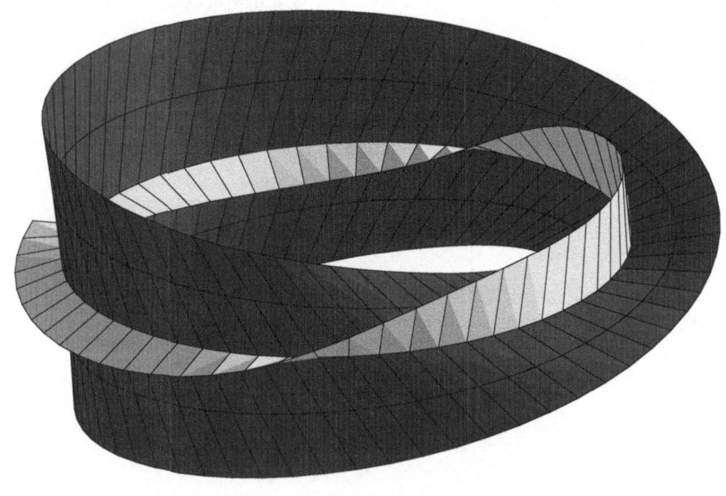

Abbildung 28.2: Möbiusband mit Normalen

28.2 Gradienten und Vektorfelder

Für fast alle Operationen der mehrdimensionalen Analysis benötigt man in Maple das Paket `VectorCalculus`. Ohne dieses Paket ist es beispielsweise nicht möglich, Vektoren gliedweise zu differenzieren. Um diesen Effekt zu demonstrieren, entfernen wir zuerst alle Pakete und Variablen aus dem Speicher

restart

$v := \langle t, t^2, t^3 \rangle$

$$\begin{bmatrix} t \\ t^2 \\ t^3 \end{bmatrix}$$

diff(v,t)

```
Error, non-algebraic expressions cannot be differentiated
```

Wir laden nun das Paket `VectorCalculus` erneut. Die gewohnte Darstellung von Vektoren in Spaltenform schalten wir mit `BasisFormat(false)` ein. Die Alternative verwendet benannte Basisvektoren wie beispielsweise e_x.

with(*VectorCalculus*) :

BasisFormat(*false*)

$$true$$

diff(v,t)

$$\begin{bmatrix} 1 \\ 2t \\ 3t^2 \end{bmatrix}$$

Das Paket `VectorCalculus` enthält auch einen Befehl zur Berechnung des Gradienten, der `Gradient` heißt. Er benötigt zwei Argumente, nämlich als erstes den Ausdruck, dessen Gradient bestimmt werden soll, und als zweites eine Liste oder einen Vektor von Unbestimmten, nach denen differenziert wird.

$f := a \cdot x^2 + b \cdot y^2 + c \cdot z^2$

$$ax^2 + by^2 + cz^2$$

Gradient$(f, [x,y,z])$

$$\begin{bmatrix} 2ax \\ 2by \\ 2cz \end{bmatrix}$$

Aus dem Gradienten bestimmt man die Richtungsableitung durch Bilden des Skalarprodukts mit der Richtung. Der Befehl `DotProduct`, der dabei benutzt wird, steht im Paket `LinearAlgebra`.

with(*LinearAlgebra*) :

DotProduct(*Gradient*$(f, [x,y,z]), [b \cdot y, -a \cdot x, 0], conjugate = false$)

$$0$$

Also steht $(by, -ax, 0)$ senkrecht auf dem Gradienten.

Der Gradient ist ein Spezialfall eines Vektorfelds. Ein Vektorfeld v ist ein Abbildung $v \colon \mathbb{R}^n \to \mathbb{R}^n$. Man veranschaulicht sich v dadurch, dass man an jedem Punkt x des $\mathbb{R}^n$ den Vektor $v(x)$ abträgt. Für $n = 2$ oder $n = 3$ kann man eine solche Struktur natürlich sichtbar machen. Dazu gibt es im Paket `plots` die Befehle `fieldplot` und `fieldplot3d`. Sie werden wie folgt aufgerufen.

```
> fieldplot(v, x = a..b, y = c..d, Optionen)
```

Das Vektorfeld v wird dabei durch einen Vektor oder eine Liste gegeben, deren Einträge Ausdrücke in den Unbestimmten x und y sind. Als Optionen kann man die vom Befehl `plot` bekannten benutzen. Außerdem lässt `fieldplot` noch eine Option zur Steuerung der Darstellung der Pfeile zu, über die man sich durch `?fieldplot` informieren kann, und mit `grid = [n, m]` kann man festlegen, wie viele Pfeile in jeder Koordinatenrichtung gezeichnet werden sollen. Der Aufruf von `fieldplot3d` verläuft analog. Allerdings wird der Plot eines Vektorfelds in drei Dimensionen leicht unübersichtlich. Wir lassen nun zwei Gradientenvektorfelder zeichnen.

$$k := -\frac{1}{\sqrt{x^2 + (y-1)^2 + 1}} + \frac{1}{\sqrt{(x-1)^2 + (y+1)^2 + 1}} + \frac{1}{\sqrt{(x+1)^2 + (y+1)^2 + 1}}$$

$$-\frac{1}{\sqrt{x^2 + (y-1)^2 + 1}} + \frac{1}{\sqrt{(x-1)^2 + (y+1)^2 + 1}} + \frac{1}{\sqrt{(x+1)^2 + (y+1)^2 + 1}}$$

with(*plots*) :

fieldplot(*Gradient*(k, [x, y]), $x = -2.3..2.3$, $y = -2.3..2.3$, *axes* = *frame*,

    scaling = *constrained*, *color* = *blue*) # *Abb. 28.3*

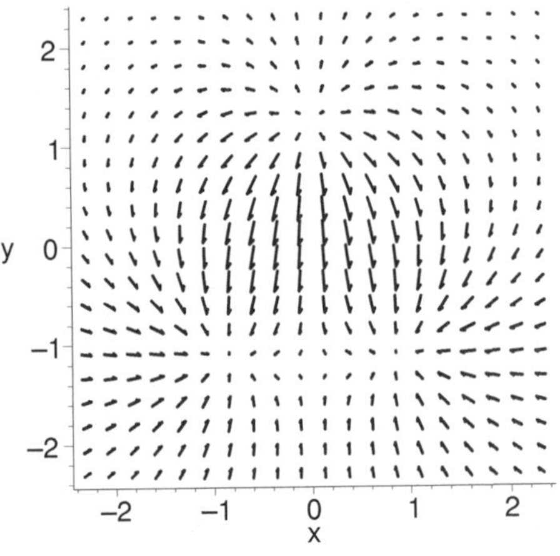

Abbildung 28.3:
Gradientenvektorfeld mit einer Quelle in $(0, 1)$
und je einer Senke in $(-1, -1)$ und $(1, -1)$

$$k3 := \frac{1}{\sqrt{(x-1)^2 + y^2 + z^2 + 1}} - \frac{1}{\sqrt{(x+1)^2 + y^2 + z^2 + 1}}$$

$$\frac{1}{\sqrt{(x-1)^2 + y^2 + z^2 + 1}} - \frac{1}{\sqrt{((x+1)^2 + y^2 + z^2 + 1}}$$

fieldplot3d(*Gradient*($k3$, [x, y, z]), $x = -1.5..1.5$, $y = -1.5..1.5$, $z = -1.5..1.5$,

    orientation = [65, 30], *axes* = *boxed*, *shading* = *zhue*) # *Abb. 28.4*

Aus der Kettenregel folgt, dass das Gradientenvektorfeld von f senkrecht auf den Höhenlinien von f steht. In zwei Veränderlichen kann man sich diesen Sachverhalt mit den Plotfunktionen von Maple gut veranschaulichen. Das geschieht hier für die Funktion k aus Bild 28.3. Da der Plot p_2, der die Höhenlinien enthält, ein 3d-Plot ist, muss auch der Plot des Vektorfeldes ein dreidimensionaler sein. Das erreichen wir, indem wir eine zusätzliche Variable einführen, von der k nicht abhängt.

*p*1 := *fieldplot3d*(*Gradient*(k, [x, y, z]), $x = -2.3..2.3$, $y = -2.3..2.3$, $z = 0..1$,

    grid = [20, 20, 2], *color* = *black*) :

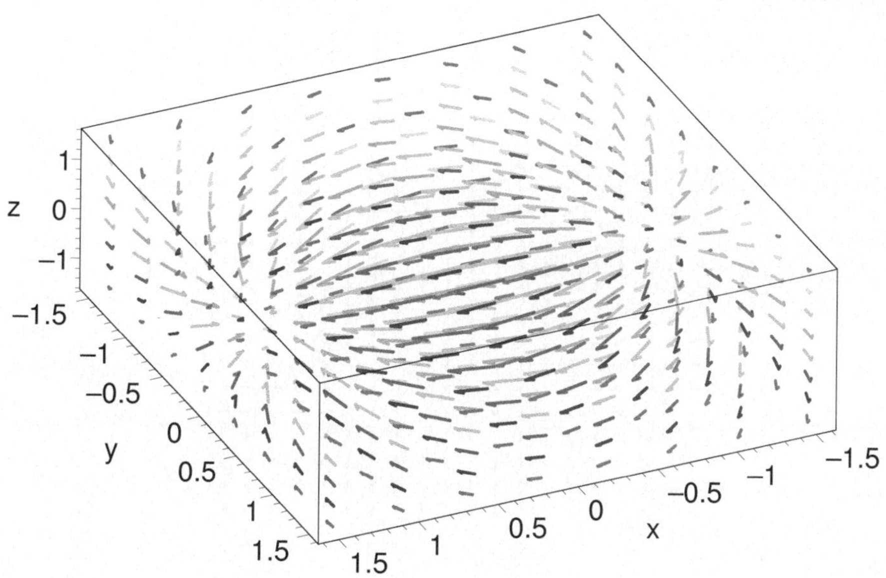

Abbildung 28.4: Gradientenvektorfeld eines Dipols

$p2 := plot3d(k, x = -2.3..2.3, y = -2.3..2.3, style = contour, grid = [40, 40],$
    $shading = zhue)$
$display(\{p1, p2\}, orientation = [-90, 0], axes = boxed, scaling = constrained) \ \# Abb. \ 28.5$

Aufgaben

1. Die Funktion $f \colon \mathbb{R}^3 \to \mathbb{R}$ sei definiert durch $f(x, y, z) = e^{xy} \arctan(yz)$. Berechnen Sie für f alle Ableitungen zweiter Ordnung, den Gradienten und die Richtungsableitungen in Richtung $(1, 1, 1)$. Werten Sie diese Richtungsableitung in den Punkten $(0, 1, 0)$ und $(1, 1, 1)$ aus.

2. Die Funktion $f \colon \mathbb{R}^2 \to \mathbb{R}$ sei gegeben durch

$$f(x, y) = \begin{cases} \dfrac{xy(x^2 - y^2)}{x^2 + y^2}, & \text{für } (x, y) \neq (0, 0), \\ 0, & \text{für } (x, y) = (0, 0). \end{cases}$$

Berechnen Sie $\dfrac{\partial f}{\partial x}$, $\dfrac{\partial f}{\partial y}$, $\dfrac{\partial^2 f}{\partial x \partial y}$ und $\dfrac{\partial^2 f}{\partial y \partial x}$. Betrachten Sie $\dfrac{\partial f}{\partial x}$ und $\dfrac{\partial^2 f}{\partial x \partial y}$ in $(x, 0)$ und $\dfrac{\partial f}{\partial y}$ und $\dfrac{\partial^2 f}{\partial x \partial y}$ in $(0, y)$. Zeigen Sie, dass f auch in $(0, 0)$ nach x sowie nach y partiell differenzierbar ist, und prüfen Sie, ob $\dfrac{\partial f}{\partial x}$ bzw. $\dfrac{\partial f}{\partial y}$ in $(0, 0)$ nach y bzw. nach x partiell differenzierbar ist, und vergleichen Sie die erhaltenen Ableitungen. Plotten Sie die Graphen von f, $\dfrac{\partial f}{\partial x}$, $\dfrac{\partial f}{\partial y}$ und $\dfrac{\partial^2 f}{\partial x \partial y}$ über $[-1, 1] \times [-1, 1]$ in den Orientierungen [45, 45], [30, 30], [110, 20] und [100, 40] beziehentlich. Für den letzten Plot wählen Sie grid = [41, 41].

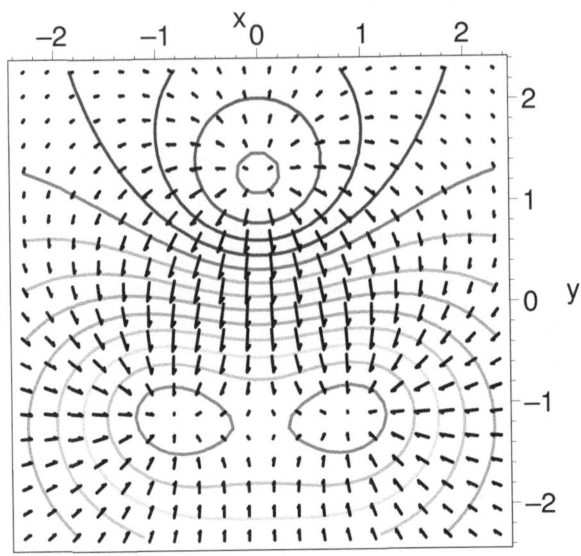

Abbildung 28.5: Höhenlinien und Gradientenvektorfeld der Funktion k

Hinweis: Maple macht keinen Unterschied zwischen `diff(f, x, y)` und `diff(f, y, x)`. Man muss die Auswertungsreihenfolge daher durch Berechnung von Zwischenergebnissen erzwingen.

3. Plotten Sie das Vektorfeld $v\colon (x,y) \mapsto (1, e^y \sin x)$ über dem Rechteck $[0,6] \times [-2,1]$ und das Vektorfeld

$$w\colon (x,y) \mapsto \left(\frac{-y}{\sqrt{x^2+y^2}}, \frac{x}{\sqrt{x^2+y^2}} \right)$$

über dem Rechteck $[-2,2] \times [-2,2]$.

4. Die Funktionen $f, g\colon \mathbb{R}^2 \to \mathbb{R}$ seien gegeben durch

$$f(x,y) = \ln\left(\sqrt{\frac{(x-1)^2 + (y-1)^2 + 1}{(x+1)^2 + (y+1)^2 + 1}} \right),$$

$$g(x,y) = -\frac{1}{\sqrt{(x-1)^2 + (y-1)^2 + 1}} + \frac{1}{\sqrt{(x+1)^2 + (y-1)^2 + 1}}$$
$$+ \frac{1}{\sqrt{(x-1)^2 + (y+1)^2 + 1}} - \frac{1}{\sqrt{(x+1)^2 + (y+1)^2 + 1}}.$$

Berechnen Sie grad f und grad g und plotten Sie den Graphen von f bzw. von g über $[-2,2] \times [-2,2]$ bzw. $[-1.5, 1.5] \times [-1.5, 1.5]$. Plotten Sie über den gleichen Bereichen auch die Vektorfelder grad f bzw. grad g jeweils zusammen mit den Höhenlinien in der Orientierung `[-90, 0]`. Verwenden Sie dabei die Option `scaling = constrained`.

5. Die Vektorfunktion $f\colon \mathbb{R} \to \mathbb{R}^3$ sei gegeben durch $f(t) = \left[(5 + \cos 6t) \cos t, (5 + \cos 6t) \sin t, \sin 6t \right]$. Berechnen Sie die Ableitung f' von f und plotten Sie über $[0, 2\pi]$ die durch f und $f + f'/6$ gegebene Raumkurve. Plotten Sie eine räumliche Darstellung und die Projektionen der beiden Kurven in alle drei Koordinatenebenen. Verwenden Sie dabei die Option `scaling = constrained`.

29 Jacobi- und Hesse-Matrix

Mit dem Konzept der partiellen Ableitung verknüpft sind Jacobi- und Hesse-Matrix, sowie Divergenz, Rotation und Laplace-Operator. Hierfür stellt Maple entsprechende Befehle bereit, auf die wir jetzt eingehen.

Die Jacobi-Matrix einer Abbildung F mit Argumenten im $\mathbb{R}^n$ und Werten im $\mathbb{R}^m$ enthält in den Zeilen die Gradienten der Komponentenfunktionen von F. Der zugehörige Befehl in Maple heißt Jacobian. Er befindet sich im Paket VectorCalculus. Sein erstes Argument ist ein Vektor oder eine Liste von Ausdrücken, welche die Komponenten der Abbildung beschreiben, sein zweites ein Liste oder ein Vektor von Unbestimmten. Wir zeigen die Anwendung zuerst an einer unbestimmten Funktion, dann an einem Beispiel. Für einige Rechnungen benötigen wir auch noch das Paket LinearAlgebra

$with(LinearAlgebra) : with(VectorCalculus) :$

$Jacobian([F1(x,y,z), F2(x,y,z)], [x,y,z])$

$$\begin{bmatrix} \dfrac{\partial}{\partial x}F1(x,y,z) & \dfrac{\partial}{\partial y}F1(x,y,z) & \dfrac{\partial}{\partial z}F1(x,y,z) \\[2mm] \dfrac{\partial}{\partial x}F2(x,y,z) & \dfrac{\partial}{\partial y}F2(x,y,z) & \dfrac{\partial}{\partial z}F2(x,y,z) \end{bmatrix}$$

$F := [x^2 + 2\cdot x + 2 + y^2 - 2\cdot y, x^2 + 2\cdot x - y^2 + 2\cdot y, x\cdot y - x + y - 1]$

$$[x^2 + 2x + 2 + y^2 - 2y, x^2 + 2x - y^2 + 2y, xy - x + y - 1]$$

$J := Jacobian(F, [x,y])$

$$\begin{bmatrix} 2x+1 & 2y-2 \\ 2x+2 & -2y+1 \\ y-1 & x+1 \end{bmatrix}$$

Es ist häufig wichtig, den Rang einer Jacobi-Matrix zu bestimmen.

$Rank(J)$

$$2$$

Wir überprüfen das Ergebnis sicherheitshalber, indem wir die Zeilenstufenform von J berechnen lassen.

$ReducedRowEchelonForm(J)$

$$\begin{bmatrix} 1 & 0 \\ 0 & 1 \\ 0 & 0 \end{bmatrix}$$

Von Hand hätten wir schon etwas rechnen müssen, um den Rang von J zu bestimmen. Vor allem die nötigen Fallunterscheidungen wären lästig gewesen. Oder sollte Maple sich vor diesen gedrückt haben?

$RowOperation(J, [2,1], -1)$

$$\begin{bmatrix} 2x+1 & 2y-2 \\ 0 & -4y+4 \\ y-1 & x+1 \end{bmatrix}$$

$$ZSF := RowOperation\left(\%, [1,2], \frac{1}{2}\right)$$

$$\begin{bmatrix} 0 & 0 \\ 0 & -4y+4 \\ y-1 & 0 \end{bmatrix}$$

Die Zeilenstufenform lässt für $x \neq -1$ und $y \neq 1$ erkennen, dass der Rang tatsächlich gleich 2 ist. Wir substituieren $x = -1$.

$$subs(x = -1, ZSF)$$

$$\begin{bmatrix} 0 & 0 \\ 0 & -4y+4 \\ y-1 & 0 \end{bmatrix}$$

Der Rang bleibt zwei, vorausgesetzt, $y \neq 1$. Wir führen auch noch diese Substitution durch.

$$subs(y = 1, \%)$$

$$\begin{bmatrix} 0 & 0 \\ 0 & 0 \\ 0 & 0 \end{bmatrix}$$

Diese Matrix hat nicht den Rang zwei. Was wir beobachtet haben, ist trotzdem kein Fehler, vielmehr haben wir die Ausgabe nicht richtig interpretiert. Die Jacobi-Matrix ist eine matrixwertige Abbildung, d. h. jedem Argument (x,y) ist eine Matrix zugeordnet. Wir stellen uns daher den Rang ebenfalls als Funktion von (x,y) vor. Maple betrachtet J aber als Matrix, deren Einträge Elemente des Körpers der rationalen Funktionen sind, d. h. Brüche von Polynomen, wobei der Nenner nicht das Nullpolynom ist. In diesem Körper hat J tatsächlich den Rang 2.

Will man also den Rang einer Matrix, welche Unbestimmte enthält, in Abhängigkeit von diesen Unbestimmten berechnen lassen, so muss man die Zeilenumformungen selbst angeben und sich auch selbst um die nötigen Fallunterscheidungen kümmern. Auch wenn die Rangbestimmung nicht automatisch abläuft, ist Maple dabei doch nützlich, da es Rechenfehler beim Umgang mit den meist auftretenden Brüchen vermeidet.

Mit Funktionen $f \colon \mathbb{R}^n \to \mathbb{R}$ ist die Matrix der zweiten partiellen Ableitungen verknüpft, genannt Hessesche Matrix. Ihre präzise Definition ist

$$H_f = \left(\frac{\partial^2 f}{\partial x_i \partial x_j}\right)_{i,j=1,\dots,n}.$$

In Maple wird die Hessesche Matrix mit dem Befehl Hessian(f, [x_1, ..., x_n]) berechnet. Wie die anderen Befehle dieses Paragraphen auch, gehört er zum Paket VectorCalculus. Die Funktion f muss als Ausdruck eingegeben werden.

$$Hessian(\exp(x^2 + y^2), [x,y])$$

$$\begin{bmatrix} 2\,\mathrm{e}^{x^2+y^2} + 4x^2\,\mathrm{e}^{x^2+y^2} & 4xy\,\mathrm{e}^{x^2+y^2} \\ 4xy\,\mathrm{e}^{x^2+y^2} & 2\,\mathrm{e}^{x^2+y^2} + 4y^2\,\mathrm{e}^{x^2+y^2} \end{bmatrix}$$

Die Hessesche Matrix spielt eine ähnliche Rolle wie die zweite Ableitung einer skalarwertigen Funktion bei der Kurvendiskussion.

In Zusammenhang mit dem Gaußschen Satz (s. Forster III, §15) treten Divergenz und Rotation von Vektorfeldern auf. Vektorfelder werden mit dem Befehl `VectorField` eingegeben. Vorher muss allerdings mit `SetCoordinates` ein Koordinatensystem ausgewählt werden. Durch `Cartesian`$_{x,y,z}$ erhält man ein dreidimensioneles, kartesisches Koordinatensystem, dessen Achsen mit x, y und z bezeichnet werden. Eine Aufzählung aller eingebauten Koordinatensysteme erhält man unter `?VectorCalculus/Coordinates`. Mit `BasisFormat(false)` schalten wir auf die in der Analysis übliche Darstellung als Spaltenvektoren um.

SetCoordinates(*cartesian*$_{x,y,z,w}$)

$$cartesian_{x,y,z,w}$$

BasisFormat(*false*) :
$V := VectorField\left(\langle x \cdot y, -y \cdot z, z^2, w^2 \rangle\right)$

$$\begin{bmatrix} xy \\ -yz \\ z^2 \\ w^2 \end{bmatrix}$$

Die Divergenz eines Vektorfeldes $v\colon \mathbb{R}^n \to \mathbb{R}^n$ ist definiert als $\operatorname{div} v = \sum_{i=1}^n \partial v_i / \partial x_i$. Die Divergenz eines Vektorfeldes ist also eine Funktion. In Maple gibt man ein: `Divergence(v)`. Die Divergenz wird in dem bereits vereinbarten Koordinatensysteme berechnet.

Divergence(*V*)

$$y + z + 2w$$

Für die weiteren Beispiele gehen wir in den dreidimensionalen Raum zurück.

SetCoordinates(*cartesian*$_{x,y,z}$)

$$cartesian_{x,y,z}$$

Divergence(*Gradient*(*g*(*x*,*y*,*z*)))

$$\frac{\partial^2}{\partial x^2} g(x,y,z) + \frac{\partial^2}{\partial y^2} g(x,y,z) + \frac{\partial^2}{\partial z^2} g(x,y,z)$$

Die Summe aus den zweiten partiellen Ableitungen nach den Koordinatenrichtungen ist der Laplace-Operator, in Zeichen $\Delta(g) = \sum_{i=1}^n \partial^2 f / \partial^2 x_i$. Die Anwendung des Laplace-Operators auf eine Funktion ergibt also wieder eine Funktion. In Maple ruft man ihn mit `Laplacian(g)` auf. Das Koordinatensystem ist wieder das mit `SetCoordinates` eingestellte.

Laplacian(*g*(*x*,*y*,*z*))

$$\frac{\partial^2}{\partial x^2} g(x,y,z) + \frac{\partial^2}{\partial y^2} g(x,y,z) + \frac{\partial^2}{\partial z^2} g(x,y,z)$$

Offenbar ist die Divergenz des Gradienten einer Funktion gerade der Laplace-Operator.

Die Rotation erzeugt aus einem Vektorfeld im $\mathbb{R}^3$ ein weiteres Vektorfeld im $\mathbb{R}^3$. In Maple gibt man ein: `Curl(v)`. Die Definition lassen wir gleich von Maple ausgeben.

$W1 := VectorField\left(\langle a(x,y,z), b(x,y,z), c(x,y,z) \rangle\right)$

$$\begin{bmatrix} a(x,y,z) \\ b(x,y,z) \\ c(x,y,z) \end{bmatrix}$$

$Curl(W1)$

$$\begin{bmatrix} \dfrac{\partial}{\partial y}c(x,y,z) - \left(\dfrac{\partial}{\partial z}b(x,y,z)\right) \\[2ex] \dfrac{\partial}{\partial z}a(x,y,z) - \left(\dfrac{\partial}{\partial x}c(x,y,z)\right) \\[2ex] \dfrac{\partial}{\partial x}b(x,y,z) - \left(\dfrac{\partial}{\partial y}y(x,y,z)\right) \end{bmatrix}$$

$Curl(VectorField\,(\langle x\cdot y, -y\cdot z, z^2\rangle))$

$$\begin{bmatrix} y \\ 0 \\ -x \end{bmatrix}$$

Sowohl die Komposition der Divergenz mit der Rotation als auch der Rotation mit dem Gradienten verschwindet. Das können wir uns von Maple bestätigen lassen.

$Curl(Gradient(g(x,y,z)))$

$$\begin{bmatrix} 0 \\ 0 \\ 0 \end{bmatrix}$$

$Divergence(Curl(W1))$

$$0$$

Aufgaben

1. Bestimmen Sie die Jacobi-Matrizen und deren Determinanten für die folgenden Vektorfunktionen

$$(r,s) \mapsto (r\cos s, r\sin s), \quad (r,s,t) \mapsto (r\cos s\sin t, r\sin s\sin t, r\cos t).$$

2. Sei $f\colon \mathbb{R}^3 \to \mathbb{R}^3$ definiert durch

$$f(x,y,z) = (x^2+y^2-8z, xz+y+z^4, x+y+z^2).$$

Berechnen Sie die Jacobi-Matrix J von f und $\min\{\operatorname{Rang} J(x,y,z) : (x,y,z) \in \mathbb{R}^3\}$.

3. Sei $f\colon \mathbb{R}^3 \to \mathbb{R}$ definiert durch

$$f(x,y,z) = x^2y^4z^2 + x^2 + 2xy - x^3 - y^5 - xz - y^2z + y^2 - 2yz + z^2.$$

Berechnen Sie die Hessesche Matrix H_f von f. Finden Sie einen Punkt (x_1,y_1,z_1), in welchem der Rang der Hesseschen Matrix kleiner als 3 ist, sowie einen Punkt (x_2,y_2,z_2), für den sämtliche Eigenwerte von $H_f(x_2,y_2,z_2)$ positiv sind.

4. Für $k \in \mathbb{N}$ sei $F_k\colon \mathbb{R}^2 \to \mathbb{R}$ definiert als

$$F_k(x,y) = \operatorname{Re}\left((x+iy)^k\right), \quad (x,y) \in \mathbb{R}^2.$$

Berechnen Sie für $k = 2,\ldots,7$ die folgenden Größen

$$F_k, \ \Delta F_k, \ H_{F_k} \ \text{und} \ \det(H_{F_k}) \ \text{in faktorisierter Form.}$$

Betrachten Sie außerdem die Graphen von F_4, F_5, F_6 und F_7 über $[-1,1]^2$.

5. Die Funktionen f, g, h seien definiert durch

$$f(x,y) = \ln\left(\sqrt{x^2 + y^2}\right), \quad g(x,y) = \frac{1}{\sqrt{x^2 + y^2 + z^2}},$$

$$h(x,y) = \ln\left(1 + \sqrt{x^2 + y^2}\right).$$

Berechnen Sie $\operatorname{grad} F$ und ΔF für jede dieser Funktionen.

6. Die Funktion $f\colon \mathbb{R}^2 \to \mathbb{R}$ sei definiert als

$$f(x,y) = \ln\left(\left(1 + \sqrt{(x-1)^2 + y^2}\right)\left(1 + \sqrt{(x+1)^2 + y^2}\right)\left(1 + \sqrt{x^2 + (y-1)^2}\right)\right).$$

Plotten Sie die Höhenlinien von f und das Gradientenfeld von f über dem Rechteck $[-1.5, 1.5] \times [-0.5, 1.5]$ in einem Plot. Benutzen Sie dabei die Option `scaling = constrained`. Betrachten Sie ferner den Graphen von f über dem gleichen Bereich mit der Option `view = 1.7..2.4` aus verschiedenen Richtungen.

7. Das Vektorfeld $v\colon \mathbb{R}^3 \to \mathbb{R}^3$ sei gegeben durch $v(x,y,z) = (-y,x,xy)$. Berechnen Sie seine Rotation w, und veranschaulichen Sie sich v und w in dem Würfel $[-1,1]^3$, indem Sie beide Felder einzeln mit der Option `grid = [11, 11, 3]` plotten lassen. Betrachten Sie die Vektorfelder wenigstens in den Orientierungen `[-90, 0]`, `[0, 90]`, `[90, 90]` und `[-45, 80]`.

30 Taylor-Entwicklung, lokale Extrema

30.1 Taylor-Entwicklung

Für skalare Funktionen, die auf einer offenen Teilmenge des $\mathbb{R}^n$ mehrfach stetig differenzierbar sind, gilt analog zum Fall von $n = 1$ die Taylorsche Formel. Bereits für $n = 2$ erfordert ihre Berechnung einige Mühe. Dabei kann uns Maple viel Arbeit abnehmen, da es den Befehl `mtaylor` bereithält. Seine Anwendung erfolgt etwas anders als die des Befehls `taylor`, den wir in 22.1 behandelt haben. Wir erläutern sie am Beispiel der Funktion $f : \mathbb{R}^2 \to \mathbb{R}$,

$$f(x,y) = (1 - y^2)\exp(-x^2 - y).$$

Dazu geben wir zunächst f als Ausdruck ein.

$$f := \exp(-x^2 - y) \cdot (1 - y^2)$$

$$e^{-x^2 - y}\left(1 - y^2\right)$$

Dasjenige Taylorpolynom, welches f im Punkt (ξ, η) von der Ordnung k approximiert, erhält man mit dem Befehl `mtaylor(f, [x = ξ, y = η], k])`. Schreibt man nur x statt $x = \xi$, so wird die entsprechende Koordinate des Entwicklungspunkts gleich Null gewählt. Lässt man k weg, so wird bis zur durch die Variable `Order` angegebenen Ordnung approximiert; die Voreinstellung von `Order` ist 6. Im Gegensatz zum einvariabligen Fall gibt Maple keinen Ordnungsterm $O(k)$ aus und erspart uns somit die Mühe seiner Entfernung. In unserem Beispiel lassen wir die approximierenden Polynome für $k = 1, \ldots, 9$ berechnen und für $k = 1, \ldots, 6$ ausgeben.

$$p := seq(mtaylor(f, [x, y], k), k = 1..9)$$
$$seq(print(p[k]), k = 1..6)$$

$$1$$

$$1 - y$$

$$1 - y - \frac{1}{2}y^2 - x^2$$

$$1 - y - \frac{1}{2}y^2 - x^2 + \frac{5}{6}y^3 + yx^2$$

$$1 - y - \frac{1}{2}y^2 - x^2 + \frac{5}{6}y^3 + yx^2 + \frac{1}{2}x^4 + \frac{1}{2}x^2y^2 - \frac{11}{24}y^4$$

$$1 - y - \frac{1}{2}y^2 - x^2 + \frac{5}{6}y^3 + yx^2 + \frac{1}{2}x^4 + \frac{1}{2}x^2y^2 - \frac{11}{24}y^4 - \frac{1}{2}x^4y - \frac{5}{6}x^2y^3 + \frac{19}{120}y^5$$

Um ein Gefühl dafür zu bekommen, wie die Taylorpolynome die gegebene Funktion annähern, plotten wir die Graphen von f, p_6 und p_9 über dem Einheitsquadrat sowie von p_9 über $[-2, 2]^2$.

$$plot3d(f, x = -1..1, y = -1..1, view = 0..1.5, orientation = [-30, 70], axes = boxed,$$
$$shading = zhue) \,\# Abb. 30.1 \; links \; oben$$
$$plot3d(p[6], x = -1..1, y = -1..1, view = 0..1.5, orientation = [-30, 70], axes = boxed,$$
$$shading = zhue) \,\# Abb. 30.1 \; rechts \; oben$$

$plot3d(p[9], x = -1..1, y = -1..1, view = 0..1.5, orientation = [-30,70], axes = boxed,$
    $shading = zhue)$ # Abb. 30.1 links unten
$plot3d(p[9], x = -2..2, y = -2..2, view = 0..1.5, orientation = [-30,70], axes = boxed,$
    $shading = zhue)$ # Abb. 30.1 rechts unten

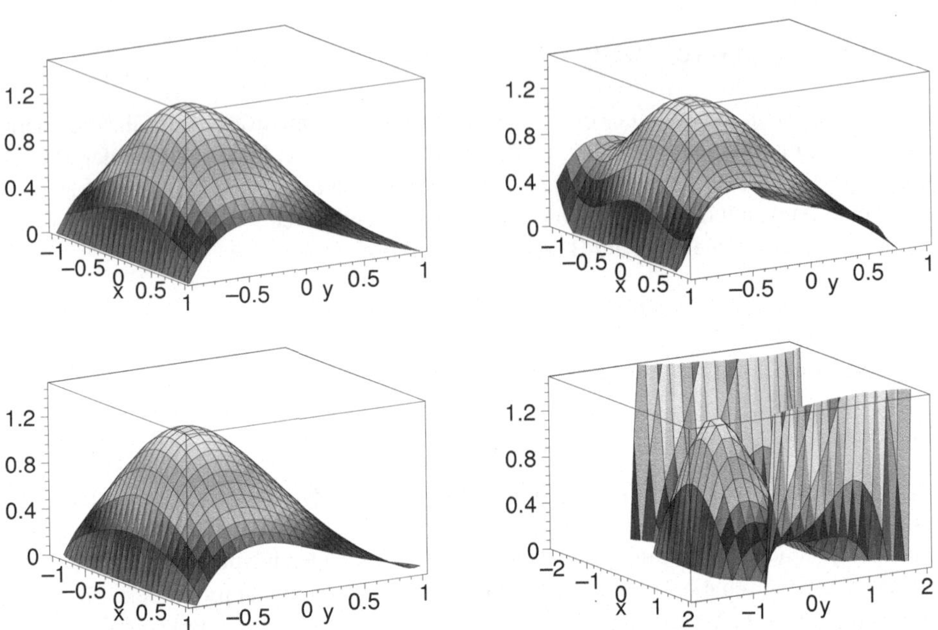

Abbildung 30.1: Graphen von f und den Taylorapproximationen der Ordnungen 6 und 9 über $[-1,1]^2$ sowie der Ordnung 9 über $[-2,2]^2$

Das Approximationsverhalten ist ähnlich wie bei $n = 1$. Die Taylorpolynome höherer Ordnung nähern in einer genügend kleinen Umgebung die Funktion gut an und wachsen dann aber sehr schnell.

Das folgende Beispiel zeigt, wie man einen anderen Entwicklungspunkt als den Nullpunkt eingibt.

$$h := \frac{(x-y)}{x+y}$$

$$\frac{x-y}{x+y}$$

$mtaylor(h, [x = 1, y = 1], 4)$

$$\frac{1}{2}x - \frac{1}{2}y - \frac{1}{4}(x-1)^2 + \frac{1}{4}(y-1)^2 + \frac{1}{8}(x-1)^3 + \frac{1}{8}(y-1)(x-1)^2 - \frac{1}{8}(y-1)^2(x-1) - \frac{1}{8}(y-1)^3$$

30.2 Lokale Extrema

Die Bestimmung der lokalen Extrema einer Funktion f in mehreren Variablen ist das Analogon zur Kurvendiskussion, die wir in §16 behandelt haben. Ist f zweimal stetig differenzierbar, so folgt aus einem Spezialfall der Taylorschen Formel, dass man die lokalen Extremalstellen von f folgendermaßen findet: Man bestimmt die Nullstellen des Gradienten von f und prüft in diesen, ob die Hessesche Matrix H_f von f dort definit ist. Wenn H_f positiv definit ist, so hat f in dem kritischen Punkt ein striktes Minimum, und wenn H_f negativ definit ist, ein striktes Maximum. Ist H_f indefinit, so liegt ein Sattelpunkt vor. In allen anderen Fällen muss man das Verhalten von f oder H_f in einer Umgebung näher betrachten. Die Vielzahl möglicher Fallunterscheidungen erfordert gelegentlich einigen Aufwand. Mit Hilfe der ab §26 eingeführten Befehle kann man diese Aufgabe aber durchaus angehen. Da man nur für zwei Variable das Ergebnis durch einen Plot kontrollieren kann, beschränken wir uns auf diese Situation. Wir demonstrieren das geschilderte Vorgehen an zwei Beispielen.

Wir suchen zunächst die lokalen Extrema der Funktion

$$f(x,y) = -\frac{1}{2}x^4 - x^2y^2 - \frac{1}{2}y^4 + x^3 - 3xy^2.$$

Dazu geben wir die Funktion als Ausdruck ein und lassen ihren Gradienten und ihre Hessesche Matrix berechnen. Um eine übersichtliche Ausgabe zu erhalten, bearbeiten wir beide Größen mit dem Befehl `factor`. Dies hilft Maple beim Suchen der Nullstellen des Gradienten. Je nach Beispiel kann es sinnvoll sein, statt `factor` einen anderen der üblichen Befehle zur Vereinfachung von Ausdrücken, wie etwa expand, zu verwenden.

$with(LinearAlgebra) : with(VectorCalculus) :$

$BasisFormat(false) :$

$f := -\dfrac{x^4}{2} - x^2 \cdot y^2 - \dfrac{y^4}{2} + x^3 - 3 \cdot x \cdot y^2$

$$-\frac{1}{2}x^4 - x^2y^2 - \frac{1}{2}y^4 + x^3 - 3y^2x$$

$g1 := Gradient(f, [x,y])$

$$\begin{bmatrix} -2x^3 - 2y^2x + 3x^2 - 3y^2 \\ -2yx^2 - 2y^3 - 6yx \end{bmatrix}$$

$g := map(factor, g1)$

$$\begin{bmatrix} -2x^3 - 2y^2x + 3x^2 - 3y^2 \\ -2y(x^2 + y^2 + 3x) \end{bmatrix}$$

$H := map(factor, Hessian(f, [x,y]))$

$$\begin{bmatrix} -6x^2 - 2y^2 + 6x & -2y(2x+3) \\ -2y(2x+3) & -2x^2 - 6y^2 - 6x \end{bmatrix}$$

Dann beauftragen wir Maple damit, Nullstellen des Gradienten von f zu finden.

$solve(g[1] = 0, g[2] = 0, \{x,y\})$

$$\{x = 0, y = 0\}, \{x = 0, y = 0\}, \left\{x = \frac{3}{2}, y = 0\right\}, \{x = 0, y = 0\},$$

$$\left\{x = -\frac{3}{4}, y = \frac{3}{4} RootOf(\_Z^2 - 3)\right\}$$

Der Punkt $(0,0)$ ist eine dreifache Nullstelle. Um ihn nur einmal angezeigt zu bekommen, kann die Option `DropMultiplicity` verwendet werden. Außerdem wird $\sqrt{3}$, die in einer der Lösungen vorkommt, in `RootOf`-Notation angegeben, wodurch zwei Lösungen zu einer zusammengefasst sind. Dieses Verhalten stellt man mit der Option `Explicit` ab. Da `solve(A = 0)` dasselbe tut wie `solve(A)`, verzichten wir schließlich noch darauf, für jeden Eintrag des Gradienten eine Gleichung zu formulieren, und verwandeln ihn stattdessen in eine Menge.

$L := solve(convert(g, set), \{x, y\}, DropMultiplicity, Explicit)$

$$\{x = 0, y = 0\}, \left\{x = \frac{3}{2}, y = 0\right\}, \left\{x = -\frac{3}{4}, y = \frac{3}{4}\sqrt{3}\right\}, \left\{x = -\frac{3}{4}, y = -\frac{3}{4}\sqrt{3}\right\}$$

Bei Polynomen dürfen wir hoffen, dass Maple alle Nullstellen gefunden hat. Bei beliebigen Funktionen kann man das nicht erwarten. In unserem Beispiel findet Maple vier isolierte Nullstellen. Wir setzen diese in die Hessesche Matrix H_f ein.

$A := seq(subs(L[k], H), k = 1..4)$

$$\begin{bmatrix} 0 & 0 \\ 0 & 0 \end{bmatrix}, \begin{bmatrix} -\frac{9}{2} & 0 \\ 0 & -\frac{27}{2} \end{bmatrix}, \begin{bmatrix} -\frac{45}{4} & -\frac{9}{4}\sqrt{3} \\ -\frac{9}{4}\sqrt{3} & -\frac{27}{4} \end{bmatrix}, \begin{bmatrix} -\frac{45}{4} & \frac{9}{4}\sqrt{3} \\ \frac{9}{4}\sqrt{3} & -\frac{27}{4} \end{bmatrix},$$

Die Ausgabe zeigt, dass wir uns um den kritischen Punkt $(0,0)$ später noch kümmern müssen, während f in $(3/2, 0)$ ein Maximum hat. In den Punkten $(-3/4, 3/4\sqrt{3})$ und $(-3/4, -3/4\sqrt{3})$ prüfen wir das Definitheitsverhalten von H_f. Dazu gibt es drei Möglichkeiten. Erstens kann man mit dem Befehl

$IsDefinite(A[3], query = negative\_definite)$

true

prüfen lassen, ob A_3 negativ definit ist. Die anderen Optionen, nämlich `positive_definite`, `negative_semidefinite` und `positive_semidefinite`, veranlassen entsprechende Tests. Der Befehl `IsDefinite` hat allerdings eine kleine Unart: vergisst man die Angabe einer Frage, so beantwortet er standardmäßig die Frage `query=positive_definite`, gibt also bei einer negativ definiten Matrix die verwirrende Antwort *false*.

Der Befehl beruht darauf, dass eine symmetrische reelle $n \times n$-Matrix $A = (a_{i,j})_{i,j=1,\dots,n}$ genau dann positiv definit ist, wenn

$$\det((a_{i,j})_{i,j=1,\dots,k}) > 0, \quad k = 1, \dots, n,$$

und genau dann negativ definit, wenn

$$(-1)^k \det((a_{i,j})_{i,j=1,\dots,k}) > 0, \quad k = 1, \dots, n.$$

Da man das mit Maple leicht überprüfen kann, ziehen wir diese Methode vor.

$A[3][1, 1], Determinant(A[3])$

$$-\frac{45}{4}, \frac{243}{4}$$

Das obige Kriterium für negative Definitheit zeigt, dass A_3 in der Tat negativ definit ist.

Eine Matrix ist genau dann positiv bzw. negativ definit, wenn alle Eigenwerte positiv bzw. negativ sind, und positiv bzw. negativ semidefinit, wenn alle Eigenwerte ≥ 0 bzw. ≤ 0 sind. Falls Maple die Berechnung der Eigenwerte gelingt, kann man die Definitheit an ihnen ablesen. Wenn bei numerischer Berechnung sehr kleine Eigenwerte herauskommen, ist die übliche Vorsicht vor Rundungsfehlern angebracht.

Eigenvalues$(A[4])$

$$\begin{bmatrix} -\frac{9}{2} \\ -\frac{27}{2} \end{bmatrix}$$

Die Ausgaben zeigen, dass f auch in $(-3/4, 3/4\sqrt{3})$ und $(-3/4, -3/4\sqrt{3})$ lokale Maxima hat.

Um herauszufinden, ob f in $(0,0)$ ein lokales Extremum hat, berechnen wir das erste nicht verschwindende Taylorpolynom von f in $(0,0)$ und plotten seinen Graphen und die Höhenlinien.

$t := mtaylor(f, [x, y], 4)$

$$-3y^2 x + x^3$$

$plot3d(t, x = -1..1, y = -1..1, view = -0.5..0.5, orientation = [-60, 60],$
    $style = patchcontour, contours = 20, shading = zhue, axes = boxed)$ # *Abb. 30.2 links*
$plot3d(t, x = -1..1, y = -1..1, view = -0.5..0.5, orientation = [-90, 0],$
    $style = patchcontour, contours = 20, shading = zhue, axes = frame)$ # *Abb. 30.2 rechts*
$t := 't' :$

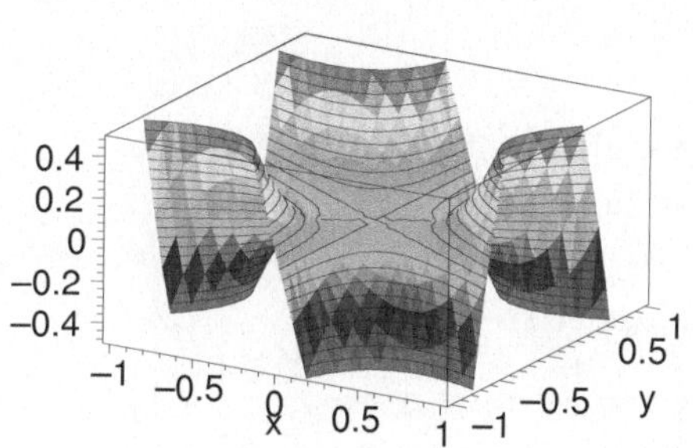 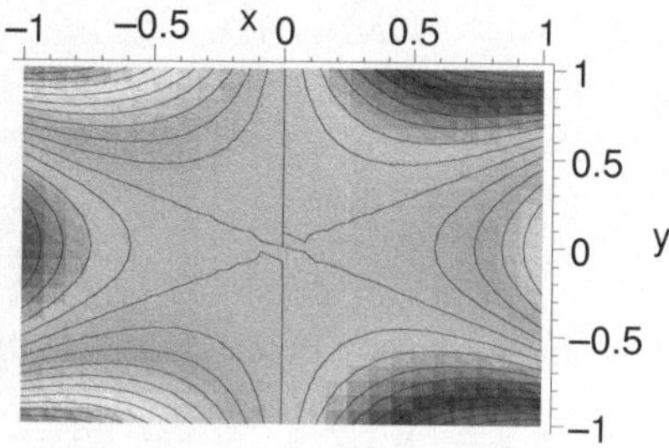

Abbildung 30.2: Der Affensattel in 3D-Ansicht und als Höhenlinien

Die abgebildete Sattelfläche bezeichnet man als Affensattel, da nicht nur für die Beine, sondern auch für den Schwanz des reitenden Affen Platz vorhanden ist. Da der Affensattel eine Approximation an den Graphen der zu untersuchenden Funktion f darstellt, kann man vermuten, dass die Einschränkung von f auf die Gerade $\{(x, x) : x \in \mathbb{R}\}$ in Null einen Sattelpunkt hat. Die folgende Rechnung bestätigt diese Vermutung.

$subs(y = x, f)$

$$-2x^4 - 2x^3$$

Die Funktion f besitzt also in $(0,0)$ einen Sattelpunkt.

Um unsere Rechnungen zu überprüfen, lassen wir nun noch den Graphen von f zeichnen.

$plot3d(f, x = -1.3..2.2, y = -2..2, view = -1..1, orientation = [30, 50],$
    $style = patchcontour, grid = [100, 100], contours = 20)$ # *Abb. 30.3*

Als zweites Beispiel untersuchen wir die Funktion

$$f \colon \mathbb{R}^2 \to \mathbb{R}, \quad f(x, y) = (x^4 + 2x^3 y - 2xy^3 - y^4)\exp(-x^2 - y^2).$$

Dabei gehen wir zunächst genauso vor wie im ersten Beispiel.

$f := (x^4 + 2 \cdot x^3 \cdot y - 2 \cdot y^3 \cdot x - y^4) \cdot \exp(-x^2 - y^2)$

$$(x^4 - 2x^3 y - 2y^3 x - y^4)\, e^{-x^2 - y^2}$$

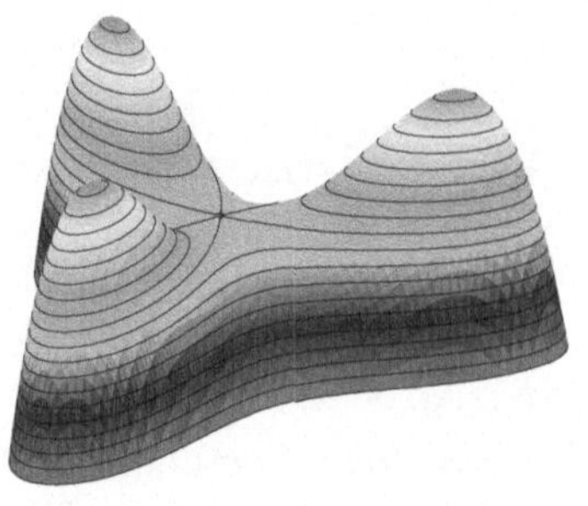

Abbildung 30.3:

Graph von $f\colon x \mapsto -\frac{1}{2}x^4 - x^2y^2 - \frac{1}{2}y^4 + x^3 - 3y^2x$

$g1 := Gradient(f,[x,y])$

$$\begin{bmatrix} (4x^3 + 6yx^2 - 2y^3)\,\mathrm{e}^{-x^2-y^2} - 2(x^4 + 2x^3y - 2y^3x - y^4)x\,\mathrm{e}^{-x^2-y^2} \\ (2x^3 - 6y^2x - ay^3)\,\mathrm{e}^{-x^2-y^2} - 2(x^4 + 2x^3y - 2y^3x - y^4)y\,\mathrm{e}^{-x^2-y^2} \end{bmatrix}$$

$g := map(factor, g1)$

$$\begin{bmatrix} -2\,\mathrm{e}^{-x^2-y^2}(x^3 - 2x - y^2x + y)(x+y)^2 \\ -2\,\mathrm{e}^{-x^2-y^2}(yx^2 - x - y^3 + 2y)(x+y)^2 \end{bmatrix}$$

$H := map(factor, Hessian(f,[x,y]))\,:$

$L := solve(convert(g, set), \{x,y\}, DropMultiplicity, Explicit)$

$$\{x = -y, y = y\}, \left\{x = \tfrac{1}{2}\sqrt{3} + \tfrac{1}{2}, y = \tfrac{1}{2}\sqrt{3} - \tfrac{1}{2}\right\}, \left\{x = \tfrac{1}{2}\sqrt{3} - \tfrac{1}{2}, y = -\tfrac{1}{2} - \tfrac{1}{2}\sqrt{3}\right\},$$

$$\left\{x = \tfrac{1}{2}\sqrt{3} - \tfrac{1}{2}, y = \tfrac{1}{2}\sqrt{3} + \tfrac{1}{2}\right\}, \left\{x = -\tfrac{1}{2}\sqrt{3} - \tfrac{1}{2}, y = \tfrac{1}{2} - \tfrac{1}{2}\sqrt{3}\right\}$$

Dieser Ausgabe entnehmen wir, dass die gesamtee Gerade $\{(-y,y) : y \in \mathbb{R}\}$ aus kritischen Punkten besteht. Wir berechnen die Hessesche Matrix für Punkte auf der kritischen Geraden.

$A1 := subs(L[1], H)$

$$\begin{bmatrix} 0 & 0 \\ 0 & 0 \end{bmatrix}$$

Definitheit der Hesseschen Matrix auf den kritischen Geraden war sowieso nicht zu erwarten. Wir stellen die Untersuchung dieser Punkte zurück und gehen stattdessen zu den isolierten Nullstellen des Gradienten über. Zur Probe setzen wir L_2 in den Gradienten ein.

$simplify(subs(L[2], g))$

$$\begin{bmatrix} 0 \\ 0 \end{bmatrix}$$

Wir sehen im folgenden, dass in den kritischen Punkten $L_2, \dots, L_5$ die Hessesche Matrix diagonal ist. Das Definitheitsverhalten kann also sofort abgelesen werden.

$A2 := map(expand, subs(L[2], H))$

$$\begin{bmatrix} -12\,\mathrm{e}^{-2}\sqrt{3} & 0 \\ 0 & -12\,\mathrm{e}^{-2}\sqrt{3} \end{bmatrix}$$

$A3 := map(expand, subs(L[3], H))$

$$\begin{bmatrix} 12\,\mathrm{e}^{-2}\sqrt{3} & 0 \\ 0 & 12\,\mathrm{e}^{-2}\sqrt{3} \end{bmatrix}$$

$A4 := map(expand, subs(L[4], H))$

$$\begin{bmatrix} 12\,\mathrm{e}^{-2}\sqrt{3} & 0 \\ 0 & 12\,\mathrm{e}^{-2}\sqrt{3} \end{bmatrix}$$

$A5 := map(expand, subs(L[5], H))$

$$\begin{bmatrix} -12\,\mathrm{e}^{-2}\sqrt{3} & 0 \\ 0 & -12\,\mathrm{e}^{-2}\sqrt{3} \end{bmatrix}$$

Die Matrizen A_3 und A_4 sind positiv definit, die beiden anderen sind negativ definit. Insgesamt haben wir also erhalten, dass f in den Punkten $(1/2 + 1/2\sqrt{3},\ -1/2 + 1/2\sqrt{3})$ und $(-1/2 - 1/2\sqrt{3},\ 1/2 - 1/2\sqrt{3})$ ein striktes Maximum und in $(1/2 - 1/2\sqrt{3},\ -1/2 - 1/2\sqrt{3})$ und $(-1/2 + 1/2\sqrt{3},\ 1/2 + 1/2\sqrt{3})$ ein striktes Minimum hat.

Um herauszufinden, was auf der kritischen Geraden passiert, betrachtet man am besten zunächst einen Plot des Graphen, um zu einer Vermutung zu kommen. Vermutet man einen Sattelpunkt, so untersucht man die Einschränkung von f auf verschiedene Geraden durch diesen Punkt. So verfahren wir im vorliegenden Beispiel. Vermutet man ein lokales Extremum, so testet man, ob es eine Umgebung U des Punktes gibt, so dass $H_f(a)$ für alle $a \in U$ positiv oder negativ semidefinit ist. Diese Bedingung ist allerdings nicht notwendig. Gelingt der Nachweis der Semidefinitheit nicht, so muss der Funktionsverlauf in einer Umgebung des Punktes mit anderen Mitteln analysiert werden.

In unserem Beispiel betrachten wir für $y \in \mathbb{R}$ und $\alpha \in [-\pi/2, \pi/2]$ die Funktion

$$g: t \mapsto f(-y + t\cos\alpha,\ y + t\sin\alpha).$$

Sie gibt an, wie f sich auf auf der Geraden mit der Steigung $\tan\alpha$ durch den kritischen Punkt $(-y, y)$ verhält. Wir berechnen $g''(0)$ und $g'''(0)$.

$simplify(subs(x = -y + t \cdot \cos(alpha), y = y + t \cdot \sin(alpha), f))$

$$t^3 \cos(\alpha)^3 (-2y - 2t\sin(\alpha) + t\cos(\alpha))\,\mathrm{e}^{2t^2\sin(\alpha)\cos(\alpha) - 4yt\sin(\alpha) + 2yt\cos(\alpha) - 2t^2 - 2y^2 + t^2\cos(\alpha)^2}$$

$g := unapply(\%, t):$
$D(D(g))(0)$

$$0$$

$D(D(D(g)))(0)$

$$-12\cos(\alpha)^3 y\,\mathrm{e}^{-2y^2}$$

Diese Ausgabe zeigt, dass für $y \neq 0$ die Funktion g für fast alle Geraden durch $(-y, y)$ kein Extremum in Null hat. Folglich ist für $y \neq 0$ der kritische Punkt $(-y, y)$ ein Sattelpunkt für f.

Um herauszufinden, wie sich f in $(0, 0)$ verhält, betrachten wir $t \mapsto f(t, 0)$ und $t \mapsto f(0, t)$.

$subs(x = t, y = 0, f)$

$$t^4\,\mathrm{e}^{-t^2}$$

$subs(x = 0, y = t, f)$

$$-t^4\,\mathrm{e}^{-t^2}$$

Also hat f auch in $(0, 0)$ einen Sattelpunkt.

Abschließend verschaffen wir uns noch eine bildliche Vorstellung des Graphen von f.

$plot3d(f, x = -3..3, y = -3..3, style = patchcontour, contours = 20, grid = [40, 40],$
$\quad orientation = [-170, 60], shading = zhue)\ \# Abb.\ 30.4$

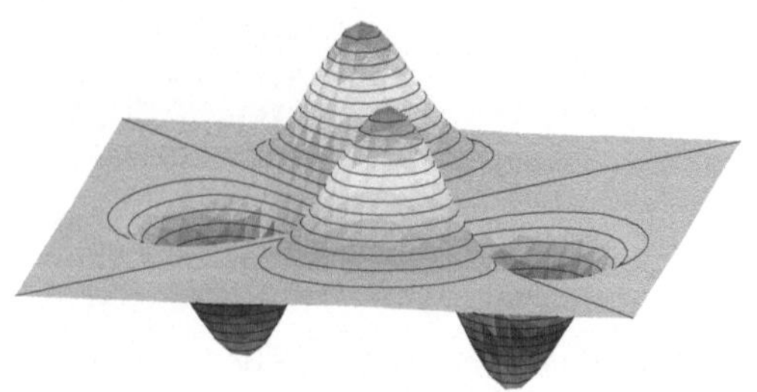

Abbildung 30.4:
Graph von $f\colon (x,y) \mapsto (x^4 + 2x^3y - 2xy^3 - y^2)\exp(-x^2 - y^2)$

Aufgaben

1. Sei $f\colon \mathbb{R}^2 \to \mathbb{R}$ gegeben durch $f(x,y) = y^3 \exp(-(x^2+y^2))$. Bestimmen Sie diejenigen Taylorpolynome von f, welche f in Null von der Ordnung 11, 17, 21, 27 und 31 annähern, und plotten Sie die Graphen von f und dieser Polynome über $[-2,2] \times [-2,2]$ in der Orientierung `[-20, 50]` mit der Option `view = -0.5..0.5`.

2. Bestimmen Sie die kritischen Punkte sowie die lokalen Extrema der Funktion $f\colon \mathbb{R}^2 \to \mathbb{R}$,

$$f(x,y) = -\frac{1}{2}x^6 - x^4y^2 - \frac{1}{2}x^2y^4 + x^5 - 3x^3y^2.$$

Plotten Sie dann den Graphen von f über dem Rechteck $[-1.3, 2.1] \times [-2.1, 2.1]$ mit den Optionen `grid = [41, 41]`, `view = -1.5..2.1` und `style = patchcontour` in geeigneter Orientierung.

3. Bestimmen Sie die kritischen Punkte sowie die lokalen Extrema der Funktion $f\colon \mathbb{R}^2 \to \mathbb{R}$,

$$f(x,y) = (3x^2 + x + y - 3y^2)\exp(-(x^2+y^2)).$$

Plotten Sie den Graphen von f über dem Quadrat $[-2,2] \times [-2,2]$.

Hinweis: Die Eigenwerte bestimmen Sie notfalls numerisch.

4. Bestimmen Sie die kritischen Punkte sowie die lokalen Extrema der Funktion $f\colon \mathbb{R}^2 \to \mathbb{R}$,

$$f(x,y) = x(y^2 - 1)\exp(-(x^2+y^2)).$$

Plotten Sie den Graphen von f über dem Quadrat $[-2,2] \times [-2,2]$.

5. Bestimmen Sie die kritischen Punkte sowie die lokalen Extrema der Funktion $f\colon \mathbb{R}^3 \to \mathbb{R}$,

$$f(x,y,z) = x^2 - y^2 + z^2 - (x^2 + 2y^2 + 4z^2)^2.$$

31 Implizite Funktionen

In diesem Abschnitt erklären wir, wie man mit Maple Kurven in der Ebene und Flächen im Raum veranschaulichen kann, welche implizit, d. h. als Nullstellengebilde, gegeben sind.

31.1 Der Satz über implizite Funktionen

Der Einfachheit halber behandeln wir den Fall zweier Veränderlicher. Der Satz über implizite Funktionen sagt dann folgendes aus: Sei $f \colon \mathbb{R}^2 \to \mathbb{R}$ eine stetig differenzierbare Funktion, und sei $N = \{(x,y) \in \mathbb{R}^2 : f(x,y) = 0\}$. Ist $(x_0, y_0) \in N$ und gilt $(\partial f/\partial y)(x_0, y_0) \neq 0$, so gibt es Umgebungen U von x_0 und V von y_0, so dass für jedes $x \in U$ genau eine Lösung $y \in V$ der Gleichung $f(x,y) = 0$ existiert. Insbesondere ist $N \cap U \times V$ der Graph einer auf U implizit definierten Funktion g, für welche $f(x, g(x)) = 0$ für alle $x \in U$ gilt. Die Funktion g ist stetig differenzierbar.

Ist beispielsweise $f(x,y) = y^2 - (x-1)(x+1)^2 - 1$, so gilt $(\partial f/\partial y)(x,y) = 2y$. Da außerdem $f(-1,1) = 0$, gibt es nach dem Satz über implizite Funktionen ein offenes Intervall I mit $-1 \in I$ sowie eine Funktion $g \colon I \to \mathbb{R}$, so dass $f(x, g(x)) = 0$ für alle $x \in I$. In der speziellen Situation kann man g auch angeben: $g(x) = \pm\sqrt{x(x^2 + x + 1)}$, und der Definitionsbereich von g bestimmt sich als $]-(1+\sqrt{5})/2, 0[$, da dort $x^2 + x - 1$ negativ, also $x(x^2 + x - 1)$ positiv ist. In $(0,0)$ verschwindet f ebenfalls. Da dort $\partial f/\partial y$ auch verschwindet, kann man die Gleichung zumindestens nicht differenzierbar nach y auflösen. Wegen $(\partial f/\partial x)(0,0) = 1$ kann man in einer Umgebung von $(0,0)$ die Nullstellenmenge von f als Graphen einer Funktion $x = h(y)$ darstellen. Auf diese Weise fortfahrend, kann man im Prinzip die Nullstellenmenge von f beschreiben.

Zur Veranschaulichung der Nullstellenmenge stellt Maple den Befehl `implicitplot` bereit. Er steht im Paket `plots` und wird folgendermaßen eingesetzt.

```
> implicitplot(Glg, x = a..b, y = c..d, Optionen)
```

Der erste Eintrag Glg ist eine Gleichung in x und y, der zweite und dritte bezeichnen den Bereich, über dem geplottet wird, und die folgenden sind Optionen wie bei den anderen Plotbefehlen auch. Die Zeichengenauigkeit wird mit `grid` oder `numpoints` eingestellt. Die Voreinstellung ist `grid = [26, 26]`.

$$f := (x,y) \to y^2 - (x-1)\cdot(x+1)^2 - 1$$
$$(x,y) \to y^2 - (x-1)(x+1)^2 - 1$$

$with(plots) :$

$p1 := implicitplot(f(x,y) = -0.2, x = -1.7..1.1, y = -1.1..1.1, numpoints = 5000) :$

$p2 := implicitplot(f(x,y) = 0, x = -1.7..1.1, y = -1.1..1.1, numpoints = 5000,$
    $color = blue) :$

$p3 := implicitplot(f(x,y) = 0.2, x = -1.7..1.1, y = -1.1..1.1, numpoints = 5000,$
$color = green) :$

$display(\{p1, p2, p3\}) \ \# Abb.\ 31.1$

Zum Satz über implizite Funktionen gehört auch eine Formel für die Ableitung von h an der Stelle x_0. Diese Formel gewinnt man durch Differentiation von $f(x, h(x)) = 0$.

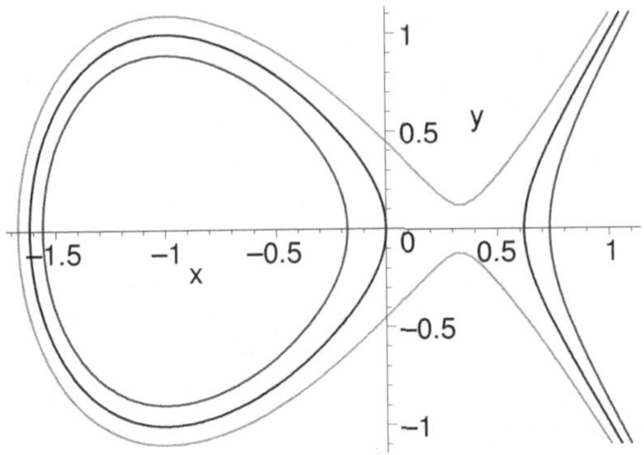

Abbildung 31.1:
Die Kurven $y^2 - (x-1)(x+1)^2 = 0.8, 1, 1.2$
(von innen nach außen)

$$diff(f(x, h(x)) = 0, x)$$

$$2h(x)\left(\frac{\mathrm{d}}{\mathrm{d}x}h(x)\right) - (x+1)^2 - 2(x-1)(x+1) = 0$$

$$Diff(h(x), x) = solve(\%, diff(h(x), x))$$

$$\frac{\mathrm{d}}{\mathrm{d}x}h(x) = \frac{1}{2}\frac{3x^2 + 2x - 1}{h(x)}$$

31.2 Plots implizit gegebener Kurven und Flächen

Die Funktion $f\colon (x,y) \mapsto y^2 - (x-1)(x+1)^2 - 1$ aus dem letzten Abschnitt hat die Eigenschaft, dass in denjenigen Punkten ihrer Nullstellenmenge, in denen $\partial f/\partial y$ verschwindet, wenigstens $\partial f/\partial x$ noch ungleich Null ist. Es ist aber auch möglich, dass eine Funktion Nullstellen besitzt, in denen sämtliche partiellen Ableitungen verschwinden. Ein solcher Punkt heißt Singularität. Die einfachste derartige Funktion ist $f\colon (x,y) \mapsto xy$. Offenbar besitzt sie im Ursprung eine Singularität. Wir lassen sie plotten.

$implicitplot(x \cdot y = 0, x = -1..1, y = -1..1, axes = frame)$ # Abb. 31.2 links

Wie der Plot zeigt, hat Maple große Schwierigkeiten, die Nullstellenmenge in der Nähe einer Singularität richtig wiederzugeben. Dieses Problem lösen wir beim nächsten Beispiel, indem wir mittels numpoints die Auflösung erhöhen.

$g := (x^2 + y^2)^2 + 3 \cdot x^2 \cdot y - y^3$

$$\left(x^2 + y^2\right)^2 + 3x^2y - y^3$$

$implicitplot(g = 0, x = -1..1, y = -0.6..1, numpoints = 12000,$

$\quad axes = frame, scaling = constrained)$ # Abb. 31.2 rechts

Die Qualität eines mit implicitplot gezeichneten Bildes lässt sich durch verschiedene Maßnahmen verbessern. Als erstes achtet man darauf, dass man den Bereich, in dem nach der Nullstellenmenge gesucht wird, nicht unnötig groß macht. Durch die Angabe der Bereiche für x und y wird ein Rechteck festgelegt; dieses sollte die gesuchte Kurve oder den interessierenden Teil möglichst knapp umschließen. Zweitens setzt man numpoints herauf. Sollte die Kurve allerdings Singularitäten besitzen, an denen mehrere Zweige tangential zueinander einlaufen, so wird auch das nicht immer ausreichen. Der Grund liegt darin, dass implicitplot lediglich nach Vorzeichenwechseln Ausschau hält. Ist die definierende Funktion ein Polynom, so ist ihr

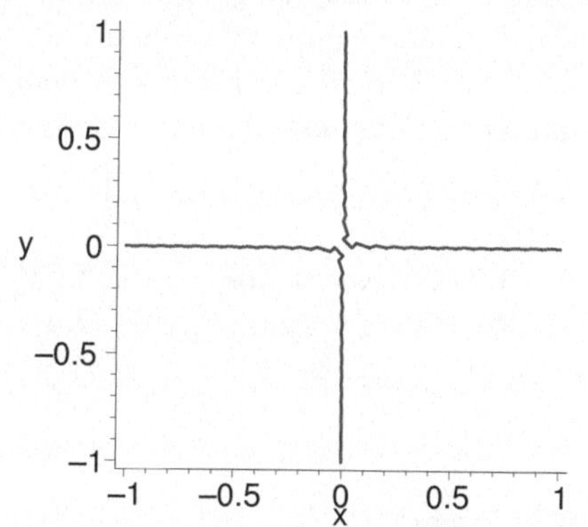 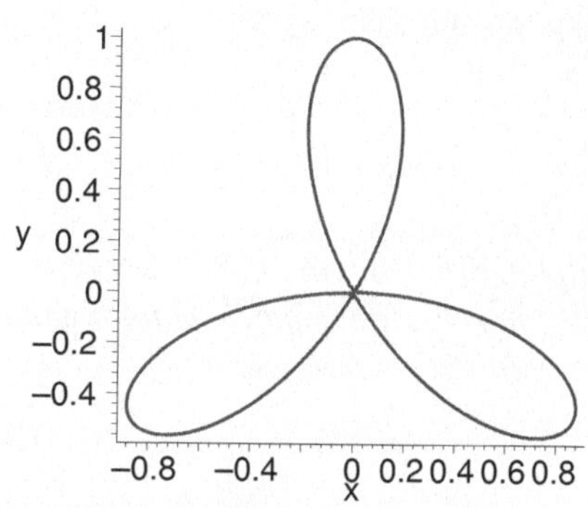

Abbildung 31.2: `implicitplot` des Achsenkreuzes und eines Kleeblatts

Nullstellengebilde eine ebene algebraische Kurve. Zur Untersuchung solcher Objekte besitzt Maple ein eigenes Paket, genannt `algcurves`. Wir verwenden daraus den Befehl
> `plot_real_curve(p, x, y, Optionen)`

Dabei ist p ein Polynom in x und y. Die zulässigen Optionen sind dieselben wie für andere 2D-Plots. Laufbereiche für x und y sind nicht vorgesehen; stattdessen analysiert Maple die Kurve. Ist sie beschränkt, so wird die gesamte Kurve dargestellt, andernfalls werden die interessanten Teile gezeigt, das schließt alle Singularitäten und Wendepunkte ein.

with(algcurves) :

plot_real_curve(g,x,y) # Abb 31.3

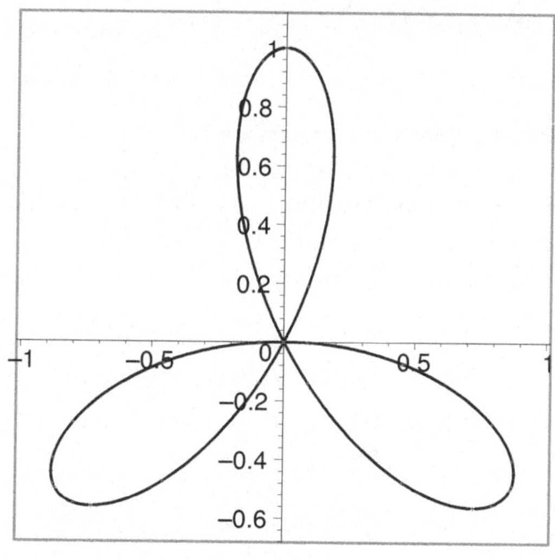

Abbildung 31.3:

Das Kleeblatt, gezeichnet mit dem Befehl `plot_real_curve` aus dem Paket `algcurves`

Der Befehl `plot_real_curve` verwendet die Puiseux-Entwicklung der Kurve in der Singularität. Diese Technik ist Thema des Buchs von Fischer.

Eine Funktion $f\colon \mathbb{R}^3 \to \mathbb{R}$ definiert analog die Nullstellenfläche $\{(x,y,z) \in \mathbb{R}^3 : f(x,y,z) = 0\}$. Sie plottet man in Maple mit dem Befehl `implicitplot3d`, der ähnlich aufgerufen wird wie `implicitplot` mit dem Unterschied, dass er eine zusätzliche Bereichsangabe für die dritte Variable benötigt. Die Voreinstellung für `grid` ist `[10, 10, 10]`. Das ist in der Regel zu wenig. Im folgenden Beispiel setzen wir die Auflösung mittels `numpoints` herauf.

$h := y^2 - (x-1) \cdot (x+1)^2 - z^2$

$$y^2 - (x-1)(x+1)^2 - z^2$$

$implicitplot3d(h = 0, x = -1.8..1.2, y = -1.3..1.3, z = -1.3..1.3, orientation = [-102, 63],$
$axes = boxed, style = patchcontour, numpoints = 15000, shading = zhue)\ \#\ Abb.\ 31.4$

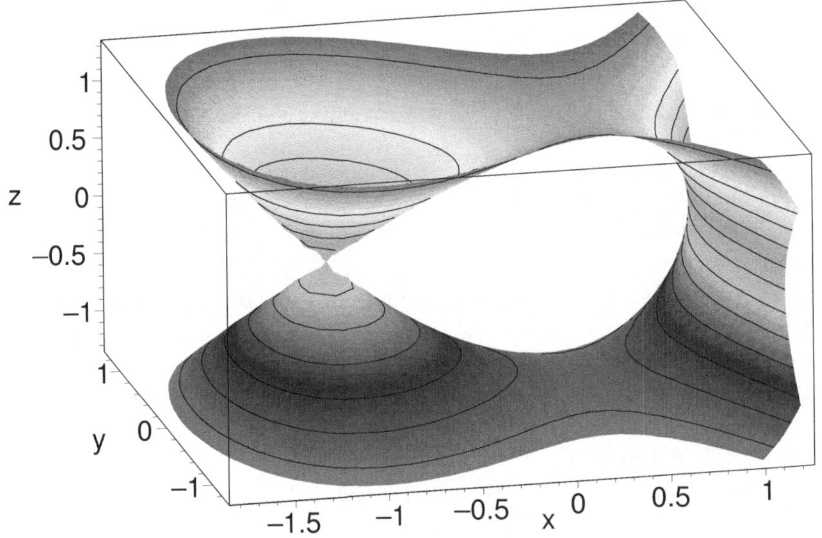

Abbildung 31.4: Eine implizit gegebene Fläche

Die Nullstellenmengen aus Bild 31.1 sind die Höhenlinien des Plots aus Bild 31.4 zu den Niveaus $z^2 = 0.8, 1, 1.2$, wie man durch Vergleich von f und h erkennt.

Aufgaben

1. Plotten Sie die Lösungsmengen der Gleichungen

   a) $x^2 - y^2 - x^4 - 2x^2y^2 - y^4 + a = 0, \quad a = -\dfrac{1}{10}, 0, \dfrac{1}{10}, \quad x \in [-1.2, 1.2],$

   b) $y^2 - (x-1)(x-3)^2 = 0,$

   jeweils in einem Plot.

2. Lassen Sie die durch die Gleichung

$$(x^2 + y^2)^3 - 4x^2y^2 = 0$$

gegebene Kurve plotten. Liegt der Nullpunkt auf der Kurve?

3. Lassen Sie die folgenden parametrischen Plots anzeigen:

   a) $\mathbb{R} \to \mathbb{R}^2, s \mapsto \left(\dfrac{s(1 - 3s^2)}{(s^2 + 1)^2}, \dfrac{1 - 3s^2}{(s^2 + 1)^2} \right)$,

   b) $\mathbb{R} \to \mathbb{R}^2, s \mapsto \left(8 \dfrac{(s^2 - 4)^2 s}{(s^2 + 4)^3}, 32 \dfrac{(s^2 - 4)s^2}{(s^2 + 4)^3} \right)$.

   Hinweis: Der Laufbereich `s=-infinity..infinity` ist zulässig.

4. Plotten Sie die Lösungsmenge der Gleichung

$$x^2 - 2y^2 + y^4 + a = 0, \quad x \in [-1.1, 1.1],$$

   für $a = -1/100$ und $a = 0$.

5.   a) Plotten Sie die Lösungsmenge der Gleichung

$$x^2 - 2y^2 + y^4 + z^4 - \frac{1}{9} = 0$$

   einmal in $[-1.1, 1.1] \times [-1.5, 1.5] \times [-1.1, 1.1]$ und ein anderes Mal in $[-1.1, 1.1] \times [-1, 1] \times [-1.1, 1.1]$.

   b) Plotten Sie die Lösungsmenge der Gleichung

$$x^4 - 2x^2 - 2y^2 + y^4 + z^4 - \frac{1}{40} = 0$$

   in $[-1.7, 1.7] \times [-1.7, 1.7] \times [-1.2, 1.2]$.

6. Gegeben sei die Funktion

$$g: (x, y, z) \mapsto -x^2 + y^2 + x^4 + 2x^2 y^2 + y^4 + z^3 - \frac{z^2}{4} - \frac{z}{4} + \frac{1}{16}.$$

   Plotten Sie die Nullstellenmenge von g in $[-1.1, 1.1] \times [-0.4, 0.4] \times [-0.8, 0.9]$ in der Orientierung `[-80, 70]` sowie in $[0, 1.1] \times [-0.4, 0.4] \times [-0.8, 0.9]$ in der Orientierung `[-125, 80]`.
   Plotten Sie ferner die Nullstellenmenge von $(x, z) \mapsto g(x, 0, z)$ in $[-1.1, 1.1] \times [-1, 1]$. Plotten Sie außerdem die Nullstellenmenge der Funktion

$$h: (x, y, z) \mapsto -x^2 + y^2 + x^4 + 2x^2 y^2 + y^4 + \left(z^2 - \frac{42}{100} \right) \left(z - \frac{42}{100} \right)$$

   in $[-1.1, 1.1] \times [-0.5, 0.5] \times [-1, 1]$ in der Orientierung `[-80, 70]` mit der Option `grid = [13, 13, 13]` sowie die Nullstellenmenge von $(x, z) \mapsto h(x, 0, z)$ in $[-1.1, 1.1] \times [-1, 1]$. Was passiert, wenn Sie in h die Zahl $42/100$ durch $43/100$ ersetzen?

7. Gegeben sei die Funktion

$$h: (x, y, z) \mapsto z^2 - \left(\sqrt{x^2 + y^2} - 1 \right) \left(\sqrt{x^2 + y^2} - 3 \right)^2.$$

   Plotten Sie die Nullstellenmenge der Funktion $h + 1/2$ in $[-2, 2]^2 \times [-1, 1]$ sowie in $[-2.4, 2.4]^2 \times [-1, 1]$ in der Orientierung `[60, 70]`. Plotten Sie ferner die Nullstellenmenge von $h - 1/2$ in $[-3, 3]^2 \times [-1.3, 1.3]$ mit den Optionen `grid = [13, 13, 13]` und `orientation = [45, 60]`.

8. Plotten Sie die Nullstellenmenge der Funktion

$$f: (x, y, z) \mapsto \frac{5}{4} + x^3 + y^3 + z^3 - (1 + x + y + z)^3$$

   in $[-2, 2]^3$ mit den Optionen `grid = [13, 13, 13]` und `orientation = [140, 55]`.

32 Parameterintegrale, Fourier-Integrale

Integriert man eine Funktion in zwei Variablen nach einer der Veränderlichen, so bezeichnet man die andere als Parameter und das Ganze als Parameterintegral. Eine wichtige Klasse von Beispielen hierfür sind die Fourier-Integrale.

32.1 Integrale mit Parameter

Sind I und J Intervalle, und ist f eine Funktion auf $I \times J$, für welche das Integral

$$\int_I f(x,y)dx =: g(y)$$

für jeden Wert des Parameters y existiert, so möchte man Eigenschaften von g aus denen von f herleiten. Ist I kompakt und f stetig auf I, so ist g stetig auf J. Setzt man zusätzlich voraus, dass $\partial f/\partial y$ auf $I \times J$ existiert und dort stetig ist, so ist g stetig differenzierbar auf J, und es gilt

$$g'(y) = \int_I \frac{\partial f}{\partial y}(x,y)dx,$$

d. h. man darf unter dem Integral differenzieren. Diese Aussagen gelten im allgemeinen nicht mehr, wenn I nicht kompakt ist. Für $I = \mathbb{R}$ wollen wir dies an einem Beispiel zeigen, dessen Einordnung in einen allgemeineren Rahmen im nächsten Abschnitt erfolgt. Sei $f \colon \mathbb{R}^2 \to \mathbb{R}$ folgendermaßen definiert:

$$f := \frac{\cos(y \cdot x) \cdot \sin(x)}{x}$$

$$\frac{\cos(yx)\sin(x)}{x}$$

Da wir in 11.1 gezeigt haben, dass $\lim_{x \to 0}(\sin x)/x = 1$, verstehen wir dabei $(\sin x)/x$ als auf $\mathbb{R}$ stetig fortgesetzte Funktion. Folglich ist f samt allen partiellen Ableitungen nach y stetig auf $\mathbb{R}^2$. Wir berechnen das zugehörige Integral g mit Parameter y.

$I1 := Int(f, x = -\mathit{infinity}..\mathit{infinity}) :$

$I1 = value(I1)$

$$\int_{-\infty}^{\infty} \frac{\cos(yx)\sin(x)}{x}\,\mathrm{d}x = -\frac{1}{4}\pi\,\mathrm{csgn}(\mathrm{I}(y-1)) - \frac{1}{4}\pi\,\mathrm{csgn}(\mathrm{I}(-1+\bar{y})) + \frac{1}{4}\pi\,\mathrm{csgn}(\mathrm{I}(y+1))$$

$$+ \frac{1}{4}\pi\,\mathrm{csgn}(\mathrm{I}(1+\bar{y}))$$

Mit `csgn` wird die komplexe Vorzeichenfunktion bezeichnet, die uns in 14.2 zuerst begegnet war. Wenn wir Maple mitteilen, dass y reell ist, vereinfacht sich der Ausdruck

$simplify(\%)$ assuming $y :: \mathit{real}$

$$\int_{-\infty}^{\infty} \frac{\cos(yx)\sin(x)}{x}\,\mathrm{d}x = -\frac{1}{2}\pi(\mathrm{signum}(y-1) - \mathrm{signum}(y+1))$$

$g := rhs(\%)$

$$-\frac{1}{2}\pi(\operatorname{signum}(y-1) - \operatorname{signum}(y+1))$$

Da die Funktion `signum` in Maple im Nullpunkt nicht definiert ist, besagt diese Ausgabe, dass g auf $\mathbb{R} \setminus \{-1, 1\}$ mit der Funktion $h\colon \mathbb{R} \to \mathbb{R}$

$h := x \to \mathrm{Pi} \cdot (\mathrm{Heaviside}(x+1) - \mathrm{Heaviside}(x-1))$

$$x \to \pi(\mathrm{Heaviside}(x+1) - \mathrm{Heaviside}(x-1))$$

übereinstimmt. Maple bestätigt dies.

$simplify(h(y) - g)$ assuming $-1 > y$

$$0$$

$simplify(h(y) - g)$ assuming $-1 > y$ **and** $1 > y$

$$0$$

$simplify(h(y) - g)$ assuming $1 < y$

$$0$$

Also ist g nicht auf ganz $\mathbb{R}$ stetig und erst recht nicht differenzierbar. Grund für dieses Verhalten ist, dass das Integral mit Parameter zwar als uneigentliches Riemann-Integral existiert, aber $|f(\cdot, y)|$ nicht für alle $y \in \mathbb{R}$ integrierbar ist. In den eingangs erwähnten Sätzen wird die absolute Integrierbarkeit durch die Kompaktheit und die Stetigkeitsvoraussetzungen impliziert.

32.2 Fourier-Integrale

In diesem Abschnitt erläutern wir kurz die Fouriertransformation und zeigen, wie man Maple zur Berechnung von Fouriertransformierten einsetzen kann. Dadurch erhalten wir auch eine Interpretation des Beispiels aus 32.1.

Ist $f\colon \mathbb{R} \to \mathbb{C}$ eine Funktion, für welche $\int_{-\infty}^{\infty} |f(x)|\,dx$ existiert, so definiert man die Fouriertransformierte $\hat{f}\colon \mathbb{R} \to \mathbb{C}$ von f durch

(F) $$\hat{f}(t) := \int_{-\infty}^{\infty} e^{-ixt} f(x)\,dx.$$

Die Fouriertransformierte von f wird also durch ein spezielles Integral mit Parameter gegeben. Wie man mit Hilfe von Forster II, §9, Satz 1, zeigen kann, ist $\hat{f}$ stetig und beschränkt auf $\mathbb{R}$. Existiert auch $\int_{-\infty}^{\infty} |\hat{f}(t)|\,dt$, so gilt die Fouriersche Umkehrformel (s. Forster III, §13, Satz 2)

(IF) $$f(x) = \frac{1}{2\pi} \int_{-\infty}^{\infty} e^{ixt} \hat{f}(t)\,dt.$$

Dies gilt bei geeigneter Interpretation auch noch, falls $\int_{-\infty}^{\infty} |\hat{f}(t)|^2\,dt < \infty$. Da Maple uneigentliche Integrale berechnen kann, sind wir grundsätzlich in der Lage, die Fouriertransformierten gegebener Funktionen zu bestimmen. Es empfiehlt sich aber, dazu die Befehle `fourier` und `invfourier` aus dem Paket `inttrans` verwenden. Sie werden folgendermaßen eingesetzt:

```
> fourier(A, x, t)
```

Dabei ist A ein arithmetischer Ausdruck, dessen Fouriertransformierte bezüglich der Unbestimmten x berechnet werden soll. Das dritte Argument t legt fest, wie die Unbestimmte im transformierten Ausdruck heißt. Kann die Fouriertransformierte nicht bestimmt werden, so wird die Eingabe zurückgegeben. Die inverse Fouriertransformierte wird in analoger Weise aufgerufen.

> invfourier(A, t, x)

Als Beispiel betrachten wir die Gaußsche Glockenkurve

$$f := x \to \exp\left(-\frac{x^2}{2}\right)$$

$$x \to e^{-\frac{1}{2}x^2}$$

with(inttrans) :

'fourier'$(f(x),x,t) = fourier(f(x),x,t)$

$$fourier\left(e^{-\frac{1}{2}x^2},x,t\right) = e^{-\frac{1}{2}t^2}\sqrt{2}\sqrt{\pi}$$

Die Funktion f hat also die bemerkenswerte Eigenschaft, dass $\hat{f} = \sqrt{2\pi}f$ gilt; man sagt, sie ist eine Eigenfunktion der Fouriertransformation. Weitere Eigenfunktionen findet man in Aufgabe 2.

Das folgende Beispiel zeigt, dass die Fouriertransformierte der unstetigen Funktion h aus 32.1 eine glatte Funktion ist, die bereits in 32.1 eine Rolle gespielt hat.

'fourier'$(h(x),x,t) = fourier(h(x),x,t)$

$$fourier(\pi(\text{Heaviside}(x+1) - \text{Heaviside}(x-1)),x,t) = \frac{2\pi \sin(t)}{t}$$

Fh := *rhs(%)*

$$\frac{2\pi \sin(t)}{t}$$

Da die Funktion *Fh* gerade ist, gilt für die inverse Fouriertransformierte von *Fh* gemäß (IF)

$$h(x) = \int_{-\infty}^{\infty} e^{ixt}\frac{\sin t}{t}dt = \int_{-\infty}^{\infty} \cos xt \frac{\sin t}{t}dt + i\int_{-\infty}^{\infty} \sin xt \frac{\sin t}{t}dt = \int_{-\infty}^{\infty} \frac{\cos xt \sin t}{t}dt.$$

Also haben wir in 32.1 die inverse Fouriertransformierte von *Fh* berechnet. Dasselbe leistet der Befehl invfourier.

'invfourier'$(Fh,t,x) = invfourier(Fh,t,x)$

$$invfourier\left(\frac{2\pi \sin(t)}{t},t,x\right) = \pi(\text{Heaviside}(x+1) - \text{Heaviside}(x-1))$$

Dies ist die Funktion h aus 32.1. Wir merken noch an, dass $\int_{-\infty}^{\infty} |\sin t/t|^2 dt$ existiert.

Für den Umgang mit der Fouriertransformation sind die folgenden Identitäten nützlich. Für die präzise Formulierung und die Beweise verweisen wir auf Forster III, §13.

1. $\hat{f}'(t) = it\hat{f}(t),$

2. $\displaystyle\int_{-\infty}^{\infty} \hat{f}(t)g(t)dt = \int_{-\infty}^{\infty} f(t)\hat{g}(t)dt.$

Die erste Eigenschaft beherrscht die Prozedur fourier in allgemeiner Form

'fourier'$(\text{D}(j)(x),x,t) = fourier(\text{D}(j)(x),x,t);$

$$fourier(\text{D}(j)(x),x,t) = \text{I}t fourier(j(x),x,t)$$

Die zweite Eigenschaft demonstrieren wir am Beispiel der Funktion f und der folgenden Funktion

$$g := \exp(-\mathrm{abs}(x))$$

$$\mathrm{e}^{-|x|}$$

Wir berechnen $\hat{g}$ und $\int_{-\infty}^{\infty} f(t)\hat{g}(t)\,dt$

$$'fourier'(g,x,t) = fourier(g,x,t)$$

$$fourier\left(\mathrm{e}^{-|x|},x,t\right) = \frac{2}{1+t^2}$$

$$I2 := Int(f(t)\cdot fourier(g,x,t), t=-infinity\,..\,infinity):$$
$$I2 = value(I2)$$

$$\int_{-\infty}^{\infty} \frac{2\,\mathrm{e}^{-\frac{1}{2}t^2}}{1+t^2}\,\mathrm{d}t = -2\pi\,\mathrm{e}^{\frac{1}{2}}\,\mathrm{erf}\left(\frac{1}{2}\sqrt{2}\right) + 2\pi\,\mathrm{e}^{\frac{1}{2}}$$

$$I3 := Int(g\cdot fourier(f(y),y,x), x=-infinity\,..\,infinity):$$

$$\int_{-\infty}^{\infty} \mathrm{e}^{-|x|}\,\mathrm{e}^{-\frac{1}{2}x^2}\,\sqrt{2}\sqrt{\pi}\,\mathrm{d}x = -2\pi\,\mathrm{e}^{\frac{1}{2}}\,\mathrm{erf}\left(\frac{1}{2}\sqrt{2}\right) + 2\pi\,\mathrm{e}^{\frac{1}{2}}$$

Damit haben wir die Gültigkeit von (2) im konkreten Fall nachgerechnet.

Schließlich merken wir noch an, dass Maple die Fouriertransformation nicht nur auf Funktionen, sondern sogar auf einige verallgemeinerte Funktionen (temperierte Distributionen) anwenden kann. Zu diesen gehört z. B. die Dirac-Funktion, die uns bereits in §15 begegnet ist. Da man beim Umgang mit der Fouriertransformation häufiger auf sie stößt, wollen wir etwas auf sie eingehen. Die Dirac-Funktion ist eine lineare Abbildung von $C(\mathbb{R})$ nach $\mathbb{R}$, die jedem $f \in C(\mathbb{R})$ die Zahl $f(0)$ zuordnet. Aus historischen Gründen schreibt man diese Zuordnung als Integral.

$$I4 := Int(\mathrm{Dirac}(x)\cdot F(x), x=-infinity\,..\,infinity):$$
$$I4 = value(I4)$$

$$\int_{-\infty}^{\infty} \mathrm{Dirac}(x)F(x)\,\mathrm{d}x = F(0)$$

Wenn man für die Dirac-Funktion eine Fouriertransformierte so definieren will, dass die Eigenschaft (2) gültig bleibt, so muss man diese als die konstante Funktion 1 wählen, da

$$\int_{-\infty}^{\infty} \hat{f}(t)\mathrm{Dirac}(t)\,dt = \hat{f}(0) = \int_{-\infty}^{\infty} f(t)\,1\,dt.$$

Maple kennt diese Definition auch

$$fourier(\mathrm{Dirac}(x),x,t)$$

$$1$$

Die Dirac-Funktion liefert schließlich auch einen Zusammenhang zwischen den in §23 betrachteten Fourier-Koeffizienten von periodischen Funktionen s und der Fouriertransformation. Wir geben dazu eine 2π-periodische Funktion s mit Fourierkoeffizienten a_k und b_k ein.

$$s := a[0] + Sum(a[k]\cdot\cos(k\cdot x) + b[k]\cdot\sin(k\cdot x), k=1\,..\,infinity)$$

$$a_0 + \sum_{k=1}^{\infty} \left(a_k\cos(kx) + b_k\sin(kx)\right)$$

Maple rechnet die Fouriertransformierte formal richtig aus.

$$fourier(s,x,t)$$

$$\pi\left(2a_0\,\mathrm{Dirac}(t) - \left(\sum_{k=1}^{\infty}\left((-a_k - \mathrm{I}\,b_k)\,\mathrm{Dirac}(t+k) + (-a_k + \mathrm{I}\,b_k)\,\mathrm{Dirac}(t-k)\right)\right)\right)$$

Es zeigt sich, dass die Fourierkoeffizienten aus den Real- und Imaginärteilen der Koeffizienten der Terme der Form $\mathrm{Dirac}(t+k)$ abgelesen werden können. Maple kann diese Reihe nur in wenigen Fällen tatsächlich berechnen.

Aufgaben

1. Die Funktion $g\colon \mathbb{R}^2 \to \mathbb{R}$ sei definiert durch $g(0,0) = 0$ und $g(x,y) = xy^3/(x^2+y^2)^2$ sonst. Berechnen Sie

$$h(y) := \int_0^1 g(x,y)\,dy,\ h'(y),\ h'(0),\ \frac{\partial g}{\partial y},\ \int_0^1 \frac{\partial g}{\partial y}(x,0)\,dx \text{ und } \int_0^1 \frac{\partial g}{\partial y}(x,y)\,dx.$$

2. Die Hermite-Polynome h_n und die Hermite-Funktionen H_n werden für $n \in \mathbb{N}$ definiert als

$$h_n(x) = (-1)^n \exp(x^2)\frac{d^n}{dx^n}\exp(-x^2), \quad H_n(x) = (2^n n!\sqrt{\pi})^{-1/2}\exp(-x^2)h_n(x).$$

Berechnen Sie h_n, H_n und $\hat{H}_n$ für $n = 1,\dots,5$. Vergleichen Sie H_n und $\hat{H}_n$. Wenden Sie dazu `simplify` auf den Quotienten von $H_n(x)$ und $\hat{H}_n(x)$ an. Die Gleichheit der Argumente von $\hat{H}_n$ und von H_n erreicht man mit `subs`. Betrachten Sie schließlich die folgenden Integrale

$$\int_{-\infty}^{\infty} H_k(x)H_n(x), \quad 1 \le k,n \le 5,$$

und plotten Sie für $1 \le n \le 5$ die Graphen von h_n über $[-2.2,2.2]$ sowie von H_n über $[-4.5,4.5]$.

3. Bestimmen Sie die Fouriertransformierten der folgenden Funktionen f, und prüfen Sie, ob die inverse Fouriertransformierte von $\hat{f}$ mit f übereinstimmt.

$$f(x) = \sin x \exp(-x^2), \quad f(x) = \frac{1}{1+x^2}, \quad f(x) = \frac{1}{(1+x^2)^2}.$$

4. Verwenden Sie die Beziehung 32.2(2), um

$$\int_{-\infty}^{\infty} \frac{\exp(-t^2/2)\sin t}{t}\,dt$$

auf zwei Arten zu berechnen. Vergleichen Sie die Ergebnisse, und lassen Sie dann das Integral numerisch berechnen.

5. Bestimmen Sie die Fouriertransformierte von

$$\sin^2 x, \quad \sin^2(x)\cos^2(x), \quad \cos^3(x+\pi/4).$$

In welche Ausdrücke verwandelt `invfourier` die Fouriertransformierten zurück? Stimmen diese mit der Ausgangsfunktion überein?

33 Gewöhnliche Differentialgleichungen erster Ordnung

In diesem Abschnitt zeigen wir, wie man Maple zum Lösen gewöhnlicher Differentialgleichungen erster Ordnung sowie zur Veranschaulichung der Differentialgleichung und ihrer Lösungen einsetzen kann. Mit Differentialgleichungen höherer Ordnung beschäftigen wir uns in § 34 und mit Differentialgleichungssystemen in § 35.

33.1 Der Befehl `dsolve`

Im weiteren gehen wir von der folgenden Situation aus. Gegeben sind ein zusammenhängender Bereich B im $\mathbb{R}^2$ und $p, q \in C(B)$. Gesucht sind alle Lösungen der Differentialgleichung

(D) $$q(x,y)y' + p(x,y) = 0,$$

bzw. alle Lösungen von (D), welche für einen gegebenen Punkt $(x_0, y_0) \in B$ die Anfangsbedingung

(A) $$y(x_0) = y_0$$

erfüllen. Eine Lösung von (D) ist dabei eine Funktion f, welche auf einem Intervall $I \subset \mathbb{R}$ definiert ist und folgende Bedingungen erfüllt

- f ist stetig auf ganz I,

- f ist stetig differenzierbar im Innern von I,

- $\{(x, f(x)) : x \in I\} \subset B$,

- $q(x, f(x))f'(x) + p(x, f(x)) = 0$ für alle x im Innern von I.

Gilt zusätzlich $f(x_0) = y_0$, so ist f eine Lösung der Anfangswertaufgabe (A).

Ist $q \equiv 1$ und hängt p nur von x ab, so geht (D) über in die Gleichung $y' = -p(x)$, d. h. in diesem speziellen Fall wird eine Stammfunktion zu $-p$ gesucht. Die Probleme, die bei der Berechnung von Integralen auftreten, kann man daher bei Differentialgleichungen auch erwarten. Insbesondere ist es möglich, dass in der Lösung Funktionen auftreten, die in der Aufgabenstellung nicht vorkommen und vielleicht sogar dem Benutzer unbekannt sind.

Für die Lösung von Differentialgleichungen hält Maple den allgemeinen Befehl `dsolve` bereit. Zur Lösung der Gleichung (D) wird er folgendermaßen eingesetzt:
```
> dsolve({Dgl, Ab}, y(x))
```
Er hat also zwei Argumente. Das erste Argument ist eine Menge und besteht aus der Differentialgleichung Dgl und der Anfangsbedingung Ab. Mit dem zweiten Argument wird der Name der gesuchten Funktion und ihres Arguments festgelegt. In der Differentialgleichung Dgl werden

die gesuchte Funktion in der Form $y(x)$ und ihre Ableitung in der Form `diff(y(x), x)` oder
`D(y)(x)` angegeben. Die Anfangsbedingung schreibt man in der Form $y(x_0) = y_0$. Fehlt die
Angabe einer Anfangsbedingung, dann werden sämtliche Lösungen von (D) gesucht.

Als Ausgabe erhält man alle Lösungen, die Maple gefunden hat. Dabei muss der Anwender
über die Definitionsbereiche der ausgegebenen Lösungen selbst befinden. Falls die Lösungen
eine freie Integrationskonstante enthalten, so bezeichnet Maple diese mit „_C1“. Findet Maple
keine Lösung, so erfolgt keine Ausgabe.

Die Verwendung von `dsolve` demonstrieren wir an einem einfachen Beispiel, indem wir die
Differentialgleichung

$$y' - y + x^3 - 3x + 2 = 0$$

lösen lassen. Es handelt sich um eine auf ganz $\mathbb{R}^2$ definierte, lineare, inhomogene Differentialgleichung. Daher besitzt jede Anfangswertaufgabe eine auf ganz $\mathbb{R}$ definierte, eindeutig bestimmte Lösung, für welche man eine Formel angeben kann.

$g := diff(y(x), x) - y(x) + x^3 - 3 \cdot x + 2$

$$\frac{\mathrm{d}}{\mathrm{d}x} y(x) - y(x) + x^3 - 3x + 2$$

$dsolve(g = 0, y(x))$

$$y(x) = 5 + 3x + 3x^2 + x^3 + \mathrm{e}^x \_C1$$

Die rechte Seite dieser Formel ist die Lösung der Differentialgleichung. Um das zu überprüfen, setzen wir sie ein. Wenn wir die Einsetzung mit `subs` versuchen, wird die Ableitung nicht
ausgeführt. Eine Möglichkeit besteht darin, erst zu substituieren und dann zu vereinfachen, was
allerdings in manchen Situationen auch schon zu viel sein kann. Es gibt daher einen speziellen
Befehl

`> eval(A, Glg)`

Er führt die durch die Gleichung Glg gegebene Ersetzung im Ausdruck A aus und wertet A
anschließend aus, wobei "auswerten" bedeutet, dass die vorhandenen Befehle angestoßen, aber
keine nicht-trivialen Vereinfachungen durchgeführt werden. Wir werden daher im folgenden
häufig zusätzlich noch `simplify` anwenden müssen. Die Angabe einer Gleichung ist übrigens
optional, falls man nur an der Auswertung interessiert ist. Will man dagegen mehrere Ersetzungen durchführen, so kann man mehrere Gleichungen in einer Menge zusammenfassen.

$eval(g, \%)$

$$0$$

Will man nun eine Anfangswertaufgabe lösen, so braucht man nur die Integrationskonstante `_C1`
geeignet zu bestimmen. Das kann Maple natürlich auch, z. B. für den Anfangswert $y(0) = 1$.

$Lsg := dsolve(\{g = 0, y(0) = 1\}, y(x))$

$$y(x) = 5 + 3x + 3x^2 + x^3 - 4\mathrm{e}^x$$

$f1 := rhs(Lsg)$

$$5 + 3x + 3x^2 + x^3 - 4\mathrm{e}^x$$

$eval(f1, x = 0)$

$$1$$

Wir bestimmen noch die Lösungen der Anfangswertaufgaben $y(0) = 1/2$ und $y(0) = 3/2$, um
alle drei Lösungen gemeinsam plotten zu lassen.

$$f2 := rhs\left(dsolve\left(\left\{g = 0, y(0) = \frac{1}{2}\right\}, y(x)\right)\right)$$

$$5 + 3x + 3x^2 + x^3 - \frac{9}{2}\,e^x$$

$$f3 := rhs\left(dsolve\left(\left\{g = 0, y(0) = \frac{3}{2}\right\}, y(x)\right)\right)$$

$$5 + 3x + 3x^2 + x^3 - \frac{7}{2}\,e^x$$

Die Lösungen f_1, f_2 und f_3 wollen wir jetzt gemeinsam mit der Differentialgleichung veranschaulichen. Dazu definieren wir das zu einer Gleichung der Form (D) gehörende Richtungsfeld $v\colon B \to \mathbb{R}^2$ durch

$$v(x,y) = (q(x,y), -p(x,y)).$$

Ist f eine Lösung von (D) und gilt $q(x, f(x)) \neq 0$, so folgt

$$f'(x) = -\frac{p(x, f(x))}{q(x, f(x))}$$

durch Auflösen von (D). Daher ist der Vektor

$$\left(1, -\frac{p(x, f(x))}{q(x, f(x))}\right),$$

welcher die Richtung der Tangente an den Graphen von f angibt, parallel zu $v(x, f(x))$. Also ist das Vektorfeld v tangential an den Graphen jeder Lösung von (D). Um diesen Sachverhalt im obigen Beispiel zu verdeutlichen, lassen wir die Graphen von f_1, f_2 und f_3 zusammen mit dem Richtungsfeld plotten. Dazu laden wir das Paket `plots`, geben das Richtungsfeld v ein, berechnen die Plots und setzen sie schließlich mit `display` zusammen.

$with(plots):$
$v := [1, y - x^3 + 3 \cdot x - 2]$

$$[1, y - x^3 + 3x - 2]$$

$p := fieldplot(v, x = -1.5..2, y = -2..5, color = blue):$
$q := plot([f1, f2, f3], x = -1.5..2, color = [red,\ green,\ magenta]):$
$display(\{p, q\}, axes = frame)\ \# Abb.\ 33.1$

33.2 Definitionsbereiche von Lösungen

Über die Lösungen, welche der Befehl `dsolve` ausgibt, muss man gelegentlich noch etwas nachdenken. So ist beispielsweise der Definitionsbereich noch zu bestimmen. Um dies zu erläutern, betrachten wir die Differentialgleichung

$$y' - e^y \sin x = 0.$$

Sie ist eine auf $B = \mathbb{R}^2$ definierte Differentialgleichung mit getrennten Variablen, d. h. man kann sie in der Form $y' = f(x)g(y)$ darstellen. Die Gesamtheit aller Lösungen einer solchen Differentialgleichung erhält man, indem man eine Stammfunktion F für f und eine Stammfunktion G für $1/g$ findet und dann für beliebiges $C \in \mathbb{R}$ die Gleichung

$$G(y) - F(x) = C$$

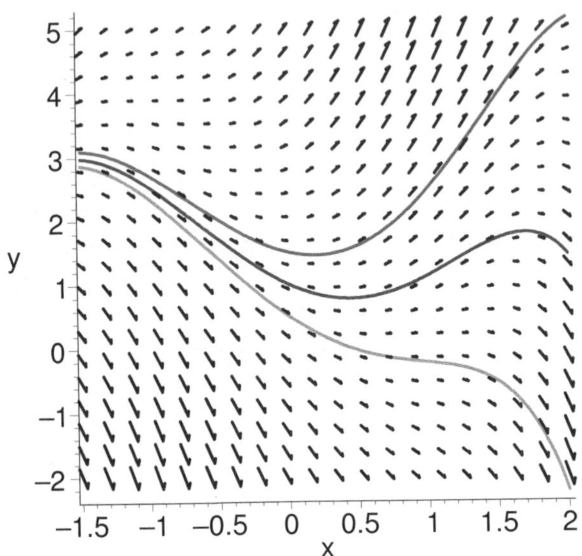

Abbildung 33.1: Drei Lösungen der Differentialgleichung $y' - y + x^3 - 3x + 2 = 0$

nach y auflöst. Um zu sehen, wie Maple mit dem obigen Beispiel umgeht, lassen wir zunächst
die allgemeine Lösung berechnen.

$$g := \mathit{diff}(y(x), x) - \exp(y(x)) \cdot \sin(x)$$

$$\frac{\mathrm{d}}{\mathrm{d}x} y(x) - \mathrm{e}^{y(x)} \sin(x)$$

$$dsolve(g = 0, y(x))$$

$$y(x) = \ln(\cos(x) - \_C1)$$

Wir lösen auch noch eine Anfangswertaufgabe.

$$Lsg := dsolve\left(\left\{g = 0, y(0) = -\frac{9}{10}\right\}, y(x)\right)$$

$$y(x) = -\ln\left(\cos(x) - 1 + \mathrm{e}^{\frac{9}{10}}\right)$$

$$f1 := rhs(Lsg) :$$
$$eval(g, Lsg)$$

$$0$$

$$eval(f1, x = 0)$$

$$-\frac{9}{10}$$

Also löst $f1$ in der Tat die Anfangswertaufgabe. Vergleicht man $f1$ mit der allgemeinen Lösung,
so stellt man fest, dass $f1$ zu einem komplexen Parameter gehört, nämlich zu

$$\_C1 = 1 - e^{9/10} + i\pi.$$

Zum Vergleich lösen wir die Differentialgleichung noch für eine zweite Anfangsbedingung.

$$dsolve\left(\left\{g = 0, y(0) = -\frac{1}{2}\right\}, y(x)\right)$$

$$y(x) = -\ln\left(\cos(x) - 1 + e^{\frac{1}{2}}\right)$$

$f2 := rhs(\%) :$

Wie in 33.1 veranschaulichen wir uns nun f_1, f_2 und das Richtungsfeld der Differentialgleichung in einem Plot

$v := [1, \exp(y) \cdot \sin(x)]$

$$[1, e^{y}\sin(x)]$$

$p := fieldplot(v, x = -2..6, y = -0.91..1, color = blue) :$
$q := plot([f1, f2], x = -2..6, y = -1..1, color = [red, \; green]) :$
$display(\{p, q\}, axes = frame) \; \# Abb. \; 33.2$

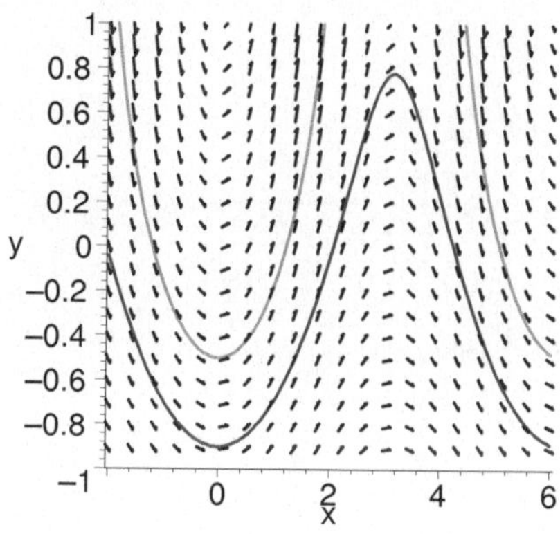

Abbildung 33.2:
Lösungen von $y' - e^{y}\sin x = 0$

Aufgrund der Abbildung könnte man meinen, dass wir für f_2 den Wertebereich falsch gewählt haben. Das ist aber nicht der Grund dafür, dass der Graph von f_2 in Komponenten zerfällt. Vielmehr ist die Funktion $c: x \mapsto \cos x + e^{1/2} - 1$ in gewissen Bereichen negativ und daher ihr Logarithmus nicht definiert, jedenfalls nicht als reelle Funktion. Bezeichnet man mit a die kleinste positive Nullstelle von c, so gilt $f_2(x) \to \infty$ für $x \to a$, $x < a$, und die Funktion f_2 ist nur auf dem Intervall $]-a, a[$ eine Lösung der Anfangswertaufgabe. Wir bestimmen a, also eine Stelle, an der f_2 den Wert ∞ annimmt. Das ist mit `solve` leider nicht möglich. Im vorliegenden Fall kommen wir zum Ziel, indem wir die Nullstellen von e^{-f_2} suchen lassen. Da die Exponentialfunktion keine endlichen Nullstellen besitzt, ist der gefundene Wert a eine Unendlichkeitsstelle von f_2.

$a := solve(\exp(-f2) = 0)$

$$\pi - \arccos\left(-1 + e^{\frac{1}{2}}\right)$$

$evalf(a)$

$$2.276699288$$

Die Funktion f_2 ist also nur auf dem Intervall $]-\arccos(1 - \sqrt{e}), \arccos(1 - \sqrt{e})[$ eine Lösung im Sinne von 33.1. Die Bestimmung des Definitionsbereichs aus der Formel für die Lösung einer Anfangswertaufgabe ist eine Aufgabe, die Maple gar nicht erst angeht.

33.3 Mehrere Lösungen einer Anfangswertaufgabe

Die Anfangswertaufgabe $y(x_0) = y_0$ für die Differentialgleichung (D) ist nach dem Satz von Picard-Lindelöf lokal eindeutig lösbar, wenn $q(x_0, y_0) \neq 0$ ist und $f \colon (x,y) \mapsto -p(x,y)/q(x,y)$ in einer Umgebung von (x_0, y_0) eine Lipschitz-Bedingung erfüllt. Sind diese Voraussetzungen nicht erfüllt, so kann es mehrere Lösungen der Anfangswertaufgabe geben. Wir untersuchen das Verhalten von Maple in solchen Situationen an zwei Beispielen und betrachten dazu zuerst die Differentialgleichung

$$y'(x^2 + 2x)y\exp(y^2) - 1 = 0.$$

Für $x \neq 0$ und $y \neq 0$ ist sie lokal äquivalent zu einer Differentialgleichung in getrennten Variablen, welche eine Lipschitz-Bedingung erfüllt. Für $x = 0$ oder $y = 0$ trifft dies dagegen nicht zu. Bei Anfangswertaufgaben der Form $y(x_0) = 0$ sind daher weder die Existenz noch die Eindeutigkeit von Lösungen gesichert. Wir beauftragen Maple damit, die Anfangswertaufgabe $y(2) = 0$ zu lösen.

$g := (x^2 + 2 \cdot x) \cdot y(x) \cdot \exp(y(x)^2) \cdot \textit{diff}(y(x), x) - 1$

$$(x^2 + 2x)y(x)\,e^{y(x)^2}\left(\frac{\mathrm{d}}{\mathrm{d}x}y(x)\right) - 1$$

$Lsgn := dsolve(\{g = 0, y(2) = 0\}, y(x))$

$$y(x) = \sqrt{\ln\left(1 - \ln\left(\frac{1}{2}\frac{x+2}{2}\right)\right)},\; y(x) = -\sqrt{\ln\left(1 - \ln\left(\frac{1}{2}\frac{x+2}{2}\right)\right)}$$

$g1 := unapply(rhs(Lsgn[1]), x) : \; g2 := unapply(rhs(Lsgn[2]), x) :$
$simplify(eval(g, Lsgn[1]))$

$$0$$

$simplify(eval(g, Lsgn[2]))$

$$0$$

$g1(2), g2(2)$

$$0, 0$$

Maple findet zu Recht zwei Lösungen. Die Überprüfung des Definitionsbereichs nehmen wir später an Hand des Plots vor. Vorher lösen wir noch die Anfangswertaufgabe $y(2) = 2/5$.

$$Lsg := dsolve\left(\left\{g = 0, y(2) = \frac{2}{5}\right\}, y(x)\right)$$

$$y(x) = \sqrt{\ln\left(e^{\frac{4}{25}} - \ln\left(\frac{1}{2}\frac{x+2}{x}\right)\right)}$$

$f1 := rhs(Lsg) :$
$simplify(eval(g, Lsg))$

$$0$$

$simplify(eval(f1, x = 2))$

$$\frac{2}{5}$$

Diese Anfangswertaufgabe besitzt in der Tat nur eine Lösung. Um ihren Graphen zu zeichnen, benötigen wir ihre Nullstelle.

$a := solve(f1 = 0, x)$

$$\frac{2}{2\,e^{e^{\frac{4}{25}} - 1} - 1}$$

Wir lassen wieder das Vektorfeld zeichnen. Damit die Pfeilspitzen nach rechts zeigen, geben wir v in der Form $(1, -p(x,y)/q(x,y))$ ein; damit alle Pfeile gleich lang sind, multiplizieren wir $v(x,y)$ mit der Reziproken seiner Euklidischen Norm, welche wir allerdings aus Bequemlichkeit zu Fuß ausrechnen.

$$v := \left\langle 1, \frac{1}{(x^2 + x) \cdot y \cdot \exp(y^2)} \right\rangle$$

$$\left[\begin{array}{c} 1 \\ \dfrac{1}{(x^2 + x)y\,e^{y^2}} \end{array} \right]$$

$$n := \mathrm{sqrt}(v[1]^2 + v[2]^2)$$

$$\sqrt{1 + \frac{1}{(x^2 + x)^2 y^2 \left(e^{y^2}\right)^2}}$$

$$w := \frac{v}{n} :$$

$p := \mathit{fieldplot}(w, x = 1.45..3, y = -0.6..0.6, color = blue) :$
$qg := plot([g1, g2], 2..3, color = [red, green]) :$
$qf := plot(f1, x = a..3, color = magenta) :$
$display(\{p, qf, qg\}, axes = frame) \ \# \mathit{Abb.} \ 33.3$

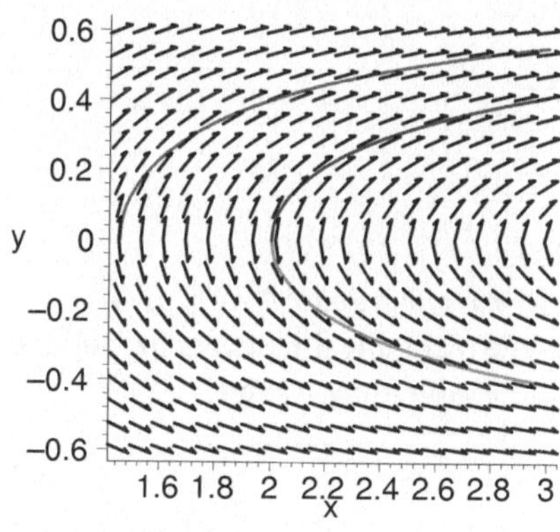

Abbildung 33.3:
Zwei Lösungskurven zur Anfangsbedingung $y(2) = 0$ (rot und grün) und eine zur Anfangsbedingung $y(2) = \frac{2}{5}$ (magenta)

Der Plot lässt vermuten, dass f_1 auf $[a, \infty[$ definiert ist. Um dies zu beweisen, isolieren wir das Argument h des äußeren Logarithmus.

$$h := \exp(f1^2)$$

$$e^{\frac{4}{25}} - \ln\left(\frac{1}{2} \frac{x+2}{x} \right)$$

Die Funktion h ist streng monoton wachsend, denn ihre Ableitung ist positiv.

$$normal(\mathit{diff}(h, x))$$

$$\frac{2}{x(x+2)}$$

Aus $f_1(a) = 0$ folgt $h(a) = 1$, wegen der Monotonie folgt daraus $h(x) > 1$ für alle $x > a$. Hieraus folgt schließlich, dass $f_1 = \sqrt{\ln \circ h}$ auf $]a, \infty[$ differenzierbar ist. Setzt man $y = 0$ in die Differentialgleichung ein, so erhält man den Widerspruch $0 - 1 = 0$, d. h. keine Lösung f, die eine Nullstelle besitzt, ist dort differenzierbar. Der Definitionsbereich von f_1 ist also nicht größer als $[a, \infty[$. Dass die Funktion f_1 dort, wo sie definiert ist, die Differentialgleichung auch tatsächlich löst, hatten wir schon überprüft. Der Definitionsbereich von g_1 und g_2 ist mit derselben Argumentation gleich $[2, \infty[$.

In einem zweiten Beispiel zeigen wir nun, dass eine Anfangswertaufgabe sogar unendlich viele Lösungen besitzen kann. Dazu betrachten wir die Differentialgleichung

$$y \cos x - \frac{1}{2} y' \sin x = 0$$

mit der Anfangswertaufgabe $y(0) = 0$. Wie die folgende Ausgabe zeigt, findet auch Maple unendlich viele Lösungen.

$$g := y(x) \cdot \cos(x) - \frac{\mathit{diff}(y(x), x) \cdot \sin(x)}{2}$$

$$y(x) \cdot \cos(x) - \frac{1}{2} \left(\frac{\mathrm{d}}{\mathrm{d}x} y(x) \right) \sin(x)$$

$$Lsg := dsolve(\{g = 0, y(0) = 0\}, y(x))$$

$$y(x) = \frac{1}{2}\_C1 - \frac{1}{2}\_C1 \cos(2x)$$

$$f := unapply(rhs(Lsg), x)$$

$$x \to \frac{1}{2}\_C1 - \frac{1}{2}\_C1 \cos(2x)$$

$$simplify(eval(g, Lsg)$$

$$0$$

Wir plotten die Lösungen für die Werte $\_C1 = -2, -1, 0, 1, 2$.

$$plot([seq(subs(\_C1 = k, f(x)), k = -2..2)], x = -\mathrm{Pi}..3 \cdot \mathrm{Pi}, axes = frame) \quad \# \mathit{Abb.}\ 33.4$$

Maple hat unendlich viele Lösungen gefunden, aber noch lange nicht alle. In allen ganzzahligen Vielfachen von π verschwinden nämlich die Lösung f und ihre Ableitung wegen

$$D(f)(0), D(f)(\mathrm{Pi})$$

$$0, 0$$

Daher kann man an diesen Stellen differenzierbar von einem Lösungszweig auf den anderen wechseln. Die Lösungsgesamtheit besteht also aus sämtlichen Funktionen

$$x \mapsto a_n(1 - \cos^2(x)), \quad \text{für } n\pi \leq x < (n+1)\pi,$$

wobei $(a_n)_{n \in \mathbb{Z}}$ ganz $\mathbb{R}^{\mathbb{Z}}$ durchläuft.

Aufgaben

1. Lösen Sie die folgenden Anfangswertaufgaben:

   a) $y' + y + x^4 + 3x^2 - x = 0, \quad y(0) = 1, 0, -1,$

   b) $y' - y + \frac{63}{8}x^5 - \frac{35}{4}x^3 + \frac{15}{8}x = 0, \quad y(0) = \frac{1}{2}, 0, -\frac{1}{5}.$

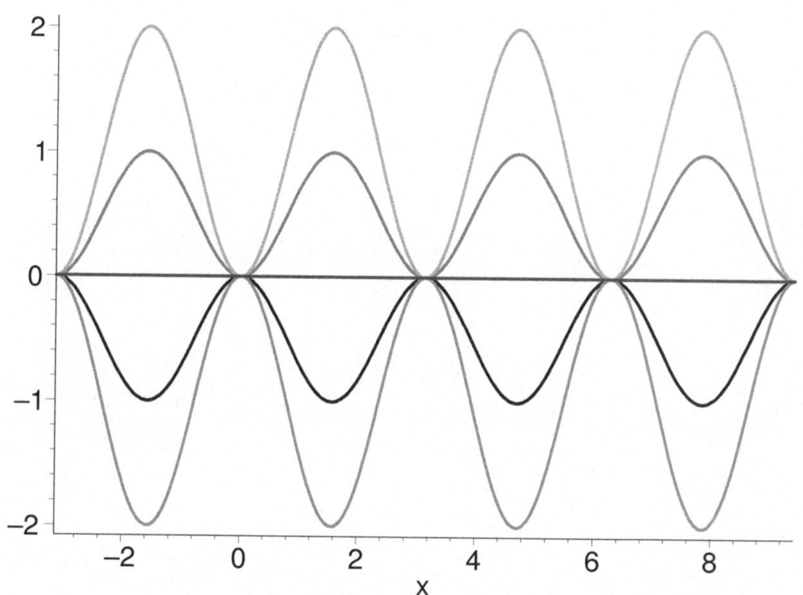

Abbildung 33.4: Eine Anfangswertaufgabe mit unendlich vielen Lösungen

Plotten Sie die Lösungen und das zugehörige Richtungsfeld jeweils in einem Plot über $[-1, 1] \times [-2, 5]$ für (a) und über $[-1.1, 1.1] \times [-1.3, 1.3]$ für (b).

2. Lösen Sie die folgenden Anfangswertaufgaben:

a) $y' + y \ln x = 0, \quad y(1) = 1, \frac{1}{2},$

b) $y' + y \sin x + \sin 2x = 0, \quad y(0) = 2, 1, 0.$

Plotten Sie die Lösungen und das zugehörige Richtungsfeld jeweils in einem Plot über $[0.2, 4] \times [0, 1]$ für (a) und über $[-\pi, 2\pi] \times [-0.6, 2.1]$ für (b).

3. Bestimmen Sie die Lösungsgesamtheit der Differentialgleichung

$$y' - \frac{y}{x} - x^2 + x^4 - x^3 = 0,$$

und lösen Sie die Anfangswertaufgaben $y(1) = 1, 0, -1$. Plotten Sie die Graphen der Lösungen in einem Plot über $[-1.5, 2.5]$. Warum ist das, was Sie sehen, kein Widerspruch zur Theorie?

4. Bestimmen Sie die Lösungsgesamtheit der Differentialgleichung

$$y' - 2\sqrt{|y|} = 0,$$

und lösen Sie die Anfangswertaufgabe $y(0) = 0$. Falls Maple die Anfangswertaufgabe nicht lösen kann, beachten Sie, dass die gegebene Differentialgleichung für $y \geq 0$ bzw. $y \leq 0$ die gleichen Lösungen hat wie $y' - 2\sqrt{y} = 0$ bzw. $y' - 2\sqrt{-y} = 0$. Prüfen Sie, in welchem Bereich die dann ausgegebenen Funktionen Lösungen sind, und plotten Sie sie dort zusammen mit dem Richtungsfeld der Ausgangsgleichung über $[-2, 2] \times [-1, 1]$ mit `grid = [21, 21]` und dem Graphen der Funktion

$$h \colon x \mapsto (x - 1)^2 \text{Heaviside}(x - 1) - (x + 1)^2 (1 - \text{Heaviside}(x + 1)).$$

5. Bestimmen Sie die Lösung der Anfangswertaufgabe

$$y' + \frac{y}{x} - 4\sqrt{xy} = 0, \quad y(1) = 1.$$

Prüfen Sie, in welchem Bereich die erhaltene Funktion eine Lösung ist.

34 Differentialgleichungen höherer Ordnung

34.1 Lineare Differentialgleichungen mit konstanten Koeffizienten

Die Anwendung des in 33.1 eingeführten Befehls `dsolve` ist nicht auf Differentialgleichungen erster Ordnung beschränkt. Vielmehr kann man ihn ganz genauso auch zum Lösen von Differentialgleichungen höherer Ordnung einsetzen. Zur eindeutigen Bestimmung einer Lösung ist dann in der Regel mehr als eine Anfangsbedingung erforderlich. Ist Dgl eine Differentialgleichung n-ter Ordnung, so wird ihre Lösung durch die folgende Eingabe veranlasst:

> `dsolve({`Dgl`, `Ab_1`, ..., `Ab_n`}, y(x))`

Dabei stehen im ersten Argument neben der Differentialgleichung Dgl die Anfangsbedingungen $Ab_1, \ldots, Ab_n$. Bei der Eingabe der Differentialgleichung verwendet man wieder `diff`$(y,$ $x\$k)$ oder $(\texttt{D@@}k)\,(y)\,(x)$ für $y^{(k)}$, $k \geq 1$, und $(\texttt{D@@}k)\,(y)\,(x_0)$ für $y^{(k)}(x_0)$. Der Vollständigkeit halber sei erwähnt, dass die Bedingungen Ab_j sich nicht alle auf denselben Punkt x_0 beziehen müssen. Insofern ist die Bezeichnung „Anfangsbedingung" nicht ganz berechtigt, trifft aber den hauptsächlichen Zweck. Werden keine Anfangsbedingungen angegeben, so versucht Maple, alle Lösungen der Differentialgleichung zu bestimmen. Die Ausgabe der Lösung erfolgt wie in 33.1 beschrieben. Werden keine oder zu wenige Anfangsbedingung angegeben, so treten freie Integrationskonstanten auf, die mit `_C1`, `_C2`, ... bezeichnet werden. Wenn Maple die Differentialgleichung nicht lösen kann, erfolgt keine Ausgabe.

Die Anwendung des Befehls `dsolve` wollen wir an linearen Differentialgleichungen mit konstanten Koeffizienten erläutern. Dies sind Differentialgleichungen der Form

$$(L) \qquad y^{(n)} + a_{n-1}y^{(n-1)} + \cdots + a_1 y' + a_0 y = b(x).$$

Ist $b \equiv 0$, so nennt man (L) eine homogene Differentialgleichung. In diesem Fall ist ihre Lösungsgesamtheit ein n-dimensionaler Untervektorraum von $C^\infty(\mathbb{R})$. Andernfalls ist die Differentialgleichung (L) inhomogen. Ihre Lösungsgesamtheit ist ein affiner Unterraum von $C^{n+m}(I)$, wobei I ein Intervall mit $b \in C^m(I)$ bezeichnet. Jeder inhomogenen ist eine homogene Gleichung zugeordnet, welche man erhält, wenn man die rechte Seite durch 0 ersetzt. Eine Basis für den Lösungsraum der homogenen Differentialgleichung kann man explizit berechnen, sobald man die Nullstellen des charakteristischen Polynoms von (L)

$$p(z) := z^n + a_{n-1}z^{n-1} + \cdots + a_1 z + a_0$$

kennt. Durch Addition einer speziellen Lösung der inhomogenen Gleichung zu allen Lösungen der zugehörigen homogenen Gleichung erhält man die Lösungsgesamtheit der inhomogenen Gleichung.

Lineare Differentialgleichungen zweiter Ordnung mit konstanten Koeffizienten beschreiben das physikalische Phänomen des harmonischen Oszillators. Den Koeffizienten bei y' bezeichnet man als Dämpfung. Wir beginnen mit einer Gleichung ohne Dämpfung.

$$g1 := diff(y(x),x,x) + y(x)$$

$$\frac{\mathrm{d}^2}{\mathrm{d}x^2}y(x) + y(x)$$

$$dsolve(g1 = 0, y(x))$$

$$y(x) = \_C1\sin(x) + \_C2\cos(x)$$

$$f1 := rhs(dsolve(\{g1 = 0, y(0) = 1, D(y)(0) = 0\}, y(x)))$$

$$\cos(x)$$

Die folgenden beiden Oszillatoren weisen positive Dämpfung auf. Die Koeffizienten der beiden anderen Terme ändern wir nicht.

$$g2 := diff(y(x),x,x) + \frac{diff(y(x),x)}{4} + y(x)$$

$$\frac{\mathrm{d}^2}{\mathrm{d}x^2}y(x) + \frac{1}{4}\frac{\mathrm{d}}{\mathrm{d}x}y(x) + y(x)$$

$$f2 := rhs(dsolve(\{g2 = 0, y(0) = 1, D(y)(0) = 0\}, y(x)))$$

$$\frac{1}{21}\sqrt{7}\,\mathrm{e}^{-\frac{1}{8}x}\sin\left(\frac{3}{8}\sqrt{7}x\right) + \mathrm{e}^{-\frac{1}{8}x}\cos\left(\frac{3}{8}\sqrt{7}x\right)$$

$$g3 := diff(y(x),x,x) + \frac{diff(y(x),x)}{3} + y(x)$$

$$\frac{\mathrm{d}^2}{\mathrm{d}x^2}y(x) + \frac{1}{3}\frac{\mathrm{d}}{\mathrm{d}x}y(x) + y(x)$$

$$f3 := rhs(dsolve(\{g3 = 0, y(0) = 1, D(y)(0) = 0\}, y(x)))$$

$$\frac{1}{35}\sqrt{35}\,\mathrm{e}^{-\frac{1}{6}x}\sin\left(\frac{1}{6}\sqrt{35}x\right) + \mathrm{e}^{-\frac{1}{6}x}\cos\left(\frac{1}{6}\sqrt{35}x\right)$$

Der Plot zeigt nicht nur, dass die Dämpfung erwartungsgemäß zu einer über die Zeit abnehmenden Amplitude führt, sondern auch zu einer Verringerung der Frequenz.

$$plot([f1, f2, f3], x = 0..4 \cdot \mathrm{Pi}, color = [red, blue, green])\ \# Abb.\ 34.1$$

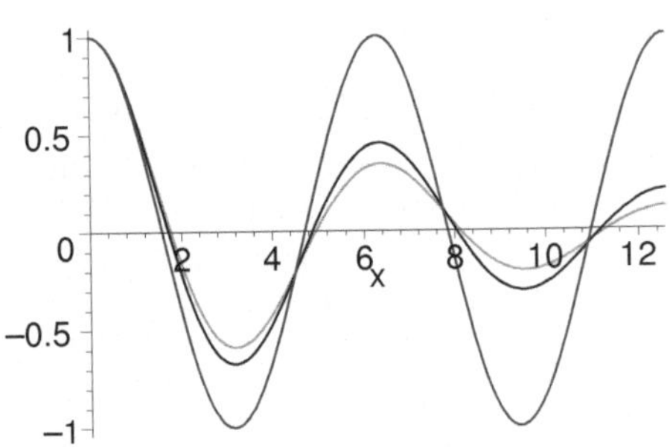

Abbildung 34.1:
Gedämpfte (blau und grün) und ungedämpfte (rot) Schwingungen eines harmonischen Oszillators

Solange der Koeffizient von y', also die Dämpfung, kleiner als 2 ist, sind die Nullstellen des zugehörigen charakteristischen Polynoms nicht reell. Bei Dämpfung ≥ 2 sind sie dagegen reell. Dann gibt es keine Schwingungen mehr.

$$solve(z^2 + a \cdot z + 1 = 0, z)$$

$$-\frac{1}{2}a + \frac{1}{2}\sqrt{a^2 - 4},\ -\frac{1}{2}a - \frac{1}{2}\sqrt{a^2 - 4}$$

Ist die Dämpfung genau gleich 2, so hat das charakteristische Polynom eine doppelte Nullstelle. Diesen Fall bezeichnet man als aperiodischen Grenzfall. Er zeichnet sich durch die Existenz von Lösungen aus, die weder Summen von trigonometrischen noch von Exponentialfunktionen sind. Wir lösen wieder zwei Anfangswertaufgaben und lassen die Lösungen zeichnen.

$g4 := diff(y(x),x,x) + 2 \cdot diff(y(x),x) + y(x)$

$$\frac{d^2}{dx^2}y(x) + 2\left(\frac{d}{dx}y(x)\right) + y(x)$$

$f4 := rhs(dsolve(\{g4 = 0, y(0) = 1, D(y)(0) = -2\}, y(x)))$

$$e^{-x} - e^{-x}x$$

$f5 := rhs(dsolve(\{g4 = 0, y(0) = 1, D(y)(0) = 0\}, y(x)))$

$$-e^{-x} - e^{-x}x$$

$plot([f4, f5], x = 0..6, color = [red, blue])$ # Abb. 34.2 links

Ist die Dämpfung größer als die des aperiodischen Grenzfalls, so hat man den sogenannten Kriechfall. Im Kriechfall wird die x-Achse in keinem Fall überschritten. Die Anfangswerte sind die aus den beiden letzten Aufgaben.

$g5 := diff(y(x),x,x) + 3 \cdot diff(y(x),x) + y(x)$

$$\frac{d^2}{dx^2}y(x) + 3\left(\frac{d}{dx}y(x)\right) + y(x)$$

$f6 := rhs(dsolve(\{g5 = 0, y(0) = 1, D(y)(0) = -2\}, y(x)))$

$$\left(\frac{1}{2} - \frac{1}{10}\sqrt{5}\right)e^{\frac{1}{2}(\sqrt{5}-3)x} + \left(\frac{1}{10}\sqrt{5} + \frac{1}{2}\right)e^{-\frac{1}{2}(\sqrt{5}+3)x}$$

$f7 := rhs(dsolve(\{g5 = 0, y(0) = -1, D(y)(0) = 0\}, y(x)))$

$$\left(-\frac{1}{2} - \frac{3}{10}\sqrt{5}\right)e^{\frac{1}{2}(\sqrt{5}-3)x} + \left(-\frac{1}{2} + \frac{3}{10}\sqrt{5}\right)e^{-\frac{1}{2}(\sqrt{5}+3)x}$$

$plot([f6, f7], x = 0..6, color = [red, blue])$ # Abb. 34.2 rechts

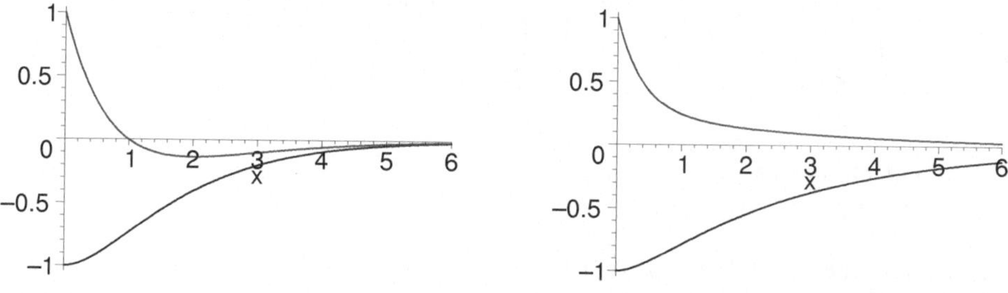

Abbildung 34.2: Aperiodischer Grenzfall und Kriechfall

Die Existenz einer Inhomogenität bei der Differentialgleichung (L) bedeutet physikalisch, dass auf die Schwingung eine Kraft wirkt. Bekanntlich ist es besonders dramatisch, wenn die anregende Kraft periodisch ist und die gleiche Frequenz besitzt wie der unbeeinflusste Oszillator. Ist der Oszillator nicht gedämpft, so kommt es zur sogenannten Resonanzkatastrophe.

$$dsolve\left(\left\{g1+\sin(x)=0, y(0)=0, D(y)(0)=\frac{1}{2}\right\}, y(x)\right)$$

$$y(x)=\frac{1}{2}\cos(x)x$$

Liegt die Frequenz der Inhomogenität nur nahe bei der Frequenz des Oszillators, so ergeben sich Schwebungen, d. h. die Amplitude der Schwingung verändert sich periodisch mit niedriger Frequenz.

$$f8 := rhs\left(dsolve\left(\left\{g1+\sin\left(\frac{3\cdot x}{4}\right)=0, y(0)=1, D(y)(0)=0\right\}, y(x)\right)\right)$$

$$\frac{12}{7}\sin(x)+\cos(x)-\frac{16}{7}\sin\left(\frac{3}{4}x\right)$$

$$f9 := rhs\left(dsolve\left(\left\{g1+\sin\left(\frac{8\cdot x}{7}\right)=0, y(0)=1, D(y)(0)=0\right\}, y(x)\right)\right)$$

$$-\frac{56}{15}\sin(x)+\cos(x)+\frac{49}{15}\sin\left(\frac{8}{7}x\right)$$

$$plot([f8,f9], x=0..125, color=[red,\ blue])\ \#\ Abb.\ 34.3$$

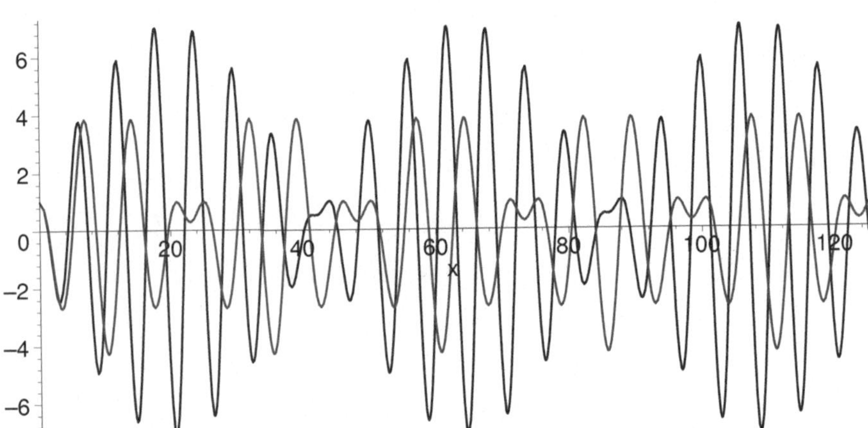

Abbildung 34.3: Harmonische Oszillatoren mit periodischen Anregungen

Zum Abschluss dieses Abschnitts demonstrieren wir noch, dass Maple auch Differentialgleichungen höherer Ordnung lösen kann. Wir wählen als Beispiel die folgende Gleichung der Ordnung sechs.

$$g := diff(y(x), x\$6) + 3\cdot diff(y(x), x\$4) + 8\cdot diff(y(x), x\$3) + 7\cdot diff(y(x), x, x) + 8\cdot diff(y(x), x)$$
$$+ 5\cdot y(x)$$

$$\frac{d^6}{dx^6}y(x)+3\left(\frac{d^4}{dx^4}y(x)\right)+8\left(\frac{d^3}{dx^3}y(x)\right)+7\left(\frac{d^2}{dx^2}y(x)\right)+8\left(\frac{d}{dx}y(x)\right)+5y(x)$$

Zur Lösung der Differentialgleichung müssen die Wurzeln des charakteristischen Polynoms bestimmt werden. Wir hatten in §6 bereits erörtert, dass diese Aufgabe nicht immer lösbar ist.

Dann behilft sich Maple bei der Angabe der allgemeinen Lösung der Differentialgleichung, indem es diese Wurzeln mittels `RootOf` angibt. Anfangswertaufgaben kann es dann nicht lösen. Zur Illustration untersuchen wir das charakteristische Polynom von g. Wir berechnen es mit einem Trick aus der Fourieranalysis, welcher darauf beruht, dass die k-te Ableitung von e^{tx} nach x gleich $t^k e^{tx}$ ist. Setzen wir nun $x = 0$, so erhalten wir ein Polynom in t.

$expand(subs(y(x) = \exp(t \cdot x), g))$

$$t^6 e^{tx} + 3t^4 e^{tx} + 8t^3 e^{tx} + 7t^2 e^{tx} + 8t e^{tx} + 5 e^{tx}$$

$p := simplify(subs(x = 0, \%))$

$$t^6 + 3t^4 + 8t^3 + 7t^2 + 8t + 5$$

Dies ist das charakteristische Polynom der Differentialgleichung. Seine Nullstellen können explizit angegeben werden.

$solve(p = 0, t)$

$$I, -I, 1 - 2I, 1 + 2I, -1, -1$$

Diese Werte hätte man auch aus der folgenden allgemeinen Lösung der Differentialgleichung heraussuchen können.

$dsolve(g = 0, y(x))$

$$y(x) = \_C1\,e^{-x} + \_C2\,e^{-x}x + \_C3\,e^x \sin(2x) + \_C4\,e^x \cos(2x) + \_C5 \sin(x) + \_C6 \cos(x)$$

Wir hatten eingangs erwähnt, dass man nicht nur Anfangsbedingungen stellen darf. Im folgenden stellen wir vier Bedingungen an der Stelle $x = 0$ und je eine in $x = \pi$ und in $x = 2\pi$.

$dsolve(\{g = 0, y(0) = 5, \mathrm{D}(y)(0) = -4, (\mathrm{D} @ \mathrm{D})(y)(0) = 0, (\mathrm{D} @ @3)(y)(0) = -12,$
$y(\mathrm{Pi}) = (4 - 2 \cdot \mathrm{Pi}) \cdot \exp(-\mathrm{Pi}) - 1, y(2 \cdot \mathrm{Pi}) = 1 + (4 - 4 \cdot \mathrm{Pi}) \cdot \exp(-2 \cdot \mathrm{Pi})\}, y(x))$

$$y(x) = 4e^{-x} - 2e^{-x}x + \frac{11}{2} \sin(x) + \cos(x) - \frac{7}{4} e^x \sin(2x)$$

34.2 Bessel-Funktionen

Wir haben bereits darauf hingewiesen, dass man beim Lösen von Differentialgleichungen durchaus auf Funktionen stoßen kann, die man noch nicht kennt. In der Tat werden ganze Klassen von Funktionen als Lösungen gewisser Differentialgleichungen definiert. Eine Beispiel für diesen Sachverhalt ist die Besselsche Differentialgleichung

$$x^2 y'' + xy' + (x^2 - n^2)y = 0,$$

die für $x > 0$ betrachtet wird und dort äquivalent ist zu

$$y'' + \frac{1}{x}y' + \left(1 - \frac{n^2}{x^2}\right)y = 0.$$

Dabei ist n ein komplexer Parameter. Man hat es also mit einer ganzen Schar von Differentialgleichungen zu tun. Maple kennt die Lösungsgesamtheit der Besselschen Differentialgleichung, wie wir der folgenden Ausgabe entnehmen.

$g := x^2 \cdot diff(y(x), x, x) + x \cdot diff(y(x), x) + (x^2 - n^2) \cdot y(x)$

$$x^2 \left(\frac{\mathrm{d}^2}{\mathrm{d}x^2} y(x)\right) + x \left(\frac{\mathrm{d}}{\mathrm{d}x} y(x)\right) + (x^2 - n^2) y(x)$$

$dsolve(g = 0, y(x))$

$$y(x) = \_C1\,\mathrm{BesselJ}(n,x) + \_C2\,\mathrm{BesselY}(n,x)$$

Dabei bezeichnet `BesselJ(n, ·)` die Besselsche Funktion erster Art J_n zum Parameter n und `BesselY(n, ·)` diejenige zweiter Art Y_n. Weil Besselfunktionen nicht unbedingt zum Standardrepertoire gehören, lassen wir einige von ihnen plotten.

$farben := [red,\ green,\ blue,\ orange]:$

$plot([\mathrm{BesselJ}(0,x),\mathrm{BesselJ}(1,x),\mathrm{BesselJ}(2,x),\mathrm{BesselJ}(3,x)], x = 0..15, color = farben)$
$\quad \# Abb.\ 34.4$

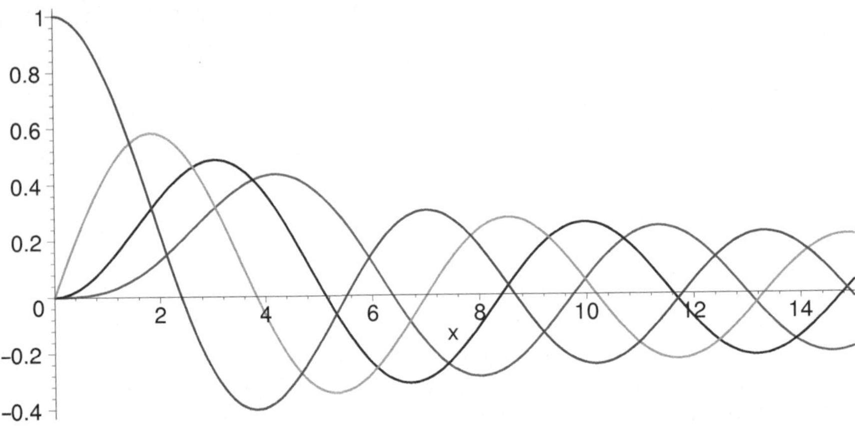

Abbildung 34.4: Besselfunktionen erster Art

$plot([\mathrm{BesselY}(0,x),\mathrm{BesselY}(1,x),\mathrm{BesselY}(2,x),\mathrm{BesselY}(3,x)], x = 0..15, y = -1..0.6,$
$\quad color = farben)\ \# Abb.\ 34.5$

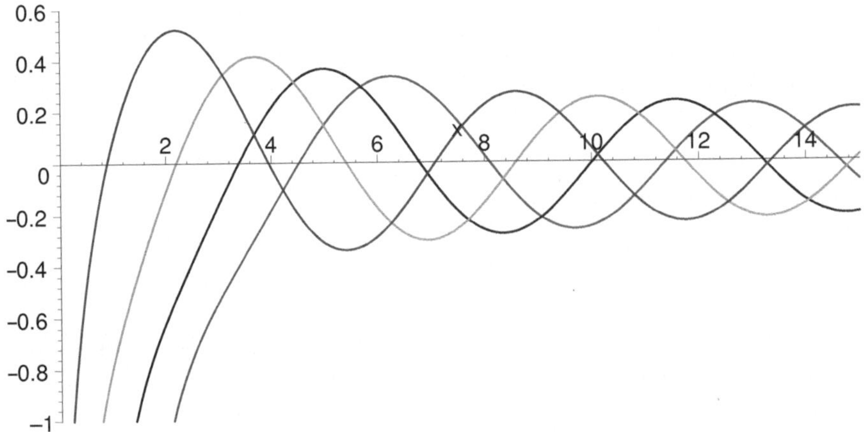

Abbildung 34.5: Besselfunktionen zweiter Art

Für natürliche Zahlen n treten die Besselsche Differentialgleichung und die Besselfunktionen J_n bei der Behandlung von Schwingungsproblemen auf. Wir betrachten dazu eine eingespannte, kreisförmige Membran, das idealisierte Modell einer Trommel. Nimmt man den Radius der Membran als 1 an, und bezeichnet man mit $k_{n,m}$ die m-te Nullstelle der Besselfunktion J_n, so werden die Eigenschwingungen der am Rand eingespannten Membran durch die Funktionen

$$f_{n,m}(r,\phi,t) = u_{n,m}(r,\phi)(a\cos(k_{n,m}t) + b\sin(k_{n,m}t))$$

gegeben. Hierbei sind a und b reelle Konstanten und

$$u_{n,m}(r,\phi) = J_n(k_{n,m}r)(\alpha\cos(n\phi) + \beta\sin(n\phi))$$

für $\alpha,\beta \in \mathbb{R}$. Der Parameter t bezeichnet dabei die Zeit, und r und ϕ sind Polarkoordinaten. Wegen $J_n(k_{n,m}) = 0$ ist sichergestellt, dass $f_{n,m}(1,\phi,t) \equiv 1$ gilt, d. h. dass die Membran am Rand eingespannt ist. Die Herleitung des mathematischen Modells der schwingenden Membran liegt etwas außerhalb des Rahmens dieses Buches; man findet sie z. B. in den Büchern von Courant und Hilbert, V §5, und Heuser, 33.7.

Wir lassen nun Momentaufnahmen verschiedener Schwingungen plotten. Da $u_{n,m}$ nicht von der Zeit t und der zweite Faktor von $f_{n,m}$ nicht von r und ϕ abhängt, genügt es, $u_{n,m}$ zu plotten. Dazu müssen zuerst einige Nullstellen der ersten Besselfunktion berechnet werden. Aus dem Graph wissen wir ungefähr, wo sie sind, und können die numerische Suche auf passende Bereiche beschränken.

$a := seq(fsolve(\text{BesselJ}(1,x) = 0, x, 3.5 + 3\cdot(k-1)..3.5 + 3\cdot k), k = 1..4)$
$$3.831705970, 7.015586670, 10.17346814, 13.32369194$$

Nun plotten wir die Eigenschwingungen mit der parametrischen Version des Befehls `plot3d`. Da für $n = 0$ Rotationssymmetrie vorliegt, beginnen wir mit $n = 1$ und der zweiten Nullstelle von J_1. Wir setzen $\alpha = 1$ und $\beta = 0$. Andere Wahlen würden lediglich zu einer Drehung und vertikalen Streckung des Plots führen. Wir werden jeden Graphen zweimal zeigen: Einmal als 3D-Plot, bei dem die Höhe durch Beleuchtung sichtbar gemacht wird, und einmal in der Aufsicht, bei der die Höhe durch Höhenlinien und Farbmarkierung deutlich wird. Damit wir nicht immer dieselben Argumente hinschreiben müssen, sammeln wir die jeweiligen Argumente in einer Folge von Ausdrücken. Die naheliegenden Namen 3dArgs und 2dArgs sind leider illegal.

$funktionen := seq([r\cdot\cos(s), r\cdot\sin(s), \text{BesselJ}(1,a[k]\cdot r)\cdot\cos(s)], k = 1..4) :$
$dddArgs := r = 0..1, s = 0..2\cdot\text{Pi}, orientation = [-85,60], style = patchcontour,$
    $lightmodel = light4 :$
$ddArgs := r = 0..1, s = 0..2\cdot\text{Pi}, orientation = [-90,0], scaling = constrained,$
    $style = patchcontour, shading = zhue :$
$plot3d(funktionen[2], dddArgs, numpoints = 4000)$ # Abb. 34.6 links
$plot3d(funktionen[2], ddArgs, numpoints = 4000)$ # Abb. 34.6 rechts

Wenn wir statt der zweiten die dritte Nullstelle von J_1 wählen, erhalten wir außen einen zusätzlichen Kranz von Wellen.

$plot3d(funktionen[3], dddArgs, numpoints = 4000)$ # Abb. 34.7 links
$plot3d(funktionen[3], ddArgs, numpoints = 4000)$ # Abb. 34.7 rechts

Gehen wir von der ersten zur zweiten Besselfunktion über, so erhöht sich die Zahl der Sektoren, in die der Kreis eingeteilt wird. Zuvor muss die benötigte Nullstelle von J_2 bestimmt werden. Ihre ungefähre Lage lesen wir wieder aus Abbildung 34.4 ab.

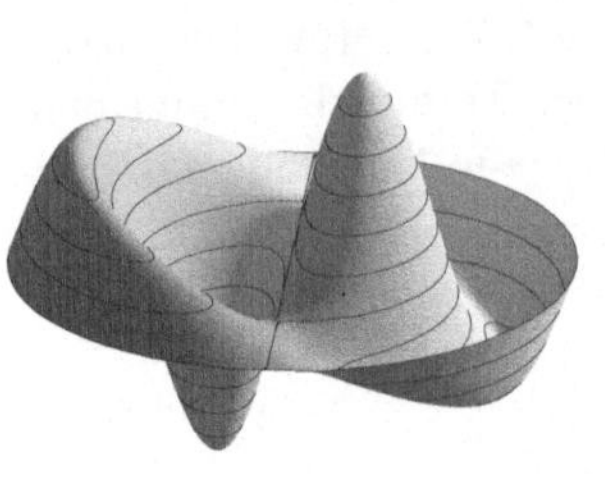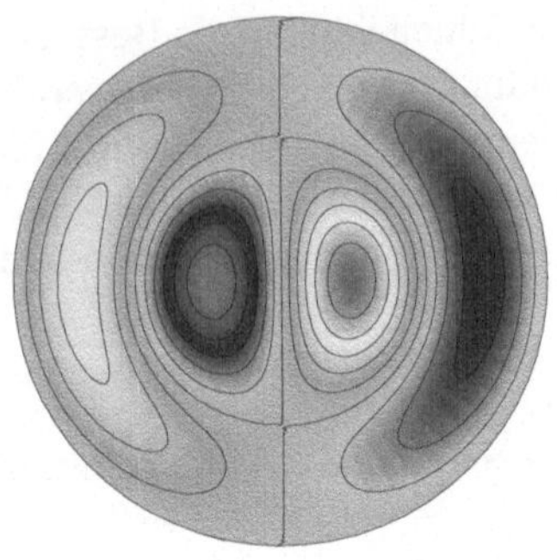

Abbildung 34.6: Graph von $u_{1,2}$

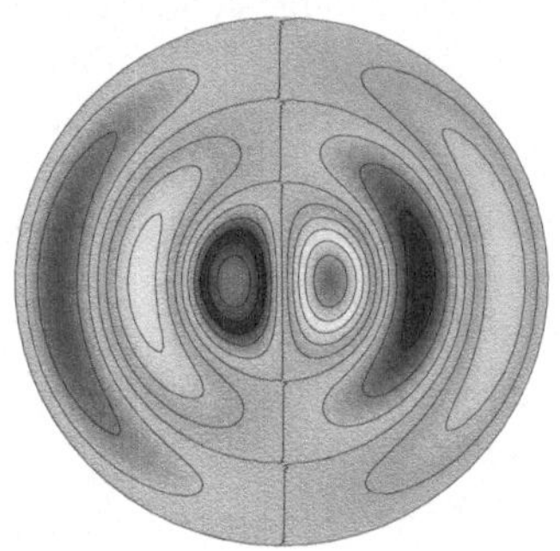

Abbildung 34.7: Graph von $u_{1,3}$

$b := \mathit{fsolve}(\mathrm{BesselJ}(2, x) = 0, x, 8..9)$

$$8.417244140$$

$\mathit{funktion} := [r \cdot \cos(s),\, r \cdot \sin(s),\, \mathrm{BesselJ}(2, b \cdot r) \cdot \cos(2 \cdot s)] :$
$\mathit{plot3d}(\mathit{funktion}, \mathit{dddArgs}, \mathit{numpoints} = 6000) \ \# \ Abb. \ 34.8 \ links$
$\mathit{plot3d}(\mathit{funktion}, \mathit{ddArgs}, \mathit{numpoints} = 6000) \ \# \ Abb. \ 34.8 \ rechts$

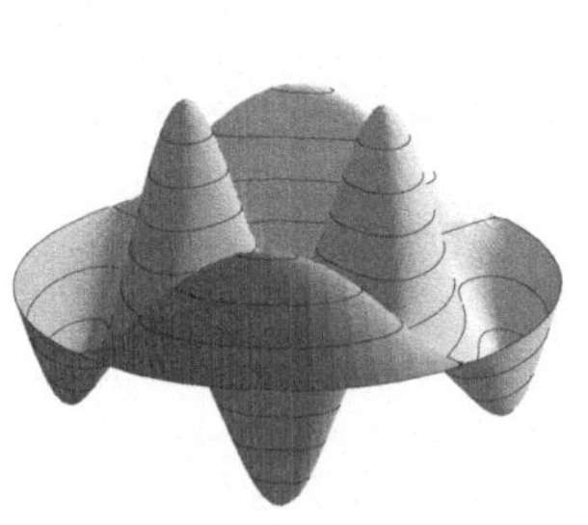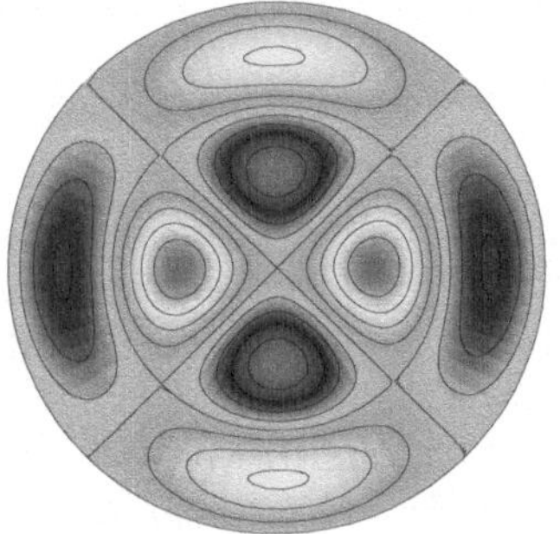

Abbildung 34.8: Graph von $u_{2,2}$

Bei $n = 3$ werden die Bilder schon recht kompliziert. Die Vorgehensweise bleibt aber gleich.

$c := fsolve(\mathrm{BesselJ}(3,x) = 0, x = 9..10)$

$$9.761023130$$

$funktion := [r \cdot \cos(s),\, r \cdot \sin(s),\, \mathrm{BesselJ}(3, b \cdot r) \cdot \cos(3 \cdot s)]:$

$plot3d(funktion, dddArgs, numpoints = 8000)\quad \# Abb.\ 34.9\ links$

$plot3d(funktion, ddArgs, numpoints = 8000)\quad \# Abb.\ 34.9\ rechts$

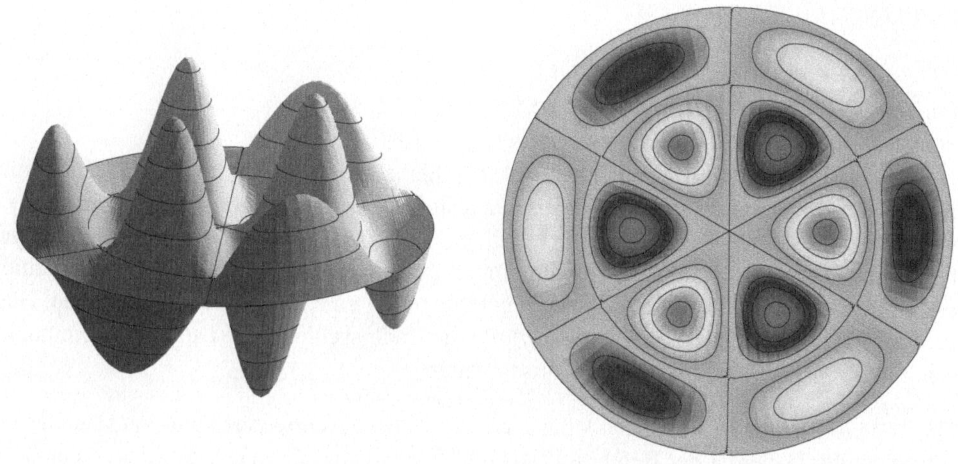

Abbildung 34.9: Graph von $u_{3,2}$

Die Höhenlinien zum Niveau 0 heißen Knoten der Eigenschwingung, sie sind die Punkte, an denen sich die schwingende Membran nicht bewegt. Im Experiment kann man sie beobachten, indem man die schwingende Membran mit Sägemehl bestreut. Die entstehenden Bilder heißen Chladnische Klangfiguren. Für kreisförmige Membranen liest man ihre Gestalt aus der Darstellung von $f_{n,m}$ ab. Es handelt sich um konzentrische Kreise zusammen mit Durchmessern. Erst für kompliziertere Bereiche werden die Chladnischen Klangfiguren interessant.

34.3 Bewegte Bilder

Nachdem wir einige Momentaufnahmen der schwingenden Membran gesehen haben, erklären wir nun noch, wie man sogar den gesamten Schwingungsvorgang am Bildschirm sichtbar machen kann. Dies ist möglich, da Maple für die Darstellung von zeitlichen Abläufen im Paket `plots` den Befehl `animate` bereithält. Der Befehl `animate` ist sehr komplex. Wir geben zwei mögliche Aufrufe an:

```
> animate(Plotbefehl, [arg_1,...,arg_k], t=a..b, Optionen)
> animate(Plotbefehl, [arg_1,...,arg_k], t=L, Optionen)
```

Hierbei ist *Plotbefehl* einer der bekannten Befehle, die einen Plot erzeugen, wie etwa `plot`, `plot3d`, `implicitplot` oder `tubeplot`. An dieser Stelle wird nur der Name des Befehls eingegeben. Seine Argumente folgen als Liste an zweiter Stelle. Die Argumente sollten von einem Parameter t abhängen, der entweder — in der ersten Form — den Bereich $[a,b]$ durchläuft, oder — in der zweiten Form — alle Elemente der Liste L annimmt. Bei der zweiten Form besteht die Animation aus so vielen Einzelbildern, wie L Elemente hat. Bei der ersten Form werden standardmäßig 25 Einzelbilder erzeugt. Als letztes Argument folgen die Optionen für `animate`. Hier kann man mit `frames=`n die Anzahl der Einzelbilder selber bestimmen.

Nach Ausführung von `animate` wird das erste Einzelbild angezeigt. Klickt man es an, so erscheinen in der Werkzeugleiste Knöpfe, die denen eines DVD-Spielers ähneln. Bei aufwändigen Animationen kann auch dieser Vorgang eine Weile dauern, die durchaus vergleichbar mit der Zeitspanne ist, die `animate` zur Berechnung der Einzelbilder gebraucht hat.

$$with(plots):$$
$$L := \left[seq\left(\sin\left(\frac{2 \cdot j \cdot \mathrm{Pi}}{21} \right), j = 0..20 \right) \right]:$$
$$funktion := [r \cdot \cos(s), r \cdot \sin(s), t \cdot \mathrm{BesselJ}(1, a[3] \cdot r) \cdot \cos(s)]:$$
$$animate(plot3d, [funktion, dddArgs, shading = xy], t = L)$$

Im Arbeitsblatt erscheint eine gelb-rot gefärbte Scheibe, die wir nicht abdrucken. Die Animation muss auf die eingangs erwähnte Weise angestoßen werden. In der Werkzeugleiste für die Animation gibt es einen Knopf, der einen halben Pfeil zeigt. An ihm kann von "single cycle" auf "continuous cycle" umgestellt werden. Dann läuft die Animation in einer Endlosschleife. Diese Option ist der Grund dafür, dass wir den Parameter t eine Liste durchlaufen lassen. Hätten wir $t = \sin(u)$ für $u=0..2\cdot\mathrm{Pi}$ gewählt, so würde die Endlosschleife pro Durchgang einmal kurz pausieren, da Anfangs- und Endbild identisch wären.

Das erste Argument von `animate` kann auch eine selbst geschriebene Funktion sein, die einen Plot zurückgibt. Daher ist der Befehl `animate` so flexibel wie überhaupt denkbar. Über Details und Beispiele informiert `?animate`. Für diese Fälle gibt es allerdings eine Alternative: Der Befehl `display` erlaubt die Angabe der anzuzeigenden Plots als Liste zusammen mit der Option `insequence=true`. Dann werden die Plots der Liste animiert. Als Beispiel scrollen wir durch Abbildung 34.3. Wir erzeugen dazu 300 Einzelbilder in einer `for`-Schleife und legen Sie in einem Vektor ab. Da `display` Vektoren nicht versteht, ist schließlich noch eine Umwandlung fällig.

$$N := 300:$$
$$L := \left[seq\left(\frac{k \cdot 56 \cdot \mathrm{Pi}}{N}, k = 0..N-1 \right) \right]$$
$$pl := Vector(N):$$

for k **from** 1 **to** N **by** 1 **do**
$\quad q1 := plot(eval(f8, x = t + L[k]), t = 0..2 \cdot \mathrm{Pi}):$
$\quad q2 := plot(eval(f9, x = t + L[k]), t = 0..2 \cdot \mathrm{Pi}):$
$\quad pl[k] := display(\{q1, q2\})$
end do:
$$display(convert(pl, list), insequence = true)$$

Wir drucken statt des ersten Bilds das vierte ab:

$$pl[4] \quad Abb.\ \#\ 34.10$$

Aufgaben

1. Für $n \in \mathbb{N}$ heißt

$$xy'' + (1-x)y' + ny = 0$$

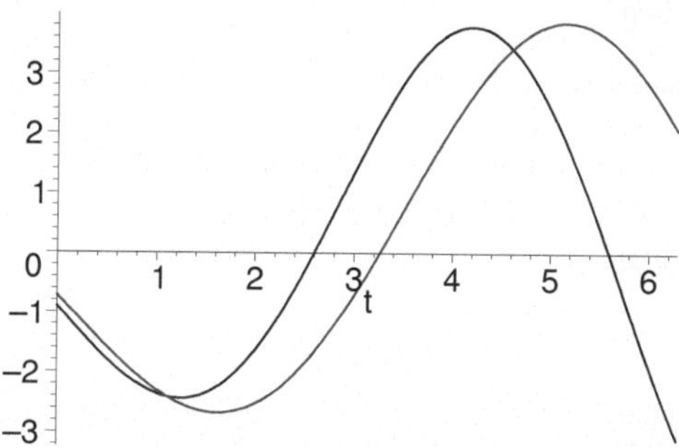

Abbildung 34.10:
Viertes Bild der zweiten Animation

die Laguerresche Differentialgleichung. Berechnen Sie für $n = 1, \ldots, 4$ jeweils ihre Lösungsgesamtheit und vergleichen Sie das Ergebnis mit dem Polynom, das Sie durch $x \mapsto e^x \left(\dfrac{d}{dx} \right)^n (x^n e^{-x})$ für $n = 1, \ldots, 4$ erhalten.

2. Für $n \in \mathbb{N}$ heißt

$$(1 - x^2) y'' - 2xy' + n(n+1)y = 0$$

die Legendresche Differentialgleichung. Berechnen Sie für $n = 0, \ldots, 3$ ein Fundamentalsystem, indem Sie jeweils die Anfangswertaufgaben $y(0) = 1$, $y'(0) = 0$ und $y(0) = 0$, $y'(0) = 1$ lösen. Gehen Sie dabei so vor, dass Sie zunächst für gerades n die erste und für ungerades n die zweite Anfangswertaufgabe lösen. Vergleichen Sie diese Ergebnisse mit denen von Aufgabe 3 aus §15.

Lösen Sie dann die restlichen Anfangswertaufgaben. Die Lösungen sind scheinbar komplex, aber `evalc` unter `assuming -1 < x < 1` verwandelt sie in eine offensichtlich reelle Form. Fassen Sie dann die beiden logarithmischen Terme mit `combine` zusammen. Betrachten Sie schließlich die zweite Klasse von Lösungen in einem Plot über $[-1, 1]$.

3. Lösen Sie die folgenden Anfangswertaufgaben

$$y''' - 2y'' + 2y - y = 0, \quad y(0) = y'(0) = 0, y''(0) = 1;$$
$$y''' - 2y'' + 2y' + y = 1 + x^3, \quad y(0) = y'(0) = 0, y''(0) = -1;$$

und betrachten Sie die Lösungen in einem Plot über $[-4, 3]$ mit geeigneter Beschränkung des Wertebereichs.

4. Lösen Sie die folgende Anfangswertaufgaben

$$y'' - \frac{1}{2x} y' + \frac{1}{2x^2} = 0; \quad y(1) = 0, y(3) = 0; \quad y(1) = 0, y(3) = 1;$$

und betrachten Sie die Lösungen über $[0.1, 4]$ in einem Plot.

5. Bestimmen Sie alle Lösungen der Besselschen Differentialgleichung für $n = 1/2$

$$y'' + \frac{y'}{x} + \left(1 - \frac{1}{4x^2} \right) y = 0.$$

Berechnen Sie ein Fundamentalsystem von Lösungen, indem Sie die Anfangswertaufgaben $y(\pi) = 0$, $y'(\pi) = 1$ sowie $y(\pi) = 1$ und $y'(\pi) = 0$ lösen. Betrachten Sie die Lösungen über $[0, 20]$ bei geeigneter Beschränkung des Wertebereichs in einem Plot.

6. Bestimmen Sie alle Lösungen der Differentialgleichung

$$y'' + x^2 y = 0.$$

Berechnen Sie ein Fundamentalsystem von Lösungen, indem Sie die Anfangswertaufgaben $y(1) = 1$, $y'(1) = 0$ sowie $y(1) = 0$, $y'(1) = 1$ lösen. Plotten Sie die Lösungen über $[0.5, 6]$.

7. Bestimmen Sie die allgemeine Lösung der Differentialgleichung

$$y'' - xy = 0.$$

Lesen Sie daraus ein Fundamentalsystem ab. Zeichnen Sie die Graphen der beiden Elemente dieses Fundamentalsystems über $[-15, 5]$. Es ist sinnvoll, den Wertebereich zu beschränken.

8. Im Text hatten wir eine Animation mittels der Option `insequence=true` des Befehls `display` erzeugt. Stellen Sie dieselbe Animation unter Verwendung von `animate` her. Als Plotbefehl sollte dabei `plot` ausreichen.

35 Differentialgleichungssysteme

Um zu erklären, wie man Maple zur Lösung linearer Systeme von Differentialgleichungen einsetzen kann, gehen wir von der folgenden Standardsituation aus: Gegeben sind ein Intervall I sowie stetige Abbildungen $A\colon I \to \mathbb{C}^{n\times n}$, $b\colon I \to \mathbb{C}^n$ und das lineare System

(S)
$$y' = A(t)y + b(t).$$

Ist $b = 0$, so heißt (S) homogen, sonst inhomogen. Eine Funktion $f\colon I \to \mathbb{C}^n$ heißt Lösung von (S), wenn f stetig ist und

$$f'(t) = A(t)f(t) + b(t) \quad \text{für alle } t \in I.$$

Alle Lösungen des (in)homogenen Systems bilden einen (affin) linearen Teilraum von $C^1(I, \mathbb{C}^n)$. Daher kennt man alle Lösungen, wenn man eine Basis des Lösungsraums des homogenen Systems — genannt Fundamentalsystem — und eine spezielle Lösung des inhomogenen Systems kennt.

35.1 Die Exponentialreihe

Hängt die Matrixfunktion A in (S) nicht von t ab, hat also das System konstante Koeffizienten, so erhält man ein Fundamentalsystem durch die Matrixfunktion

$$e^{At} = \exp(At) = \sum_{k=0}^{\infty} \frac{1}{k!}(At)^k = \sum_{k=0}^{\infty} \frac{t^k}{k!}A^k,$$

wobei die Vektoren des Fundamentalsystems gerade die Spalten von e^{At} sind. Gelingt es, e^{At} zu berechnen, so hat man auch alle Anfangswertaufgaben $y(t_0) = y_0$ gelöst, nämlich durch

$$f(t) = e^{A(t-t_0)}y_0.$$

Die Berechnung von e^{At} ist einfach, wenn A Jordansche Normalform hat. Wegen $\exp(T^{-1}AT) = T^{-1}e^A T$ kann man die Berechnung von e^{At} stets darauf reduzieren. Diese Arbeit können wir Maple überlassen, da es zur Berechnung von e^{At} den Befehl `MatrixExponential(A, t)` im Paket `LinearAlgebra` bereithält. Wir laden das Paket, geben eine Matrix A ein und lassen dann e^{At} berechnen.

    with(LinearAlgebra) :

    $A := \langle\langle 0|1|0\rangle, \langle -1|0|0\rangle, \langle 0|0|1\rangle\rangle$

$$\begin{bmatrix} 0 & 1 & 0 \\ -1 & 0 & 0 \\ 0 & 0 & 1 \end{bmatrix}$$

$L := MatrixExponential(A,t)$

$$\begin{bmatrix} \cos(t) & \sin(t) & 0 \\ -\sin(t) & \cos(t) & 0 \\ 0 & 0 & e^t \end{bmatrix}$$

Wollen wir nun die Anfangswertaufgabe

$$y' = Ay, \quad y(0) = (a,b,c)$$

lösen, so brauchen wir nur $L = e^{At}$ auf dem Vektor (a,b,c) anzuwenden.

$v := L.\langle a,b,c \rangle$

$$\begin{bmatrix} \cos(t)a + \sin(t)b \\ -\sin 8t)a + \cos(t)b \\ e^t c \end{bmatrix}$$

Wir machen auch die Probe. Dazu müssen wir v ableiten. Das ist mit `diff` möglich, vorausgesetzt, man hat vorher das Paket `VectorCalculus` geladen. Alternativ könnte man auch `diff` mit map auf die Komponenten des Vektors wirken lassen. Das hier gewählte Verfahren hat aber den Vorteil, dass es weiter unten auf einen interessanten Fehler führt.

$with(VectorCalculus)$:
$BasisFormat(false)$:
$diff(v,t) - A.v$

$$\begin{bmatrix} 0 \\ 0 \\ 0 \end{bmatrix}$$

$eval(v,t = 0)$

$$\begin{bmatrix} a \\ b \\ c \end{bmatrix}$$

Betrachtet man die Matrix A genauer, so sieht man, dass wir ein sehr spezielles System behandelt haben. Denn die Untermatrix

$A0 := SubMatrix(A,1..2,1..2)$

$$\begin{bmatrix} 0 & 1 \\ -1 & 0 \end{bmatrix}$$

ist die Matrix der auf ein System umgeschriebenen Differentialgleichung $x'' + x = 0$ des harmonischen Oszillators. Wir erinnern daran, dass allgemein jede lineare Differentialgleichung n-ter Ordnung

(L) $$y^{(n)} + a_{n-1}y^{(n-1)} + \cdots + a_1 y' + a_0 y = c(x)$$

äquivalent ist zu dem linearen System (S) mit

$$A = \begin{pmatrix} 0 & 1 & & 0 \\ & & \ddots & \\ & & & \\ & & & 1 \\ -a_0 & -a_1 & & -a_{n-1} \end{pmatrix}, \quad b = \begin{pmatrix} 0 \\ \vdots \\ \vdots \\ 0 \\ c \end{pmatrix}$$

Denn $f \in C^n(I)$ ist bei dieser Wahl von A genau dann eine Lösung von (L), wenn die Vektorfunktion $F = (f, f', \ldots, f^{(n-1)})$ eine Lösung von (S) ist.

35.2 Gekoppelte Pendel

Um die Theorie auf ein realistisches Beispiel anzuwenden, betrachten wir nun das Differentialgleichungssystem, welches zwei gekoppelte harmonische Oszillatoren beschreibt. Eine physikalische Realisierung dieses Modells besteht aus zwei Pendeln gleicher Länge, die mit kleiner Amplitude schwingen und über eine Feder miteinander verbunden sind. Dann lauten die Differentialgleichungen für die Auslenkungen $x(t)$ und $y(t)$ der beiden Pendel

$$(S_1) \qquad \begin{aligned} x'' + (1+a)x - ay &= 0, \\ y'' + (1+b)y - bx &= 0. \end{aligned}$$

Dabei sind a und b Konstanten, welche von der Feder und den Massen der Pendel herkommen. Für $z = (x, x', y, y')$ ist das System (S_1) zweiter Ordnung äquivalent zu dem System $z' = Bz$ erster Ordnung, wenn man B wie folgt wählt

$$B := \langle\langle 0|1|0|0\rangle, \langle -(1+a)|0|a|0\rangle, \langle 0|0|0|1\rangle, \langle b|0| - (1+b)|0\rangle\rangle$$

$$\begin{bmatrix} 0 & 1 & 0 & 0 \\ -1-a & 0 & a & 0 \\ 0 & 0 & 0 & 1 \\ b & 0 & -1-b & 0 \end{bmatrix}$$

Wir wählen zunächst $a = b = 1/7$

$$A := eval\left(B, \left\{a = \frac{1}{7}, b = \frac{1}{7}\right\}\right)$$

$$\begin{bmatrix} 0 & 1 & 0 & 0 \\ -\dfrac{8}{7} & 0 & \dfrac{1}{7} & 0 \\ 0 & 0 & 0 & 1 \\ \dfrac{1}{7} & 0 & -\dfrac{8}{7} & 0 \end{bmatrix}$$

Dann berechnen wir $L := e^{At}$. Diese Matrix ist etwas unübersichtlich. Wir drucken daher nur eine 2×2-Untermatrix ab.

$$L := MatrixExponential(A, t):$$
$$SubMatrix(L, 1..2, 1..2)$$

$$\begin{bmatrix} \dfrac{1}{2}\cos(t) + \dfrac{1}{2}\cos\left(\dfrac{3}{7}\sqrt{7}t\right) & \dfrac{1}{6}\sqrt{7}\sin\left(\dfrac{3}{7}\sqrt{7}t\right) + \dfrac{1}{2}\sin(t) \\ -\dfrac{1}{2}\sin 8t) - \dfrac{3}{14}\sin\left(\dfrac{3}{7}\sqrt{7}t\right) & \dfrac{1}{2}\cos(t) + \dfrac{1}{2}\cos\left(\dfrac{3}{7}\sqrt{7}t\right) \end{bmatrix}$$

Wir lösen nun die Anfangswertaufgabe $x(0) = 0$, $x'(0) = 1$, $y(0) = 1$ und $y'(0) = 0$ für (S_1).

$$u := \langle 0, 1, 1, 0\rangle$$

$$\begin{bmatrix} 0 \\ 1 \\ 1 \\ 0 \end{bmatrix}$$

$$w := L.u$$

$$\begin{bmatrix} \frac{1}{6}\sqrt{7}\sin\left(\frac{3}{7}\sqrt{7}t\right) + \frac{1}{2}\sin(t) - \frac{1}{2}\cos\left(\frac{3}{7}\sqrt{7}t\right) + \frac{1}{2}\cos(t) \\[2mm] \frac{1}{2}\cos(t) + \frac{1}{2}\cos\left(\frac{3}{7}\sqrt{7}t\right) + \frac{3}{14}\sin\left(\frac{3}{7}\sqrt{7}t\right) - \frac{1}{2}\sin(t) \\[2mm] -\frac{1}{6}\sqrt{7}\sin\left(\frac{3}{7}\sqrt{7}t\right) + \frac{1}{2}\sin(t) + \frac{1}{2}\cos(t) + \frac{1}{2}\cos\left(\frac{3}{7}\sqrt{7}t\right) \\[2mm] -\frac{1}{2}\cos\left(\frac{3}{7}\sqrt{7}t\right) + \frac{1}{2}\cos(t) - \frac{1}{2}\sin(t) - \frac{3}{14}\sqrt{7}\sin\left(\frac{3}{7}\sqrt{7}t\right) \end{bmatrix}$$

Nun zeichnen wir die Lösungen. Dabei beachten wir, dass $x(t)$ in der ersten und $y(t)$ in der dritten Komponente der Lösungsfunktion steht. Um einen übersichtlichen Plot zu erhalten, drucken wir $x(t)$ und $y(t)+2$.

$$plot([w[1], w[3]+2], t = 0..200, axes = none, color = [red, green]) \quad \# Abb. \ 35.1$$

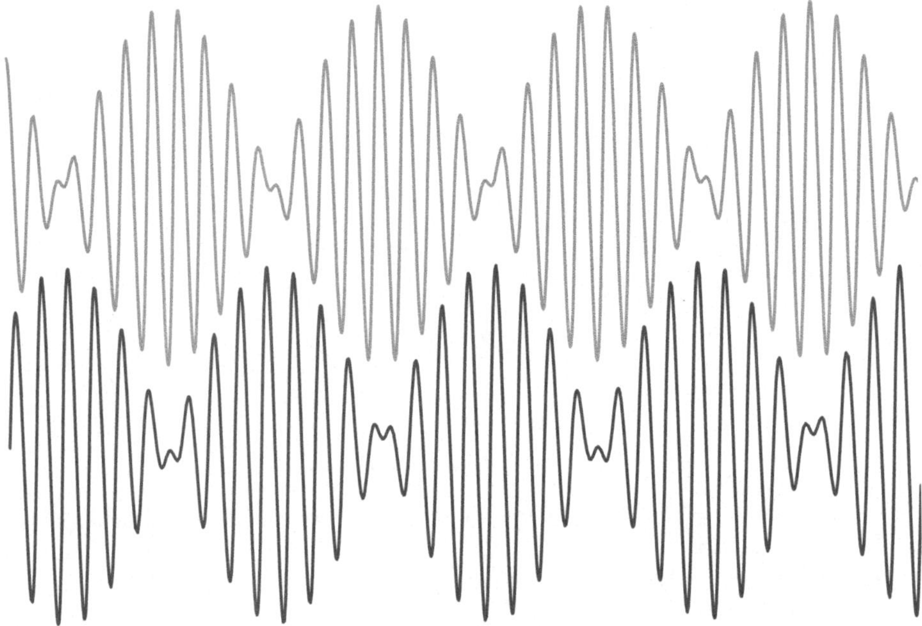

Abbildung 35.1: Schwingungen zweier gekoppelter harmonischer Oszillatoren gleicher Masse ohne äußere Kraft

Wir sehen ein Schwebungsmuster. Die Kurve ist nicht periodisch, da die beiden Schwingungsfrequenzen in irrationalem Verhältnis zueinander stehen. Um zu sehen, was bei denselben Anfangsbedingungen passiert, wenn die Pendel unterschiedliche Masse haben, also $a \neq b$ gilt, wählen wir $a = 1/7$ und $b = 1/3$ und wiederholen die Berechnung.

$$A := eval\left(B, \left\{a = \frac{1}{7}, b = \frac{1}{3}\right\}\right)$$

$$
\begin{bmatrix}
0 & 1 & 0 & 0 \\
-\dfrac{8}{7} & 0 & \dfrac{1}{7} & 0 \\
0 & 0 & 0 & 1 \\
\dfrac{1}{3} & 0 & -\dfrac{4}{3} & 0
\end{bmatrix}
$$

$L := MatrixExponential(A,t) :$

$w := L.u$

$$
\begin{bmatrix}
\dfrac{3}{310}\sqrt{651}\sin\!\left(\dfrac{1}{21}\sqrt{651}\,t\right) + \dfrac{7}{10}\sin(t) - \dfrac{3}{10}\cos\!\left(\dfrac{1}{21}\sqrt{651}\,t\right) + \dfrac{3}{10}\cos(t) \\[2ex]
\dfrac{7}{10}\cos(t) + \dfrac{3}{10}\cos\!\left(\dfrac{1}{21}\sqrt{651}\,t\right) + \dfrac{1}{70}\sqrt{651}\sin\!\left(\dfrac{1}{21}\sqrt{651}\,t\right) - \dfrac{3}{10}\sin(t) \\[2ex]
-\dfrac{7}{310}\sqrt{651}\sin\!\left(\dfrac{1}{21}\sqrt{651}\,t\right) + \dfrac{7}{10}\sin(t) + \dfrac{3}{10}\cos(t) + \dfrac{7}{10}\cos\!\left(\dfrac{1}{21}\sqrt{651}\,t\right) \\[2ex]
-\dfrac{7}{10}\cos\!\left(\dfrac{1}{21}\sqrt{651}\,t\right) + \dfrac{7}{10}\cos(t) - \dfrac{1}{30}\sqrt{651}\sin\!\left(\dfrac{1}{21}\sqrt{651}\,t\right) - \dfrac{3}{10}\sin(t)
\end{bmatrix}
$$

$plot([w[1], w[3]+3], t = 0..200, axes = none, color = [red,\ green])\ \#\,Abb.\ 35.2$

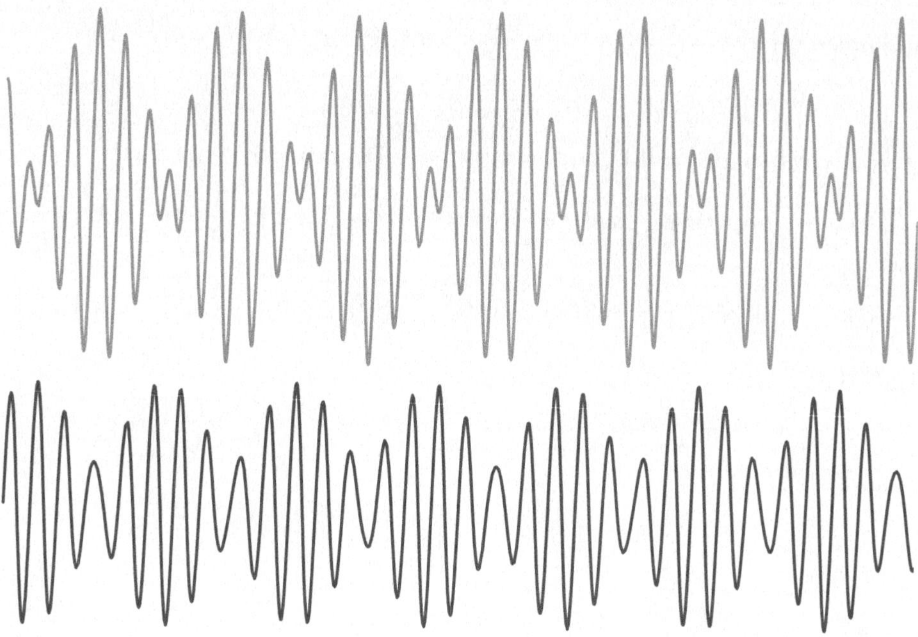

Abbildung 35.2: Schwingungen zweier gekoppelter harmonischer Oszillatoren verschiedener Masse ohne
äußere Kraft

Sind die Massen nicht gleich, so zeigt der Plot ebenfalls ein Schwebungsmuster, bei dem aber
die verschiedenen Oszillatoren recht unterschiedlich schwingen.

Wir behandeln nun den Fall, dass eine äußere Kraft auf das System aus gekoppelten Oszillatoren wirkt. Dann ist das Differentialgleichungssystem inhomogen, unsere in 35.1 angegebene

Methode funktioniert also nicht mehr. Zwar gibt es eine Integralformel für die Berechnung einer speziellen Lösung einer inhomogenen linearen Differentialgleichung, falls man das Fundamentalsystem der zugehörigen homogenen Gleichung kennt, aber wir beschreiten diesen Weg nicht, sondern vertrauen unsere Aufgabe dem Befehl dsolve an. Seine allgemeine Form, welche auch die Lösung von Systemen erlaubt, lautet so:

> dsolve({Dgl_1, ..., Dgl_m, Ab_1, ..., Ab_k}, {$y_1(t)$, ..., $y_n(t)$}, *Optionen*)

Dabei sind $Dgl_1, \ldots, Dgl_m$ die zu lösenden Differentialgleichungen für die Funktionen $y_1, \ldots y_n$, deren Namen Maple im zweiten Argument mitgeteilt werden. Bei den Differentialgleichungen werden Ableitungen als diff(y_j, tl) oder (D@@l) (y_j) (t) und Werte der Ableitung an der Stelle t_0 als (D@@l) (y_j) (t_0) eingegeben. Findet Maple keine Lösung, so erfolgt keine Ausgabe. Dann kann man es numerisch mit der Option type=numeric (s. § 36) probieren, oder man lässt mit der Option type=series die ersten Glieder der Taylorreihe bestimmen (s. 35.3).

Als Anwendung wollen wir das System

$$(S_2) \qquad \begin{aligned} x'' + (1+a)x - ay &= \frac{1}{9}\sin t, \\ y'' + (1+b)y - bx &= 0, \end{aligned}$$

lösen. Dazu wählen wir zunächst $a = b = 1/6$.

$$sys := diff(x(t),t,t) + \frac{7 \cdot x(t)}{6} - \frac{y(t)}{6} = \frac{\sin(t)}{9}, \; diff(y(t),t,t) + \frac{7 \cdot y(t)}{6} - \frac{x(t)}{6} = 0$$

$$\frac{d^2}{dt^2}x(t) + \frac{7}{6}x(t) - \frac{1}{6}y(t) = \frac{1}{9}\sin(t), \; \frac{d^2}{dt^2}y(t) + \frac{7}{6}y(t) - \frac{1}{6}x(t) = 0$$

$$Lsg := dsolve(\{sys, x(0) = 0, D(x)(0) = 1, y(0) = 1, D(y)(0) = 0\}, \{x(t), y(t)\})$$

$$\Big\{ x(t) = -\frac{1}{36}\cos(t)t + \frac{25}{36}\sin(t) + \frac{1}{2}\cos(t) - \frac{1}{2}\cos\left(\frac{2}{3}\sqrt{3}t\right) + \frac{1}{6}\sin\left(\frac{2}{3}\sqrt{3}t\right)\sqrt{3},$$

$$y(t) = -\frac{1}{36}\cos(t)t + \frac{13}{36}\sin(t) + \frac{1}{2}\cos(t) + \frac{1}{2}\cos\left(\frac{2}{3}\sqrt{3}t\right) - \frac{1}{6}\sin\left(\frac{2}{3}\sqrt{3}t\right)\sqrt{3}\Big\}$$

$$fx := eval(x(t), Lsg)$$

$$-\frac{1}{36}\cos(t)t + \frac{25}{36}\sin(t) + \frac{1}{2}\cos(t) - \frac{1}{2}\cos\left(\frac{2}{3}\sqrt{3}t\right) + \frac{1}{6}\sin\left(\frac{2}{3}\sqrt{3}t\right)\sqrt{3}$$

$$fy := eval(y(t), Lsg)$$

$$-\frac{1}{36}\cos(t)t + \frac{13}{36}\sin(t) + \frac{1}{2}\cos(t) + \frac{1}{2}\cos\left(\frac{2}{3}\sqrt{3}t\right) - \frac{1}{6}\sin\left(\frac{2}{3}\sqrt{3}t\right)\sqrt{3}$$

$$plot([fx, fy+8], t = 0..200, axes = none, color = [red, blue]) \; \# \, Abb. \; 35.3$$

Unabhängig vom Plot erkennt man das Auftreten einer Resonanzkatastrophe am Vorfaktor t bei einem der trigonometrischen Terme der Lösung.

Im nächsten Beispiel setzen wir $a = b = 1/7$ und führen auf der rechten Seite die Inhomogenität $\sin(3t/2)$ ein. Im Gegensatz zum obigen Fall ist diese Frequenz keine, mit der das ungestörte System schwingt.

$$sys := diff(x(t),t,t) + \frac{8 \cdot x(t)}{7} - \frac{y(t)}{7} = \sin\left(\frac{3 \cdot t}{2}\right), \; diff(y(t),t,t) + \frac{8 \cdot y(t)}{7} - \frac{x(t)}{7} = 0$$

$$\frac{d^2}{dt^2}x(t) + \frac{8}{7}x(t) - \frac{1}{7}y(t) = \sin\left(\frac{3}{2}t\right), \; \frac{d^2}{dt^2}y(t) + \frac{8}{7}y(t) - \frac{1}{7}x(t) = 0$$

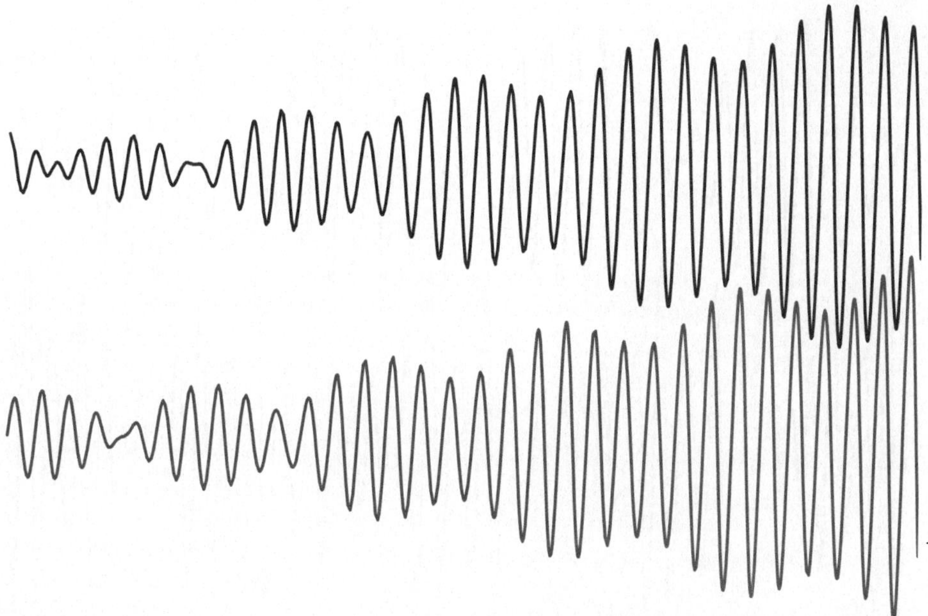

Abbildung 35.3: Schwingungen zweier gekoppelter harmonischer Oszillatoren gleicher Masse mit äußerer Kraft (Resonanzfall)

$$Ab := x(0) = 0, \mathrm{D}(x)(0) = 1, y(0) = 1, \mathrm{D}(y)(0) = 0;$$

$$x(0) = 0, \mathrm{D}(x)(0) = 1, y(0) = 1, \mathrm{D}(y)(0) = 0$$

$Lsg := dsolve(\{sys, Ab\}, \{x(t), y(t)\}) :$
$fx := eval(x(t), Lsg)$

$$-\frac{124}{135} \sin\left(\frac{3}{2}t\right) + \frac{1}{2}\cos(t) + \frac{11}{10}\sin(t) - \frac{1}{2}\cos\left(\frac{3}{7}\sqrt{7}t\right) + \frac{23}{54}\sqrt{7}\sin\left(\frac{3}{7}\sqrt{7}t\right)$$

$fy := eval(y(t), Lsg)$

$$\frac{16}{135} \sin\left(\frac{3}{2}t\right) + \frac{1}{2}\cos(t) + \frac{11}{10}\sin(t) + \frac{1}{2}\cos\left(\frac{3}{7}\sqrt{7}t\right) - \frac{23}{54}\sqrt{7}\sin\left(\frac{3}{7}\sqrt{7}t\right)$$

$plot([fx, fy + 5], 0..200, axes = none, color = [red, blue])$ # Abb. 35.4

Zur Zeit der ersten Auflage wurde dieses System noch falsch gelöst. Daher halten wir eine Probe für angemessen. Dabei ist zu beachten, dass x und y in sys und Ab als Funktionen auftreten.

$eval([sys, Ab], \{x = unapply(fx, t), y = unapply(fy, t)\})$

$$\left[\sin\left(\frac{3}{2}t\right) = \sin\left(\frac{3}{2}t\right), 0 = 0, 0 = 0, 1 = 1, 1 = 1, 0 = 0\right]$$

$map(is, \%)$

$$[true, true, true, true, true, true]$$

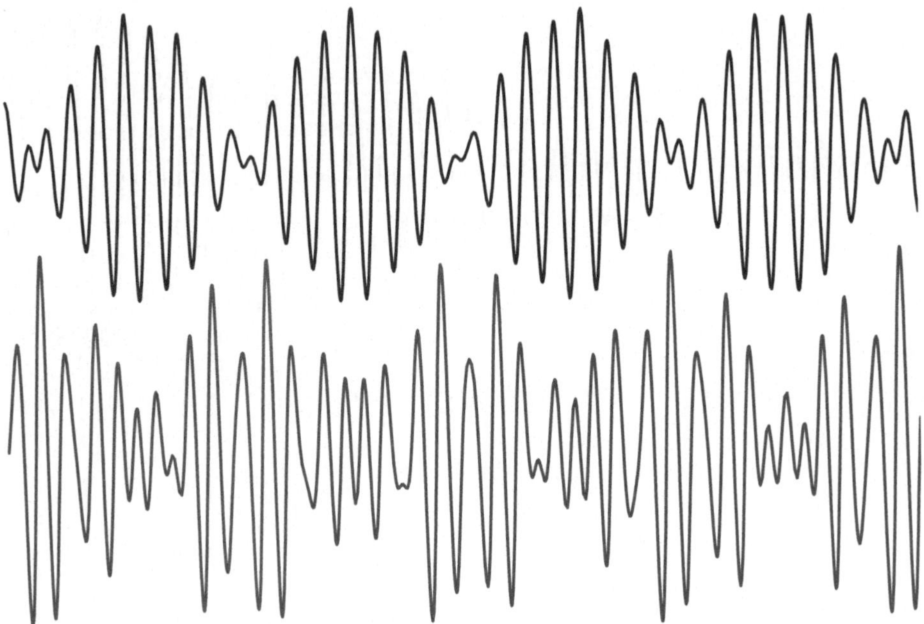

Abbildung 35.4: Schwingungen zweier gekoppelter harmonischer Oszillatoren gleicher Masse mit äußerer Kraft

35.3 Differentialgleichungen und die Option `series`

In den ersten beiden Abschnitten dieses Paragraphen hatten wir lineare Differentialgleichungssysteme mit konstanten Koeffizienten untersucht. Verlässt man diesen Bereich, kann es sehr leicht vorkommen, dass es keine Formel mehr für die Lösung gibt. Neben der numerischen Berechnung, auf die wir im nächsten Paragraphen eingehen werden, bietet Maple auch an, die ersten Terme der Potenzreihenentwicklung der Lösung einer Anfangswertaufgabe zu bestimmen. Als Beispiel betrachten wir das System

$$(S_3) \qquad \begin{aligned} x' + x + \cos(t)y &= 0, \\ y' - y - tx &= 0, \end{aligned}$$

Wir geben es ein und rufen `dsolve` auf.

$$sys := \textit{diff}(x(t),t) - x(t) + \cos(t) \cdot y(t) = 0, \textit{diff}(y(t),t) - y(t) - t \cdot x(t) = 0$$

$$\frac{\mathrm{d}}{\mathrm{d}t}x(t) - x(t) + \cos(t)y(t) = 0, \quad \frac{\mathrm{d}}{\mathrm{d}t}y(t) - y(t) - tx(t) = 0$$

$$dsolve(\{sys, x(0) = 0, y(0) = 1\}, \{x(t), y(t)\})$$

Wir erhalten keine Ausgabe. Da die Koeffizienten des Systems Polynome sind, versuchen wir nun, die Lösung der Anfangswertaufgabe $x(0) = 0$, $y(0) = 1$ mit Hilfe der Option `type = series` zu ermitteln.

$$dsolve(\{sys, x(0) = 0, y(0) = 1\}, \{x(t), y(t)\}, \textit{type} = \textit{series})$$

```
Error, (in dsolve) too many arguments; some or all of the following
are wrong: [{x(t), y(t)}, type = VectorCalculus:-series]
```

Diese Fehlermeldung ist vielleicht nicht sofort verständlich, aber jedenfalls hilfreich, denn das Paket `VectorCalculus` hat mit der anstehenden Aufgabe nichts zu schaffen. Es hat den Befehl `series` überladen und auf diese Weise als unerwünschten Nebeneffekt die Option `series` von `dsolve` beeinträchtigt. Es handelt sich um einen klassischen Fall einer Kollision im Namensraum. Die Lösung ist einfach: Das Paket `VectorCalculus` muss mit `unwith` wieder entladen werden.

$unwith(VectorCalculus)$

$dsolve(\{sys, x(0) = 0, y(0) = 1\}, \{x(t), y(t)\}, type = series)$

$$\left\{ x(t) = -t - t^2 - \frac{1}{3}t^3 + \frac{1}{12}t^4 + \frac{7}{60}t^5 + O(t^6), \right.$$

$$\left. y(t) = 1 + t + \frac{1}{2}t^2 - \frac{1}{6}t^3 - \frac{7}{24}t^4 - \frac{1}{8}t^5 + O(t^6) \right\}$$

Möchte man die Ordnung, bis zu der die Lösung in Taylorreihe entwickelt werden soll, auf einen anderen Wert einstellen, so muss man vor dem Aufruf von `dsolve` der Variablen `Order` den entsprechenden Wert zuweisen.

$Order := 10$

$$10$$

$dsolve(\{sys, x(0) = 0, y(0) = 1\}, \{x(t), y(t)\}, type = series)$

$$\left\{ x(t) = -t - t^2 - \frac{1}{3}t^3 + \frac{1}{12}t^4 + \frac{7}{60}t^5 + \frac{7}{360}t^6 - \frac{5}{252}t^7 - \frac{113}{10080}t^8 - \frac{1}{1440}t^9 + O(t^{10}) \right.$$

$$\left. y(t) = 1 + t + \frac{1}{2}t^2 - \frac{1}{6}t^3 - \frac{7}{24}t^4 - \frac{1}{8}t^5 - \frac{1}{144}t^6 + \frac{79}{5040}t^7 + \frac{59}{13440}t^8 - \frac{89}{51840}t^9 + O(t^{10}) \right\}$$

Aufgaben

1. Die 6×6 Matrizen A, A_0 und B seien folgendermaßen definiert: A ist das a-fache der Einheitsmatrix, A_0 hat in der oberen Nebendiagonalen lauter Einsen und sonst nur Nullen als Matrixelemente, und B ist die Summe aus diesen beiden. Berechnen Sie A_0^k für $k = 2, \ldots, 6$, B^k für $k = 2, \ldots, 6$, e^B und $1 + B + B^2$.

2. Lösen Sie die Anfangswertaufgabe $x(0) = 1$, $y(0) = 0$ und $z(0) = 1$ für das Differentialgleichungssystem

$$\begin{pmatrix} x' \\ y' \\ z' \end{pmatrix} = \begin{pmatrix} 0 & 1 & 0 \\ 0 & 0 & 1 \\ 2 & 1 & -2 \end{pmatrix} \begin{pmatrix} x \\ y \\ z \end{pmatrix}$$

   auf drei Arten.

3. Berechnen Sie e^{tA}, und lösen Sie die Anfangswertaufgabe $f' = Af$ für die folgende Matrix A und den angegebenen Anfangswert

$$A = \begin{pmatrix} 0 & -1 & 0 & 0 \\ 1 & 0 & 1 & 0 \\ 0 & 0 & 0 & -1 \\ 0 & 0 & 1 & 2 \end{pmatrix}, \quad f(0) = \begin{pmatrix} 1 \\ 1 \\ 1 \\ 1 \end{pmatrix}.$$

Lösen Sie ferner die Anfangswertaufgabe $g' = Ag + b(t)$, wobei

$$b(t) = \begin{pmatrix} \sin t \\ 0 \\ t^2 \\ 0 \end{pmatrix}, \quad g(0) = \begin{pmatrix} 0 \\ 1 \\ 1 \\ 0 \end{pmatrix}.$$

4. Für die 3×3-Matrix A gelte $a_{j,k} = 1$ für $1 \leq j, k \leq 3$. Berechnen Sie e^{tA} und die allgemeine Lösung des Systems $f' = Af$. Lösen Sie die Anfangswertaufgabe $f(0) = (0, 1, 2)$.

5. Gegeben seien die Matrix A und der Vektor v:

$$A = \begin{pmatrix} 2 & -1 & 1 \\ 1 & 0 & -1 \\ -1 & 1 & -1 \end{pmatrix}, \quad v = \begin{pmatrix} 1 \\ 0 \\ -1 \end{pmatrix}.$$

Berechnen Sie e^{tA} und lösen Sie damit die Anfangswertaufgabe $f' = Af$, $f(0) = v$. Lösen Sie ferner die gleiche Anfangswertaufgabe für das zugehörige inhomogene System mit der Inhomogenität $b(t) = (0, 0, \cos t)$, und plotten Sie die Komponenten der Lösung über $[-12, 2.5]$ in einem Plot.

6. Wir modifizieren das zweite Beispiel für gekoppelte harmonische Oszillatoren mit äußerer Kraft so, dass beide Gleichungen eine Inhomogenität aufweisen. Das Differentialgleichungssystem sei nun

$$\begin{aligned} x'' + \frac{8}{7}x - \frac{1}{7}y &= \sin(3t) \\ y'' + \frac{8}{7}y - \frac{1}{7}x &= \cos(2t). \end{aligned}$$

Lösen Sie die Anfangswertaufgabe $x(0) = 0$, $x'(0) = 1$, $y(0) = 1$ und $y'(0) = 0$. Lassen Sie die Lösungen ähnlich wie in Bild 35.4 ausgeben.

36 Numerische Lösung von Differentialgleichungen

Wenn der Befehl `dsolve` die Lösung einer Anfangswertaufgabe nicht findet, kann man ihn mit der Optionen `type=numeric` aufrufen. Man erhält dann Funktionen, mit denen man den numerischen Wert der Lösung der Differentialgleichung an einem beliebigen Punkt berechnen kann. Maple versucht selbständig, die Genauigkeit in dem durch die Variable `Digits` festgesetzten Rahmen zu halten. Wir betrachten zuerst die Gleichung des mathematischen Pendels als Beispiel für eine Gleichung höherer Ordnung und dann ein einfaches Räuber-Beute Modell als Beispiel für ein System.

36.1 Das mathematische Pendel

Das mathematische Pendel wird näherungsweise realisiert durch eine Masse, die an der Spitze einer drehbar gelagerten Stange von vernachlässigbarem Gewicht aufgehängt ist. Es idealisiert also die Verhältnisse in einer Pendeluhr. Wir wollen den Ausschlag des Pendels durch seinen Winkel y gegen die Vertikale beschreiben. Dann sieht die Differentialgleichung des Pendels folgendermaßen aus.

$Dgl := diff(y(x),x,x) = -\sin(y(x))$

$$\frac{d^2}{dx^2}y(x) = -\sin(y(x))$$

Es fällt eine Verwandtschaft mit dem harmonische Oszillator auf, dessen exakte Lösung in 34.1 vorgestellt worden ist. Für kleine Werte von y verhält sich nämlich $\sin y$ ungefähr wie y. Wir versuchen zuerst eine exakte Lösung für eine konkrete Anfangsbedingung zu erhalten. Diese bedeutet im Modell, dass das Pendel um den Winkel $\pi/8$ ausgelenkt und dann losgelassen wird.

$Ab := y(0) = \dfrac{Pi}{8}, D(y)(0) = 0$

$$y(0) = \frac{1}{8}\pi, \; D(y)(0) = 0$$

$dsolve(\{Dgl, Ab\}, y(x))$

$$y(x) = RootOf\left(\int_{\_Z}^{\frac{1}{8}\pi} \frac{1}{\sqrt{2\cos(\_a) - 2\cos\left(\frac{1}{8}\pi\right)}} d\_a + x \right),$$

$$y(x) = RootOf\left(\int_{\frac{1}{8}\pi}^{\_Z} \frac{1}{\sqrt{2\cos(\_a) - 2\cos\left(\frac{1}{8}\pi\right)}} d\_a + x \right)$$

Dies ist eine Beschreibung der Lösung, sie ist allerdings implizit. Das ist auch gar nicht anders möglich, denn es ist bekannt, dass das mathematische Pendel keine geschlossene Lösung besitzt. Wir kommen auf die implizite Beschreibung der Lösung später zurück. Zuerst verwenden wir aber den Befehl `dsolve` mit der Option `type=numeric`. Das Resultat ist leichter weiterzuverarbeiten, wenn man zusätzlich noch die Option `output = listprocedure` eingibt.

$$Lsg := dsolve(\{Dgl, Ab\}, y(x), type = numeric, output = listprocedure)$$

$$\left[x = \mathbf{proc}(x) \dots \mathbf{end\ proc},\ y(x) = \mathbf{proc}(x) \dots \mathbf{end\ proc},\ \frac{\mathrm{d}}{\mathrm{d}x}y(x) = \mathbf{proc}(x) \dots \mathbf{end\ proc} \right]$$

Da wir `output=listprocedure` verwendet habe, ist die Ausgabe sehr ähnlich zu der von dsolve ohne die Option `type`. Die interessierende Funktion ist $y(x)$. Die Funktion x ist nicht von Belang. Da $y(x)$ jetzt nur numerisch bestimmt wird, muss $y'(x)$ getrennt berechnet werden. Aus diesem Grund gibt `dsolve` auch hierfür eine Funktion zurück.

$$fy := eval(y(x), Lsg)$$

$$\mathbf{proc}(x) \dots \mathbf{end\ proc}$$

$$fy(1)$$

$$0.215837134280974$$

Zum Vergleich lassen wir auch die Lösung des harmonischen Oszillators $y'' = -y$ noch einmal bestimmen.

$$Osz := diff(y(x), x, x) = -y(x)$$

$$\frac{\mathrm{d}^2}{\mathrm{d}x^2}y(x) = -y(x)$$

$$LsgOsz := dsolve(\{Osz, Ab\}, y(x))$$

$$y(x) = \frac{1}{8}\pi\cos(x)$$

$$gy := unapply(eval(y(x), LsgOsz), x)$$

$$x \to \frac{1}{8}\pi\cos(x)$$

Nun lassen wir beide Kurven plotten. Dabei können wir fy genau wie gy verwenden.

$$plot([fy, gy], 0..50, color = [red,\ blue])\ \#\,Abb.\ 36.1$$

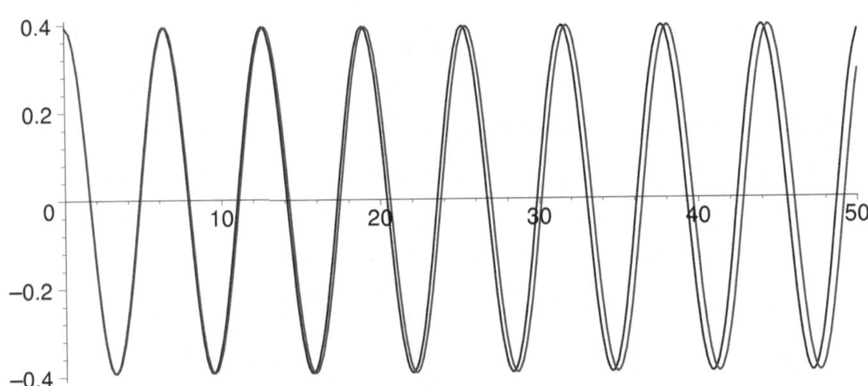

Abbildung 36.1: Schwingungen des mathematischen Pendels (rot) und des harmonischen Oszillators (blau) mit Anfangswert $y(0) = \pi/8$

Die Periodendauer des Pendels ist um ein Winziges länger als die des harmonischen Oszillators. Bei größeren Anfangswerten wird der Unterschied deutlicher, wie der nächste Plot zeigt.

$$Ab := y(0) = \frac{Pi}{4}, D(y)(0) = 0$$

$$y(0) = \frac{1}{4}\pi, D(y)(0) = 0$$

$Lsg := dsolve(\{Dgl, Ab\}, y(x), type = numeric, output = listprocedure):$
$fy := eval(y(x), Lsg)$

$$\mathbf{proc}(x) \ldots \mathbf{end\ proc}$$

$LsgOsz := dsolve(\{Osz, Ab\}, y(x))$

$$y(x) = \frac{1}{4}\pi\cos(x)$$

$gy := unapply(eval(y(x), LsgOsz), x)$

$$x \to \frac{1}{4}\pi\cos(x)$$

$plot([fy, gy], 0..50, color = [red, blue])\ \# Abb.\ 36.2$

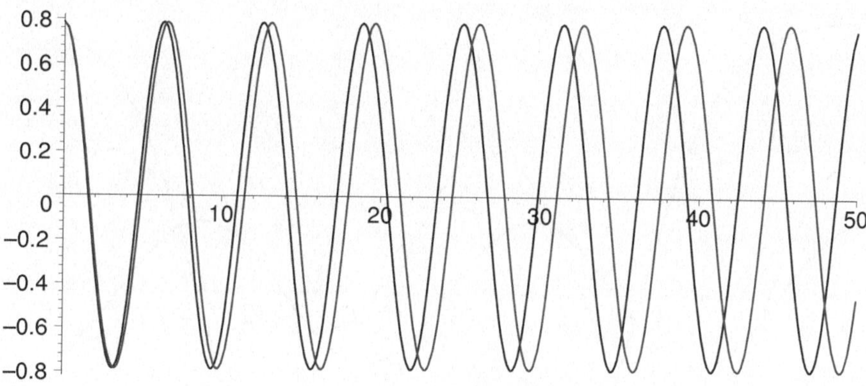

Abbildung 36.2: Schwingungen des mathematischen Pendels (rot) und des harmonischen Oszillators (blau) mit Anfangswert $y(0) = \pi/4$

Je größer der Anfangswert $y(0)$ ist, umso mehr weicht die Form der Kurve vom Cosinus ab. Um das zu sehen, lassen wir uns für mehrere Anfangswerte die Lösungskurven plotten. Man kann dazu die Kopierfunktionen des Maple-Fensters benutzen und nur die Anfangswerte jedesmal ändern. Da wir später auch noch die Periodendauer in Abhängigkeit vom Anfangswert zeichnen wollen, schreiben wir stattdessen eine kleine Prozedur, die zu gegebenem y_0 die Lösung der entsprechenden Anfangswertaufgabe zurückgibt.

$Fy := \mathbf{proc}(y0)$
    $\mathbf{local}\ Lsg;$
    $\mathbf{global}\ Dgl;$
    $Lsg := dsolve(\{Dgl, y(0) = y0, D(y)(0) = 0\}, y(x), type = numeric,$
        $output = listprocedure);$
    $eval(y(x), Lsg);$
  $\mathbf{end\ proc}:$

Wendet man Fy auf einen Startwert y_0 an, so erhält man die Lösung der zugehörigen Anfangswertaufgabe als Funktion. Diese Funktion kann man dann beispielsweise an der Stelle 1 auswerten.

$$Fy\left(\frac{\mathrm{Pi}}{24}\right) \quad (1)$$

$$0.0708612304470210$$

Nur Anfangswerte $y(0)$ mit $|y(0)| < \pi$ entsprechen Pendelschwingungen, da $y = \pi$ den Scheitel des Kreises bezeichnet, auf dem das Pendel schwingt. Wir lassen nun die Graphen der Lösungen der Anfangsbedingungen $y(0) = \pi/4$, $\pi/2$, $3\pi/4$ und $\pi - 1/10$ drucken.

$$\textit{funktionen} := \left[Fy\left(\frac{\mathrm{Pi}}{4}\right), Fy\left(\frac{\mathrm{Pi}}{2}\right), Fy\left(\frac{3\cdot\mathrm{Pi}}{4}\right), Fy\left(\mathrm{Pi}-\frac{1}{10}\right)\right]$$

farben := [*black, red, green, blue*]
plot(*funktionen*, 0..16, *color* = *farben*) # *Abb. 36.3*

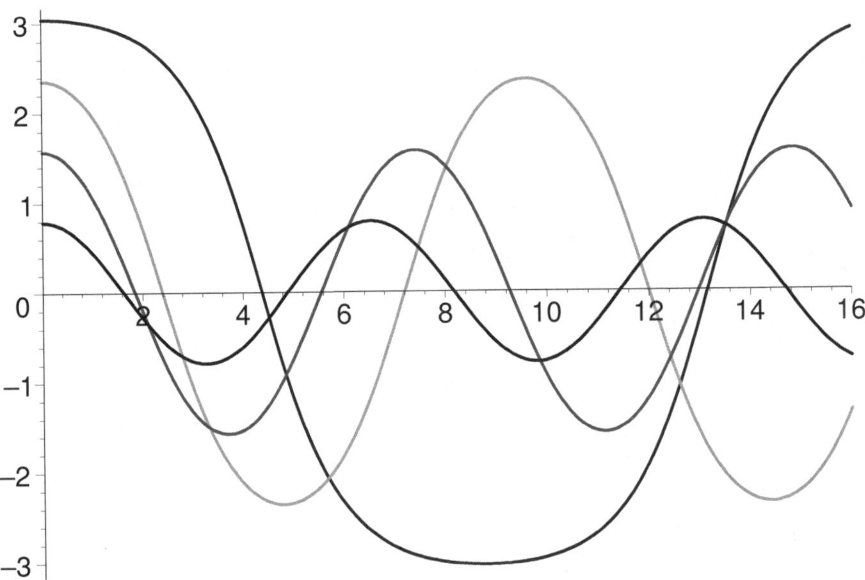

Abbildung 36.3: Lösungen der Pendelgleichung mit Anfangswerten $y'(0) = 0$ und $y(0) = \pi/4$ (schwarz), $\pi/2$ (rot), $3\pi/4$ (grün) und $\pi - 1/10$ (blau)

Alle Lösungen sind periodisch, aber die Periodendauern nehmen mit wachsenden Anfangsbedingungen zu. Diese Periodendauern wollen wir nun numerisch berechnen. Aus Symmetriegründen ist diese Dauer gleich dem Vierfachen des Wertes der kleinsten Nullstelle der Lösung *fy*. Diese Aufgabe erledigt `fsolve`, wenn man die Suche auf ein passendes Intervall einschränkt. Als untere Intervallgrenze kann man $\pi/4$ wählen, da die Periodendauer des Pendels immer größer als die des harmonischen Oszillators ist. Für die obere Grenze ist etwas Experimentieren nötig. Unsere Werte funktionieren jedenfalls bis $y_0 = 0.99\pi$.

$$periode := \textbf{proc}(y0)$$
$$\quad \textbf{local } Lsg;$$
$$\quad \textbf{global } Fy;$$
$$\quad fy := Fy(y0);$$
$$\quad 4 \cdot fsolve\left(fy(x), x, x = \frac{Pi}{4} .. \frac{Pi}{4} + y0 + 1\right);$$
$$\textbf{end proc}:$$

Für kleine Startwerte liegt die Periode sehr nahe bei 2π, und wenn die Startwerte sich dem Wert π annähern, geht die Periodendauer gegen Unendlich. Das ist physikalisch einsichtig, denn $y(0) = \pi$, $y'(0) = 0$ entspricht einem (labilen) Gleichgewichtspunkt, in dem das Pendel verharrt, wenn es nicht gestört wird.

$$periode(0.1)$$

$$6.287114584$$

$$evalf(2 \cdot Pi)$$

$$6.283185308$$

$$plot(periode, 0.01..0.99 \cdot Pi) \quad \# Abb. \ 36.4$$

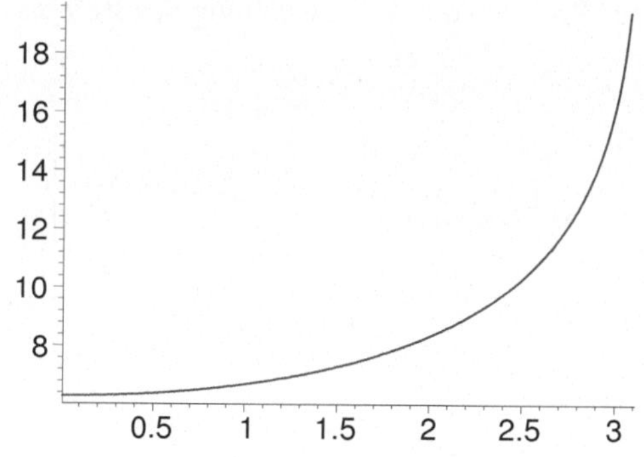

Abbildung 36.4:
Periodendauer des mathematischen Pendels in Abhängigkeit vom Anfangswert $y(0)$ bei $y'(0) = 0$

Es gibt auch eine geschlossene Formel für die Periodendauer des Pendels, welche wir nun herleiten. Wir beginnen mit der Lösung der Anfangswertaufgabe $y(0) = y_0$, $y'(0) = 0$ für beliebiges y_0.

$$dsolve(\{Dgl, y(0) = y0, D(y)(0) = 0\}, y(x))$$

$$y(x) = RootOf\left(\int_{\_Z}^{y0} \frac{1}{\sqrt{2\cos(\_a) - 2\cos(y0)}} \, d\_a + x\right),$$

$$y(x) = RootOf\left(\int_{y0}^{\_Z} \frac{1}{\sqrt{2\cos(\_a) - 2\cos(y0)}} \, d\_a + x\right)$$

Diese Ausgaben bedeuten, dass $y(x)$ die Lösung einer der beiden folgenden Gleichungen ist:

$$\int_{y(x)}^{y0} \frac{1}{\sqrt{2\cos(a) - 2\cos(y0)}} \, da + x = 0, \qquad -\int_{y(x)}^{y0} \frac{1}{\sqrt{2\cos(a) - 2\cos(y0)}} \, da + x = 0.$$

Der Integrand ist positiv, falls er existiert. Wir gehen im folgenden von $y_0 > 0$ aus. Dann ist das Integral positiv. Das bedeutet, dass für $x > 0$ die zweite Gleichung gewählt werden muss.

$Glg := eval(y(x), Lsg[2])$

$$RootOf\left(\int_{y0}^{\_Z} \frac{1}{\sqrt{2\cos(\_a) - 2\cos(y0)}}\,\mathrm{d}\_a + x\right)$$

Wir suchen die erste Nullstelle von $y(x)$; daher müssen wir in der obigen Formel $\_Z$ durch 0 ersetzen und das Integral ausrechnen. Das Negative dieses Werts ist dann gleich einem Viertel der gesuchten Periodendauer. Um das Integral aus der RootOf-Konstruktion herauszulösen, verwandeln wir sie in eine Liste.

$convert(Glg, list)$

$$\left[\int_{y0}^{\_Z} \frac{1}{\sqrt{2\cos(\_a) - 2\cos(y0)}}\,\mathrm{d}\_a + x\right]$$

$I1 := \%[1]$

$$\int_{y0}^{\_Z} \frac{1}{\sqrt{2\cos(\_a) - 2\cos(y0)}}\,\mathrm{d}\_a + x$$

Nun müssen wir $\_Z$ durch 0 ersetzen. Dabei tritt die Schwierigkeit auf, dass man den Unterstrich nicht eingeben kann. Wie in §6 lösen wir dieses Problem durch Verwendung des Befehls indets.

$indets(I1)$

$$\left\{\_Z, \_a, x, y0, \frac{1}{\sqrt{2\cos(\_a) - 2\cos(y0)}}, \int_{y0}^{\_Z} \frac{1}{\sqrt{2\cos(\_a) - 2\cos(y0)}}\,\mathrm{d}\_a, \cos(\_a), \cos(y0)\right\}$$

$Z := \%[1]$

$$\_Z$$

$eval(I1, Z = 0)$

$$\int_{y0}^{0} \frac{1}{\sqrt{2\cos(\_a) - 2\cos(y0)}}\,\mathrm{d}\_a + x$$

Die Auflösung dieser Gleichung nach x ist trivial. Wir lassen sie trotzdem von Maple erledigen. Die Funktion T ordnet einem Anfangswert $y0$ die Periodenlänge zu.

$4 \cdot solve(\% = 0, x)$

$$-4\left(\int_{y0}^{0} \frac{1}{\sqrt{2\cos(\_a) - 2\cos(y0)}}\,\mathrm{d}\_a\right)$$

$T := unapply(\%, y0)$

$$y0 \rightarrow -4\left(\int_{y0}^{0} \frac{1}{\sqrt{2\cos(\_a) - 2\cos(y0)}}\,\mathrm{d}\_a\right)$$

Dieses Integral ist ein sogenanntes elliptisches Integral. Es wird in Maple als EllipticF bezeichnet.

$value\left(T\left(\frac{Pi}{4}\right)\right)$

$$4\,EllipticF\left(\frac{2\cos\left(\frac{3}{8}\pi\right)}{\sqrt{2 - \sqrt{2}}}, \frac{1}{2}\sqrt{2 - \sqrt{2}}\right)$$

Wir vergleichen seinen numerischen Wert mit dem numerischen Wert für die Periodenlänge, den wir weiter oben bereits bestimmt hatten.

$evalf(\%)$

$$6.534222772$$

$$periode\left(\frac{Pi}{4}\right)$$

$$6.534344940$$

36.2 Ein Räuber-Beute Modell

Das folgende Differentialgleichungssystem modelliert den gegenseitigen Einfluss einer Population von Räubern, etwa Füchsen, und ihren Beutetieren, etwa Hasen, aufeinander. Die Anzahl der Hasen wird mit y bezeichnet, die der Füchse mit z.

$$y' = ay - byz,$$
$$z' = -cz + dyz.$$

Dabei sind a, b, c und d positive Zahlen, von denen a die Wachstumsrate der Hasenpopulation bestimmt, wenn keine Füchse vorhanden sind. Die Zahl der von Füchsen geschlagenen Hasen ist proportional sowohl zur Zahl der Hasen wie zur Zahl der Füchse. Die Wirkung diese Vorgangs auf die Anzahl der Hasen ist viel drastischer als die auf die Zahl der Füchse, weil ein Fuchs viele Hasen schlagen muss, um kräftig zu bleiben. Daher ist die Konstante d viel kleiner als b. Der Term cz sorgt schließlich dafür, dass die Füchse aussterben, wenn es zuwenig Hasen gibt. Die folgenden Parameter sind willkürlich gewählt.

$sys := diff(y(t),t) = a \cdot y(t) - b \cdot y(t) \cdot z(t), diff(z(t),t) = -c \cdot z(t) + d \cdot y(t) \cdot z(t)$

$$\frac{\mathrm{d}}{\mathrm{d}t}y(t) = ay(t) - by(t)z(t), \quad \frac{\mathrm{d}}{\mathrm{d}t}z(t) = -cz(t) + dy(t)z(t)$$

$$a := \frac{1}{5}; b := \frac{1}{500}; c := \frac{1}{10}; d := \frac{1}{100000}$$

$$\frac{1}{5}$$
$$\frac{1}{500}$$
$$\frac{1}{10}$$
$$\frac{1}{100000}$$

Nach der Festlegung von Anfangsbedingungen wird `dsolve` so aufgerufen, wie das in §35 beschrieben worden ist; dazu kommen noch die Optionen für die numerische Behandlung aus 36.1.

$Ab := y(0) = 6000, z(0) = 30$

$$y(0) = 6000, z(0) = 30$$

$Lsg := dsolve(\{sys, Ab\}, \{y(t), z(t)\}, type = numeric, output = listprocedure)$

$$[t = \mathbf{proc}(t) \ldots \mathbf{end\ proc}, y(t) = \mathbf{proc}(t) \ldots \mathbf{end\ proc}, z(t) = \mathbf{proc}(t) \ldots \mathbf{end\ proc}]$$

$$fy := eval(y(t), Lsg):$$
$$fz := eval(z(t), Lsg):$$

Der folgende Graph zeigt die zeitliche Entwicklung der Anzahlen von Hasen und Füchsen. Wir haben die Anzahl der Hasen durch 100 geteilt, damit die Kurven ungefähr gleich hoch sind.

$$plot\left(\left[\frac{fy}{100}, fz\right], 0..100, color = [red, blue]\right) \quad \# \textit{Abb. 36.5 links}$$

Eine weitere informative Kurve zeigt die Anzahl der Füchse in Abhängigkeit von der Zahl der Hasen. Eine solche Kurve heißt Trajektorie des Phasenraums.

$$plot([fy, fz, 0..60], axes = frame) \quad \# \textit{Abb. 36.5 rechts}$$

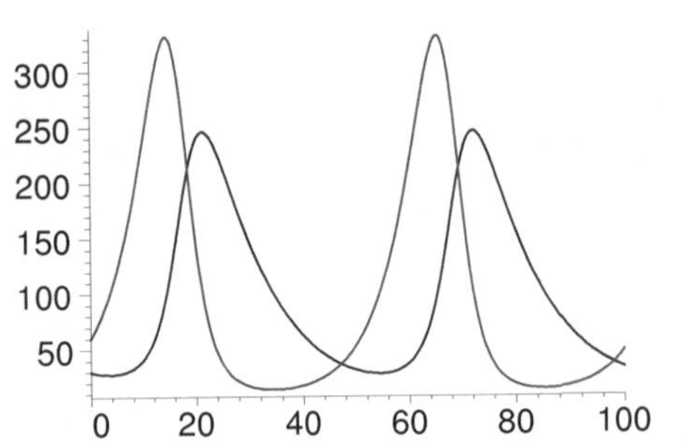 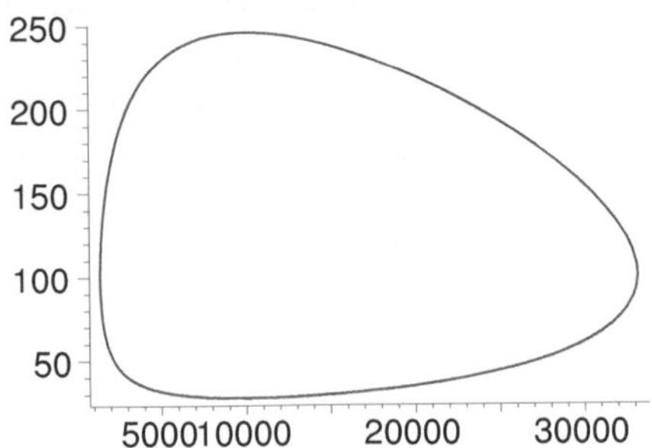

Abbildung 36.5: Zeitliche Entwicklung und Trajektorie des Phasenraums (blaue Linie: $z(t)$)

Man kann auch fragen, ob es Populationsgrößen gibt, die sich mit der Zeit nicht ändern, d. h. man fragt nach stabilen Lösungen des Differentialgleichungssystems. In diesem Fall gibt es tatsächlich eine nicht-triviale, wie die folgende Rechnung zeigt.

$$eval(\{sys\}, \{y = (t \to y0), z = (t \to z0)\})$$
$$\left\{0 = \frac{1}{5}y0 - \frac{1}{500}, \; 0 = -\frac{1}{10}z0 + \frac{1}{100000}y0\,z0\right\}$$

$$solve(\%, \{y0, z0\})$$
$$\{y0 = 0, z0 = 0\}, \{y0 = 10000, z0 = 100\}$$

Also ist eine Population von 10000 Hasen und 100 Füchsen stabil.

Das Räuber-Beute Modell wird nun um eine Nahrungsbeschränkung für die Hasen ergänzt. Die Gleichung für z' bleibt dieselbe, die für y' wird zu

$$y' = ay(1 - (ky)^4) - byz.$$

Die Konstante k soll den Wert $1/40000$ haben. Der zusätzliche Term führt dazu, dass das Wachstum der Zahl der Hasen bei Annäherung an 40000 Hasen zum Stillstand kommt. Wir lösen das System wie oben beschrieben.

$$sys := diff(y(t), t) = a \cdot y(t) \cdot (1 - (k \cdot y(t))^4) - b \cdot y(t) \cdot z(t), \; diff(z(t), t) = -c \cdot z(t) + d \cdot y(t) \cdot z(t)$$
$$\frac{d}{dt}y(t) = \frac{1}{5}y(t)\left(1 - k^4 y(t)^4\right) - \frac{1}{500}y(t)z(t), \; \frac{d}{dt}z(t) = -\frac{1}{10}z(t) + \frac{1}{100000}y(t)z(t)$$

$$k := \frac{1}{40000}$$
$$\frac{1}{40000}$$

$Lsg := dsolve(\{sys, Ab\}, \{y(t), z(t)\}, type = numeric, output = listprocedure) :$

$fy := eval(y(t), Lsg) :$

$fz := eval(z(t), Lsg) :$

$plot\left(\left[\dfrac{fy}{100}, fz\right], 0..200, color = [red, blue]\right) \quad \# Abb.\ 36.6\ links$

$plot([fy, fz, 0..400], axes = frame) \quad \# Abb.\ 36.6\ rechts$

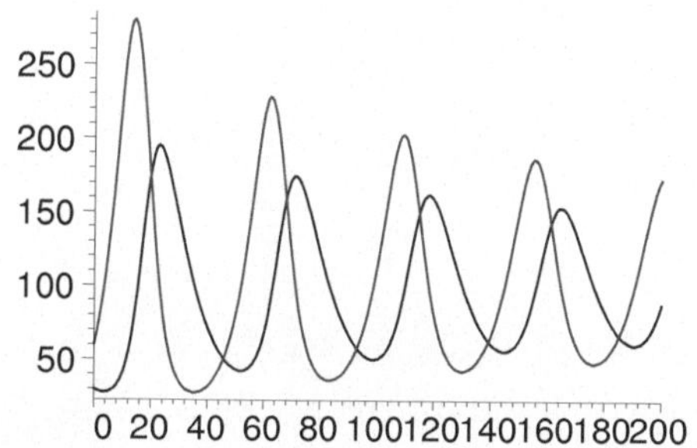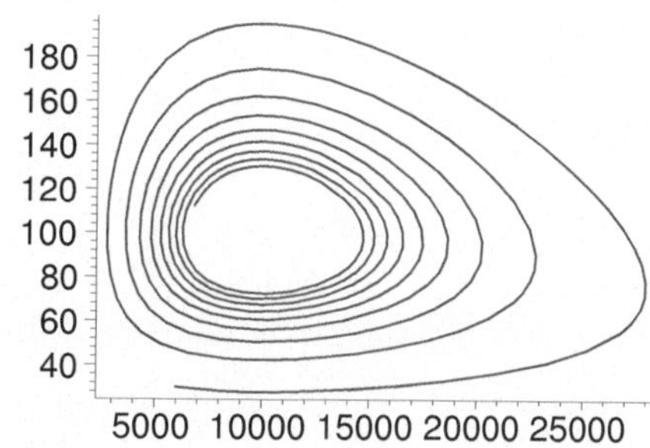

Abbildung 36.6: Zeitliche Entwicklung und Trajektorie des Phasenraums für das modifizierte System (blaue Linie: $z(t)$)

Nun schwingt sich das System in Richtung auf eine stabile Lösung ein. Im Phasenraumbild kann man erkennen, dass sie ungefähr da liegt, wo die stabile Lösung des vorigen Systems auch ist. Wir berechnen sie explizit. Dieses Mal verhindern wir die Ausgabe unrealistischer Lösungen durch Angabe einer Ungleichungsnebenbedingung.

$eval(\{sys\}, \{y = unapply(y0, t), z = unapply(z0, t)\})$

$$\left\{0 = -\frac{1}{10}z0, +\frac{1}{100000}y0\,z0,\ 0 = \frac{1}{5}y0\left(1 - \frac{1}{2560000000000000000}y0^4\right) - \frac{1}{500}y0\,z0\right\}$$

$solve(\% \textbf{ union } \{z0 > 0\}, \{y0, z0\})$

$$\left\{y0 = 10000, z0 = \frac{6375}{64}\right\}$$

$evalf(\%)$

$$\{y0 = 10000., z0 = 99.60937500\}$$

In dem System, das eine Nahrungsbeschränkung für die Hasen modelliert, stimmt für die stabile Lösung die Zahl der Hasen mit der des Systems ohne Nahrungsbeschränkung überein, lediglich die Zahl der Füchse ist unmerklich geringer.

Aufgaben

1. Lösen Sie für die beiden Differentialgleichungssysteme aus 36.2 die Anfangswertaufgabe $y(0) = 6000$, $z(0) = 3$. Plotten Sie die Lösung sowohl in ihren zeitlichen Verlauf als auch im Phasenraum. Bestimmen Sie $y(37)$ und $z(37)$.

Anhang

Tabelle eingebauter Funktionen

Die folgende Tabelle zeigt die Namen der Maple bekannten Funktionen, welche in diesem Buch benutzt werden:

`abs`	Absolutbetrag einer reellen oder komplexen Zahl
`bernoulli`	Bernoulli Zahlen und Polynome
`BesselJ`	Besselsche Funktion erster Art J_v
`BesselY`	Besselsche Funktion zweiter Art Y_v
`binomial`	Binomialkoeffizient
`ceil`	kleinste ganze Zahl $\geq$ dem Argument
`conjugate`	konjugierte einer komplexen Zahl
`csgn`	komplexe Vorzeichenfunktion
`dilog`	dilogarithmisches Integral
`Ei`	Exponentialintegral
`erf`	Fehlerfunktion
`exp`	Exponentialfunction
`factorial`	Fakultät: factorial(n) = n!
`floor`	Gaußklammer: größte ganze Zahl $\leq$ dem Argument
`GAMMA`	Gammafunktion
`hypergeom`	hypergeometrische Funktion
`ln`	natürlicher Logarithmus
`log`	Logarithmus
`max, min`	Maximum/Minimum einer Liste reeller Zahlen
`O`	Ordnungsterm der Befehle `taylor` und `series`
`Psi`	Polygammafunktion
`RootOf`	Wurzel eines algebraischen Ausdrucks
`signum`	Vorzeichenfunktion
`Si`	Integralsinus
`sqrt`	Quadratwurzel
`Zeta`	Riemannsche Zetafunktion

Ferner kennt Maple die trigonometrischen und die Hyperbelfunktionen

$$\text{sin, cos, tan, cot, sinh, cosh, tanh, coth}$$

und deren Umkehrfunktionen

$$\text{arcsin, arccos, arctan, arccot, arcsinh, arccosh, arctanh, arccoth}$$

Die vollständige Liste erhält man durch Eingabe von `?inifcns`.

Umwandlung

Folgen, Listen, Mengen und Vektoren

Folgen von Ausdrücken, Listen, Mengen und Vektoren werden wie folgt eingegeben.

$F := a1, a2, a3$

$$a1, a2, a3$$

$L := [l1, l2, l3];$

$$[l1, l2, l3]$$

$M := \{m1, m2, m3\}$

$$\{m1, m2, m3\}$$

$V := \langle v1, v2, v3 \rangle$

$$\begin{bmatrix} v1 \\ v2 \\ v3 \end{bmatrix}$$

Dadurch sind definiert: Eine Folge von Ausdrücken A, eine Liste L, eine Menge M und ein Vektor V. Diese Objekte werden wie folgt in einen anderen Typ umgewandelt. Die Umwandlung von Mengen in Vektoren ist nicht sinnvoll.

nach von	Folge	Liste	Menge	Vektor
Folge		`[F]`	`{F}`	`<F>`
Liste	`op(L)`		`convert(L, set)`	`Vector(L)`
Menge	`op(M)`	`convert(M, list)`		./.
Vektor	`op(convert(V, list))`	`convert(V, list)`	`convert(V, set)`	

Funktionen und Ausdrücke

Wir gehen davon aus, dass A einen Ausdruck in den drei Unbestimmten x, y und z bezeichnet und dass f eine Funktion von drei Veränderlichen ist. Dann sind die folgenden Umwandlungen möglich:

Ausdruck in Funktion: `unapply(A, x, y, z)`

Funktion in Ausdruck: `f(x,y,z)`

Literaturverzeichnis

Die folgenden Lehrbücher der Mathematik werden zitiert:

- Bosch, S.: *Algebra.* Springer 2009.
- Courant, R., Hilbert, D.: *Methoden der Mathematischen Physik.* Springer 1924.
- Fischer, G.: *Ebene algebraische Kurven.* Vieweg 1994.
- Fischer, W., Lieb, I.: *Funktionentheorie.* Vieweg 2005.
- Forster, O.: *Analysis 1.* Vieweg+Teubner 2011.
- Forster, O.: *Analysis 2.* Vieweg+Teubner 2011.
- Forster, O.: *Analysis 3.* Vieweg+Teubner 2011.
- Heuser, H.: *Gewöhnliche Differentialgleichungen.* Vieweg+Teubner 2009.
- Kaballo, W.: *Einführung in die Analysis I.* Spektrum 2000.
- Körner, T. W.: *Fourier Analysis.* Cambridge University Press 1988.

Sachverzeichnis

Analysis für den Bachelor in Mathematik

Robert Denk / Reinhard Racke

Kompendium der ANALYSIS - Ein kompletter Bachelor-Kurs von Reellen Zahlen zu Partiellen Differentialgleichungen

Band 1: Differential- und Integralrechnung, Gewöhnliche Differentialgleichungen
2011. XII, 317 S. Br. EUR 24,95
ISBN 978-3-8348-1565-1

Band 1 eignet sich für Vorlesungen Analysis I – III in den ersten drei Semestern.

Das zweibändige Werk umfasst den gesamten Stoff von in der „Analysis" üblichen Vorlesungen für einen sechssemestrigen Bachelor-Studiengang der Mathematik. Die Bücher sind vorlesungsnah aufgebaut und bilden die Vorlesungen exakt ab. Jeder Band enthält Beispiele und zusätzlich ein Kapitel "Prüfungsfragen", das Studierende auf mündliche und schriftliche Prüfungen vorbereiten soll. Das Werk ist ein Kompendium der Analysis und eignet sich als Lehr- und Nachschlagewerk sowohl für Studierende als auch für Dozenten.

Abraham-Lincoln-Straße 46
65189 Wiesbaden
Fax 0611.7878-400
www.viewegteubner.de

Stand Juli 2011.
Änderungen vorbehalten.
Erhältlich im Buchhandel oder im Verlag.